校企合作机电类专业系列丛书

互联网+创新型“十四五”精品教材

# 智能制造概论

## （微课版）


主　编　李晓娟　范杜铨　史　金

副主编　陈　莹　张凯林　刘　宁　简晓镔　刘春平





哈爾濱工程大學出版社

Harbin Engineering University Press

## 内 容 简 介

本书介绍了智能制造相关理念和关键技术，进一步普及推广智能制造相关知识，培养智能制造应用型人才。本书共 7 章，主要包括智能制造总论、智能制造系统、智能制造支撑技术、智能制造装备、智能工厂、互联网智能制造服务、下一代智能制造。

本书可作为应用型本科院校、职业院校的机械工程、电气工程及自动化、自动化、计算机科学与技术等专业的教材，也可作为从事制造业研究的人员参考用书。

**图书在版编目（CIP）数据**

智能制造概论 ： 微课版 / 李晓娟，范杜铨，史金主编. -- 哈尔滨 ： 哈尔滨工程大学出版社，2024. 6.

ISBN 978-7-5661-4418-8

Ⅰ. TH166

中国国家版本馆 CIP 数据核字第 2024T30948 号

**智能制造概论（微课版）**

ZHINENG ZHIZAO GAILUN（WEIKE BAN）

**策划编辑** 张林峰

**责任编辑** 章银武

---

**出版发行** 哈尔滨工程大学出版社

**社　　址** 哈尔滨市南岗区南通大街 145 号

**邮政编码** 150001

**发行电话** 0451-82519328

**传　　真** 0451-82519699

**经　　销** 新华书店

**印　　刷** 唐山唐文印刷有限公司

**开　　本** 787 mm×1 092 mm　1/16

**印　　张** 15

**字　　数** 384 千字

**版　　次** 2024 年 6 月第 1 版

**印　　次** 2024 年 6 月第 1 次印刷

**书　　号** ISBN 978-7-5661-4418-8

**定　　价** 49.80 元

http://www.hrbeupress.com

E-mail:heupress@hrbeu.edu.cn

---

# 前　言

党的二十大报告指出，“坚持尊重劳动、尊重知识、尊重人才、尊重创造，实施更加积极、更加开放、更加有效的人才政策”“着力形成人才国际竞争的比较优势，加快建设国家战略人才力量”“深化人才发展体制机制改革……把各方面优秀人才集聚到党和人民事业中来”。

随着以物联网、大数据、云计算为代表的新一代信息通信技术的快速发展，以及与先进制造技术的融合创新发展，全球兴起了以智能制造为代表的新一轮产业变革，智能制造正促使我国制造业发生巨大变化。当前，我国面临全球产业重新整合的机遇期，抓住了智能制造，就抓住了工业化和信息化融合的本质，就有望在新一轮产业竞争中抢占制高点。在经济发展新常态下，要充分认识智能制造的重要性和紧迫性。

为了使读者更好地掌握各章内容体系，每一章以思维导图的方式给出了该章完整的知识框架，帮助读者条理化、系统化地梳理所学知识。本书具有以下特点。

（1）既注重系统性和科学性，又注重完整性和实用性，全面介绍智能制造体系及其构成，涉及智能制造的概念、技术、管理、服务等方面的知识。

（2）本书有机融入党的二十大精神，积极落实立德树人的思想，在每章都设有明确的“素质目标”，让读者注重相关素质的养成。

（3）编写过程中，通过拓展阅读、智造案例等形式，大量融入思政元素，弘扬了中国优秀传统文化和职业精神，弘扬精益求精的专业精神、职业精神和工匠精神，着力培养读者的创新意识，激发读者的爱国热情。

本书由李晓娟（赣州职业技术学院）、范杜铨（长沙高新技术工程学校）、史金（智能制造龙城实验室）担任主编，由陈莹（莱芜技师学院）、张凯林（泰安技师学院）、刘宁（赣州职业技术学院）、简晓镔（广东省揭阳市综合中等专业学校）、刘春平（江西新能源科技职业学院）担任副主编。本书的相关资料和售后服务可扫封底微信二维码或登录 www.bjzzwh.com 下载获得。

编者在编写本书的过程中参考了大量资料，在此向相关人员表示感谢。由于编者水平有限，书中难免存在不足之处，恳请广大读者批评指正并提出宝贵意见。

编　者

# 目 录

CONTENTS


第1章 智能制造总论 …… 1

本章导读 …… 1

学习目标 …… 1

本章任务 …… 2

思维导图 …… 2

1.1 智能制造的基本理念 …… 2

1.2 智能智造发展现状与趋势 …… 16

本章小结 …… 24

思考练习 …… 24

第2章 智能制造系统 …… 25

本章导读 …… 25

学习目标 …… 25

本章任务 …… 26

思维导图 …… 26

2.1 智能制造的功能系统 …… 26

2.2 产品生命周期管理系统 …… 33

2.3 企业资源计划（ERP） …… 42

2.4 制造执行系统（MES） …… 50

2.5 信息物理融合系统（CPS） …… 55

本章小结 …… 61

思考练习 …… 61

第3章 智能制造支撑技术 …… 62

本章导读 …… 62

学习目标 …… 62

本章任务 …… 63

思维导图 …… 63

3.1　智能传感技术 …… 64
3.2　人工智能技术 …… 73
3.3　数据中心与云计算技术 …… 80
3.4　边缘计算 …… 86
3.5　工业大数据与物联网 …… 91
3.6　第五代移动通信技术 …… 98
3.7　虚拟现实 / 增强现实 / 混合现实技术 …… 103
本章小结 …… 112
思考练习 …… 112

第4章　智能制造装备 …… 113
本章导读 …… 113
学习目标 …… 113
本章任务 …… 114
思维导图 …… 114
4.1　智能制造装备概述 …… 115
4.2　高档数控机床 …… 117
4.3　3D 打印设备 …… 125
4.4　工业机器人 …… 132
4.5　智能仪器仪表 …… 142
本章小结 …… 147
思考练习 …… 147

第5章　智能工厂 …… 148
本章导读 …… 148
学习目标 …… 148
本章任务 …… 149
思维导图 …… 149
5.1　数字化工厂与智能工厂 …… 150
5.2　CPS 与 CPPS …… 155
5.3　智能工厂的三项集成和特征 …… 161
5.4　智能工厂的架构与建设模式 …… 164
本章小结 …… 169
思考练习 …… 169

第6章 互联网智能制造服务 …… 170
本章导读 …… 170
学习目标 …… 170
本章任务 …… 171
思维导图 …… 171
6.1 智能制造服务概述 …… 172
6.2 智能制造服务技术、体系与知识工程 …… 176
6.3 工业互联网 …… 187
6.4 云制造 …… 194
本章小结 …… 201
思考练习 …… 201

第7章 下一代智能制造 …… 202
本章导读 …… 202
学习目标 …… 202
本章任务 …… 203
思维导图 …… 203
7.1 人机共融 …… 204
7.2 云机器人 …… 212
7.3 数字工程师 …… 217
7.4 商业智能 …… 222
本章小结 …… 231
思考练习 …… 231

参考文献 …… 232

# 第 1 章　智能制造总论

## 本章导读

智能制造（intelligent manufacturing，IM）始于 20 世纪 80 年代人工智能在制造业领域中的应用，发展于 20 世纪 90 年代智能制造技术和智能制造系统的提出，成熟于 21 世纪基于信息技术的智能制造的发展。它将智能技术、网络技术和制造技术等应用于产品管理和服务的全过程中，并能在产品的制造过程中进行分析、推理、感知等，以满足产品的动态需求。它也改变了制造业中的生产方式、人机关系和商业模式，因此，智能制造不是简单的技术突破，也不是简单的传统产业改造，而是通信技术和制造业的深度融合与创新集成。

## 学习目标

### ◎知识目标

1. 了解智能制造的内涵、意义和作用。
2. 掌握智能制造的技术特征和基本范式及其技术基理。
3. 熟悉国内外智能制造的发展现状及发展趋势。

### ◎能力目标

1. 掌握智能制造的不同范式，如工业互联网、工业 4.0 等，理解其在实际生产中的应用场景和优势。
2. 理解智能制造的技术机理，包括大数据分析、人工智能、物联网、云计算等技术在制造过程中的作用原理。

◎素质目标

1. 具备扎实的专业知识和技术理论基础，能够深入理解智能制造的内涵和技术原理。

2. 具备跨学科的综合素养，能够理解多种技术之间的关联和相互作用，促进跨界合作和创新。

## 本章任务

1. 说说我国通过“三步走”实现制造强国的战略目标。

（1）第一步，______________________________。

（2）第二步，______________________________。

（3）第三步，______________________________。

2. 进一步查阅文献和资料，以具体案例分析各国智能制造发展特点。

## 思维导图

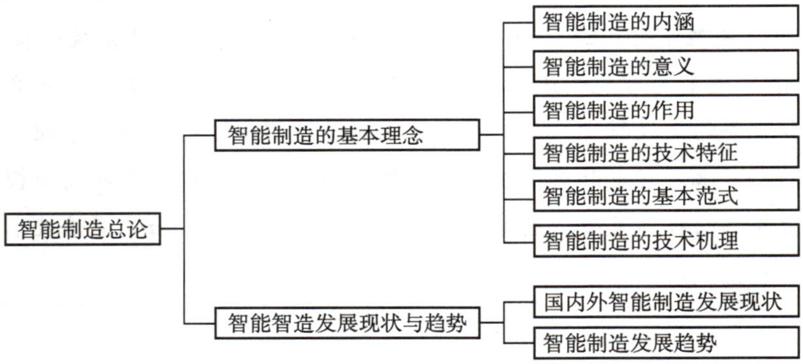


# 1.1 智能制造的基本理念

## 1.1.1 智能制造的内涵

智能制造是新一代信息技术与先进制造技术的深度融合，贯穿于产品、制造、服务全生命周期的各个环节及相应系统的优化集成，实现制造的数字化、网络化、智能化，并不断提升企业的产品质量、效益、服务水平，

智能制造的内涵

推动制造业创新、协调、绿色、开放、共享发展。

智能制造是新工业革命的核心，它并不在于进一步提高设备的效率和精度，而在于更加合理化和智能化地使用设备，通过智能运维实现制造业的价值最大化。它聚焦生产领域，但又是一次全流程、端到端的转型过程，会让研发、生产、产品、渠道、销售、客户管理等一整条生态链为之发生剧变。对工业企业来说，在生产和工厂侧，它依然以规模化、标准化、自动化为基础，但它还需被赋予柔性化、定制化、可视化、低碳化的新特性；在商业模式侧，会出现颠覆性的变化，生产者影响消费者的模式被消费者需求决定产品生产的模式取而代之；在国家层面，则需要建立一张比消费互联网更加安全可靠的工业互联网。

智能制造作为广义的概念包含了五个方面：产品智能化、装备智能化、生产方式智能化、管理智能化和服务智能化，如图 1-1 所示。

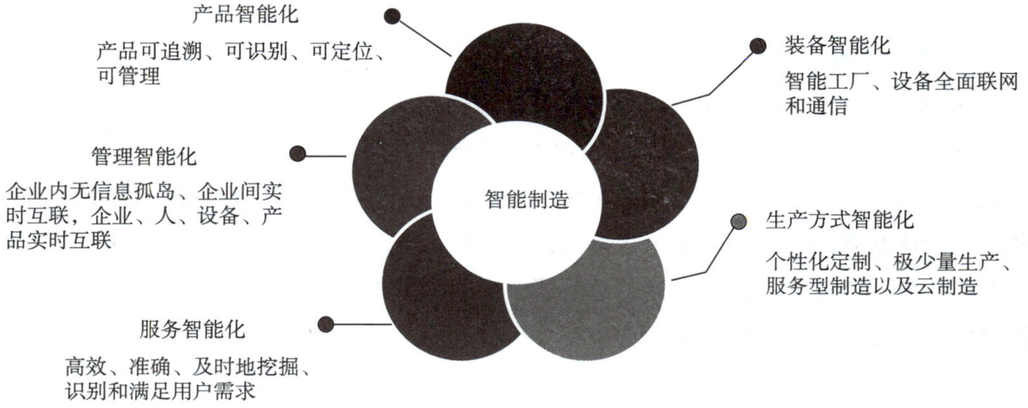


图 1-1　智能制造广义概念

### 1. 产品智能化

产品智能化是把传感器、处理器、存储器、通信模块、传输系统融入各种产品，使得产品具备动态存储、感知和通信能力，实现产品可追溯、可识别、可定位。计算机、智能手机、智能电视、智能机器人、智能穿戴都是物联网的“原住民”，这些产品从生产出来就是网络终端。而传统的空调、冰箱、汽车、机床等都是物联网的“移民”，未来这些产品都需要连接到网络世界。

### 2. 装备智能化

通过先进制造、信息处理、人工智能等技术的集成和融合，可以形成具有感知、分析、推理、决策、执行、自主学习及维护等自组织、自适应功能的智能生产系统，以及网络化、协同化的生产设施，这些都属于智能装备。工业 4.0 时代，装备智能化的进程可以在两个维度上进行：单机智能化以及单机设备的互联而形成的智能生产线、智能车间、智能工厂。需要强调的是，单纯的研发和生产端的改造不是智能制造的全部，基于渠道和消费者洞察的前端改造也是重要的一环。二者相互结合、相辅相成，才能完成端到端的全链条智能制造改造。

### 3. 生产方式智能化

个性化定制、极少量生产、服务型制造，以及云制造等新业态、新模式，其本质是在重组客户、供应商、销售商，以及企业内部组织的关系；重构生产体系中信息流、产品流、资金流的运行模式，重建新的产业价值链、生态系统和竞争格局。工业时代，产品价值由企业定义，企业生产什么产品，用户就买什么产品，企业定价多少钱，用户就花多少钱，主动权完全掌握在企业手中。而智能制造能实现个性化定制，不仅减少了中间环节，还加快了商业流动，产品价值不再由企业定义，而是由用户来定义。只有用户认可的、用户参与的、用户愿意分享的、用户不给差评的产品，才具有市场价值。

### 4. 管理智能化

随着纵向集成、横向集成和端到端集成的不断深入，企业数据的及时性、完整性、准确性不断提高，必然使管理更加准确、更加高效、更加科学。

### 5. 服务智能化

智能服务是智能制造的核心内容，越来越多的制造企业已经意识到了从生产型制造向生产服务型制造转型的重要性。今后，将会实现线上与线下并行的O2O服务，两股力量在智能服务方面相向而行，一股力量是传统制造业不断拓展服务，另一股力量是从消费互联网进入产业互联网，比如微信未来连接的不仅是人与人，还包括设备和设备、服务和服务、人和服务。个性化的研发设计、总集成、总承包等新服务产品的全生命周期管理，会伴随着生产方式的变革不断出现。

## 1.1.2 智能制造的意义

智能制造意味着在产品生命周期内对整个价值创造链的组织和控制再进一步，即意味着从创意、订单到研发、生产、终端客户产品交付，再到废物循环利用，包括与之紧密联系的各服务行业，在各个阶段都能更好地满足日益个性化的客户需求。所有参与价值创造的相关实体形成网络，获得随时从数据中创造最大价值流的能力，从而实现所有相关信息的实时共享。以此为基础，通过人、物和系统的连接，实现企业价值网络的动态建立、实时优化和自组织，根据不同的标准，对成本、效率和能耗进行优化。

对于制造企业来说，构建智能制造系统的核心价值主要是降低生产成本、提升生产效率和重塑生产方式。通过综合考量生产现场数据与生产工艺、运营管理等数据，企业可以实现精准的供应链管理和财务管理，减少物料浪费，减轻仓储压力，降低运营成本；通过对生产制造过程各环节的全面数据采集和分析，企业可以发现生产瓶颈和产品缺陷等问题，提高生产效率和产品质量；运用数控机床、机器人等生产设备，企业可以实现多品种、小批量的生产方式，推动个性化定制生产。

此外，制造业在宏观经济中占有极其重要的作用，智能制造也可以被视为是以“智能+”为代表的新经济的“基石”，已成为当今世界各国技术创新和经济发展竞争的焦点，对于推动制造业高质量发展具有非常重要的意义。

对于我国来说，发展智能制造同样有着重要的意义。

**1. 发展智能制造业是实现制造业升级的内在要求**

长期以来，我国制造业主要集中在中低端环节，产业附加值低。发展智能制造业已经成为实现我国制造业从低端制造向高端制造转变的重要途径。同时，将智能制造这一新兴技术快速应用并推广，可以通过规模化生产，尽快收回技术研究开发的投入，从而持续推进新一轮的技术创新，推动智能制造技术的进步，实现制造业升级。

**2. 发展智能制造业是重塑制造业新优势的现实需要**

当前，我国制造业面临来自发达国家加速重振制造业与发展中国家以更低生产成本承接国际产业转移的"双向挤压"。我国必须加快推进智能制造技术研发，提高产业化水平，以应对传统低成本优势削弱所面临的挑战。虽然我国智能制造技术已经取得长足进步，但产业化水平依然较低，高端智能制造装备及核心零部件仍然严重依赖进口，发展智能制造业也是加快我国智能制造技术产业化的客观需要。此外，发展智能制造业可以应用更节能环保的先进装备和智能优化技术，有助于从根本上解决我国生产制造过程的节能减排问题。

**3. 发展智能制造也是我国抢占全球新一轮产业竞争制高点的战略选择**

制造业是我国国民经济的主体，是综合国力的决定性力量，也是当前"稳增长、调结构"的战略支点。经过几十年的艰苦奋斗，我国制造业规模已经稳居全球第一，但是"大而不强、基础不牢"的问题依然突出，同时面临新工业革命的激烈竞争。发达国家提出了工业 4.0、工业互联网、智能制造等新战略，推进智能技术与制造业融合发展，抢占新一轮产业革命的竞争制高点。在此形势下，我国一方面要强化材料、工艺、技术、零部件等基础能力，另一方面要抢占智能制造高端领域，要瞄准工业物联网、机器人、大数据等关键环节，鼓励技术创新和应用创新，用足规模经济优势，大力发展新业态、新模式，全面持续地推进工业转型升级，从根本上增强我国制造业的国际竞争力，从而实现我国工业从大到强的历史性跨越。

## 1.1.3　智能制造的作用

作为我国制造强国建设的主攻方向，加快发展智能制造，对巩固实体经济根基，建成现代产业体系，实现新型工业化具有重要作用。

**1. 智能制造是发展壮大战略性新兴产业，加快形成现代产业体系的重要手段**

（1）智能制造可以带动工业机器人、增材制造、工业软件等新兴产业发展。

（2）智能制造可以在全球范围内推动产业的协同合作和优化升级，提升产业链、供应链现代化水平。

**2. 智能制造是提升供给体系适配性，推动构建新发展格局的重要抓手**

智能制造通过重构制造业研发、生产、管理和服务等各个环节，有效提升国内大循环的效率，推动实现全球范围内的资源协同和优化。

3. 智能制造是推进数字产业化和产业数字化，建设数字中国的重要途径

智能制造不仅可以推动制造业产业模式和企业形态发生根本性转变，还能促进农业、交通、物流、医疗等各领域数字化转型、智能化变革。

## 拓展阅读

### 我国发展智能制造的指导思想

经过几十年的快速发展，我国制造业规模跃居世界前列，建立了门类齐全、独立完整的制造体系，成为支撑我国经济社会发展的重要基石和促进世界经济发展的重要力量。持续的技术创新，大大提高了我国制造业的综合竞争力。载人航天、载人深潜、大型飞机、北斗卫星导航、超级计算机、高铁装备、百万千瓦级发电设备、万米深海石油钻探设备等一批重大技术装备取得突破，形成了若干具有国际竞争力的优势产业和骨干企业，我国已具备建设工业强国的基础和条件。

我国发展智能制造的指导思想如下。

1．创新驱动

坚持把创新摆在制造业发展全局的核心位置，完善有利于创新的制度环境，推动跨领域跨行业协同创新，突破一批重点领域关键共性技术，促进制造业数字化、网络化、智能化，走创新驱动的发展道路。

2．质量为先

坚持把质量作为建设制造强国的生命线，强化企业质量主体责任，加强质量技术攻关、自主品牌培育。建设法规标准体系、质量监管体系、先进质量文化，营造诚信经营的市场环境，走以质取胜的发展道路。

3．绿色发展

坚持把可持续发展作为建设制造强国的重要着力点，加强节能环保技术、工艺、装备推广应用，全面推行清洁生产。发展循环经济，提高资源回收利用效率，构建绿色制造体系，走生态文明的发展道路。

4．结构优化

坚持把结构调整作为建设制造强国的关键环节，大力发展先进制造业，改造提升传统产业，推动生产型制造向服务型制造转变。优化产业空间布局，培育一批具有核心竞争力的产业集群和企业群体，走提质增效的发展道路。

5．人才为本

坚持把人才作为建设制造强国的根本，建立健全科学合理的选人、用人、育人机制，加快培养制造业发展急需的专业技术人才、经营管理人才、技能人才。营造大众创业、万众创新的氛围，建设一支素质优良、结构合理的制造业人才队伍，走人才引领的发展道路。

### 1.1.4　智能制造的技术特征

#### 1. 智能制造的特征

智能制造和传统的制造相比，具备以下特征。

（1）自律能力

自律能力即搜集与理解环境信息和自身的信息，并解析判断和规划自身行为的能力。具备自律能力的设备称为“智能机器”，“智能机器”在一定程度上表现出独立性、自主性和个性，甚至相互间还能协调运作与竞争。强有力的知识库和基于知识的模型是自律能力的基础。

（2）人机一体化

智能制造系统（IMS）不单纯是“人工智能”系统，而是人机一体化智能系统，是一种混合智能。基于人工智能的智能机器只能进行机械式的推理、预测、判断，它只能具备逻辑思维（专家系统），最多做到形象思维（神经网络），完全做不到灵感（顿悟）思维，只有人类专家才真正同时具备以上三种思维能力。因此，想以人工智能全面取代制造历程中人类专家的智能，独立承担起解析、判断、决策等任务是不现实的。人机一体化突出人在制造系统中的核心地位，同时在智能机器的配合下，更好地发挥人的潜能，使人机之间表现出一种平等共事、相互“理解”、相互协作的关系，使二者在区别的层次上各显其能，相辅相成。

因此，在智能制造系统中，高素质、高智能的人将发挥更好的作用，机器智能和人的智能将真正地集成在一起，互相配合，相得益彰。

（3）虚拟现实（virtual reality，VR）技术

虚拟现实技术是实现虚拟制造的支持技术，也是实现智能制造中高水平人机一体化的关键技术之一。虚拟现实技术是以计算机为基础，融合信号处理、动画技术、智能推理、预测、仿真和多媒体技术于一体，借助各种音像和传感装置，虚拟展示现实生活中的各种历程、物件等，从感官和视觉上使人获得完全如同真实的感受。其特点是可以按照人们的意愿任意变化，这种人机结合的新一代智能界面，是智能制造的一个显著特征。

（4）自组织与超柔性

智能制造系统中的各组成单元能够依据工作任务的需要，自行组成一种最佳结构。其柔性不仅表现在运行方式上，而且表现在结构形式上，所以称这种柔性为超柔性，如同一群人类专家组成的群体，具备生物特征。

（5）学习能力与自我维护能力

智能制造系统能够在实践中不断地充实知识库，具备自学习功能。同时，智能制造系统在运行历程中能自行诊断故障，并具备对故障自行排除、自行维护的能力。这种特征使智能制造系统能够自我优化并适应各种复杂的环境。

### 2. 智能制造关键技术

（1）物联网

物联网（internet of things，IOT）即“万物相连的互联网”，是在互联网基础上延伸和扩展的网络，通过将各种信息传感设备与互联网结合起来而形成一个巨大网络，实现在任何时间、任何地点，人、机、物的互联互通。物联网是通过 RFID、红外线感应器、全球定位系统、激光扫描器等信息传感设备，按约定的协议，把任何物品与互联网相连接，进行信息交换和通信，以实现对物品的智能化识别、定位、跟踪、监控和管理的一种网络。

物联网的基本特征可概括为整体感知、可靠传输和智能处理。整体感知可以利用 RFID、二维码、智能传感器等感知设备来感知、获取物体的各类信息。可靠传输是通过对互联网、无线网络的融合，将物体的信息实时、准确地传送，以便信息交流、分享。智能处理是使用各种智能技术，对感知和传送到的数据、信息进行分析处理，实现监测与控制的智能化。智能制造系统的运行，需要物联网的统筹细化，通过基于无线传感网络、RFID、传感器的现场数据采集应用，用无线传感网络对生产现场进行实时监控，将与生产有关的各种数据实时传输给控制中心，上传给大数据系统并进行云计算。为了能有效管理一个跨学科、多企业协同的智能制造系统，物联网是必需的。德国工业 4.0 计划就推出了“工业物联网”的概念，从而实现制造流程的智能化升级。

（2）RFID 和实时定位技术

识别功能是智能制造服务环节关键的一环，需要的识别技术主要有射频识别（radio frequency identification，RFID）、基于深度三维图像识别技术，以及物体缺陷自动识别技术。基于深度三维图像识别技术的任务是识别出图像中有什么类型的物体，并给出物体在图像中所反映的位置和方向，是对三维世界的感知和理解。在结合了人工智能科学、计算机科学和信息科学之后，三维图像识别技术在智能制造服务系统中成为识别物体几何情况的关键技术。以 RFID 技术、传感技术、实时定位技术为核心的实时感知技术已广泛用于制造要素信息的识别、采集、监控与管理。RFID 是无线通信技术中的一种，通过识别特定目标应用的无线电信号，读写出相关数据，而不需要机械接触或光学接触来识别系统和目标。无线射频可分为低频、高频和超高频三种，RFID 读写器可分为移动式和固定式两种。RFID 标签贴附于物件表面，可自动远距离读取、识别无线电信号，可作快速、准确记录和收集用途。使用 RFID 技术能够简化业务流程，增强企业的综合实力。RFID 技术可以在产品全生命周期中为访问、管理和控制产品数据与信息提供可能。

在生产制造现场，企业要对各类别材料、零件和设备等进行实时跟踪管理，监控生产中制品、材料的位置、行踪，包括相关零件和工具的存放等，这就需要建立实时定位管理体系。通常的做法是将有源 RFID 标签贴在跟踪目标上，然后在室内放置三个以上的阅读器天线，这样就可以方便地对跟踪目标进行定位查询。

（3）信息物理系统

信息物理系统（cyber-physical systems，CPS）是一个综合计算、网络和物理环境的多维复杂系统，通过 3C（computing、communication、control）技术的有机融合与深度协作，实现大型工程系统的实时感知、动态控制和信息服务，让物理设备具有计算、通信、精确控制、远程协调和自治五大功能，从而实现虚拟网络世界与现实物理世界的融合。CPS 可以将资源、信息、物体及人紧密联系在一起，从而创造物联网及相关服务，并将生产工厂转变为一个智能环境。

CPS 取代了以往制造业的逻辑。在该系统中，一个工件能计算出哪些服务是自己所需的，在现有生产设施升级后，该生产系统的体系结构就被彻底改变了。这意味着现有工业可通过不断升级得以改造，从而改变以往僵化的中央工业控制系统，转变成智能分布式控制系统，并应用传感器精确记录所处环境，使用生产控制中心独立的嵌入式处理器系统做出决策。CPS 作为这一生产系统的关键技术，在实时感知条件下，实现了动态管理和信息服务。CPS 被应用于计算、通信和物理系统的一体化设计中，其在实物中嵌入计算与通信的过程，使这种互动增加了实物系统的使用功能。在美国，智能制造关键技术即信息物理技术，该技术也被德国称为核心技术，其主攻方向为实现智能化与实际生产紧密联系起来。

（4）工业大数据

工业大数据是从客户需求到销售、订单、计划、研发、设计、工艺、制造、采购、供应、库存、发货和交付、售后服务、运维、报废或回收再制造等整个产品全生命周期各个环节所产生的各类数据及相关技术和应用的总称。其以产品数据为核心，极大地延展了传统工业数据范围，同时还包括工业大数据相关技术和应用。工业大数据是智能制造的关键技术，主要作用是打通物理世界和信息世界，推动生产型制造向服务型制造转型。工业大数据技术是使工业大数据中所蕴含的价值得以挖掘和展现的一系列技术与方法，包括数据规划、采集、预处理、存储、分析挖掘、可视化和智能控制等。

依托大数据系统，采集现有工厂设计、工艺、制造、管理、监测、物流等环节的信息，实现生产的快速、高效及精准分析决策。这些数据综合起来，能够帮助发现问题、查找原因、预测类似问题重复发生的概率，帮助完成安全生产、提升服务水平、改进生产水平、提高产品附加值。应用大数据分析系统，可以对生产过程数据进行分析处理。鉴于制造业已经进入大数据时代，智能制造还需要高性能计算机系统和相应网络设施。云计算系统提供计算资源专家库，通过现场数据采集系统和监控系统，将数据上传至云端进行处理、存储和计算，计算后能够发出云指令，对现场设备进行控制（如控制工业机器人）。

（5）传感器技术

智能制造与传感器紧密相关。现在各式各样的传感器在企业用得很多，有嵌入的、绝对坐标的、相对坐标的、静止的和运动的，这些传感器是支持人们获得信息的重要手段。

传感器用得越多，人们可以掌握的信息就越多。传感器很小，可以灵活配置，改变起来也非常方便，传感器属于基础零部件的一部分，它是工业的基石、性能的关键和发展的瓶颈。传感器的智能化、无线化、微型化和集成化是未来智能制造技术发展的关键之一。

（6）人工智能技术

人工智能技术是让机器或软件系统具有如同人类一般智能的技术，在制造过程的各个环节，这种智能是非常有价值的，比如智能产品设计、智能工艺设计、机器人、加工过程智能控制、智能排产、智能故障诊断等，同时它也是一些智能优化算法的基础。人工智能的实现离不开感知、学习、推理、决策等基本环节，其中知识的获取、表达和利用是关键。分布式人工智能（distributed artificial intelligence，DAI）是人工智能的重要研究领域，多智能体系统（multi-agent systems，MAS）是 DAI 的一种实现手段，在十多年前就已被广泛研究。“工业 4.0”强调以 CPS 为核心，CPS 可视为依附于物理对象（小到设备、产品，大到车间、企业）并具备感知、计算、控制和通信能力的一套系统，它可以感知环境变化并自主运行，物理实体与虚拟映像共存同变。同时，远程对象也能通过它来监控并操控这个物理对象。在未来分散制造的大趋势下，CPS 是分布式制造智能的一种体现。

（7）网络安全系统

数字化对制造业的促进作用得益于计算机网络技术的进步，但同时也给工厂网络埋下了安全隐患。随着人们对计算机网络依赖程度的提高，自动化机器和传感器随处可见，将数据转换成物理部件和组件成了技术人员的主要工作。产品设计、制造和服务的整个过程都用数字化技术资料呈现出来，整个供应链所产生的信息又可以通过网络成为共享信息，这就需要对其进行信息安全保护。针对网络安全生产系统可采用 IT 保障技术和相关的安全措施，例如，设置防火墙、预防被入侵、扫描病毒仪、控制访问、设立黑白名单、加密信息等。工厂信息安全是将信息安全理念应用于工业领域，实现对工厂及产品使用维护环节所涵盖的系统及终端进行安全防护。所涉及的终端设备及系统包括工业以太网、数据采集与监视控制（supervisory control and data acquisition，SCADA）系统、分布式控制系统（distributed control system，DCS）、过程控制系统（process control system，PCS）、可编程序控制器（programmable logic controller，PLC）、远程监控系统等网络设备及工业控制系统。应确保工业以太网及工业系统不被未经授权的访问、使用、泄漏、中断、修改和破坏，为企业正常生产和产品正常使用提供信息服务。

## 人物介绍

### 丰田生产方式创始人

大野耐一（1912—1990），丰田生产方式的创始人，被日本人称为“日本复活之父”“生产管理的教父”“穿着工装的圣贤”。1912 年出生于中国大连，1932 年毕业于日本名古屋高等工业学校机械科，同年进入丰田纺织公司，1943 年调入丰田汽车公司，1949 年任该公司机械厂厂长，后来历任丰田纺织公司和丰田合成公司会长。大野耐一在丰田工作了一辈子，在屡经挫折和失败之后，创造了一套完整的、超常规的、具有革命性的全新生产方式——丰田生产方式（toyota production system，TPS）。

### 1.1.5　智能制造的基本范式

根据智能制造基本技术特征，智能制造可总结归纳为三种基本范式，分别为数字化制造、数字化网络化制造（即"互联网+"制造）和新一代智能制造，如图 1-2 所示。

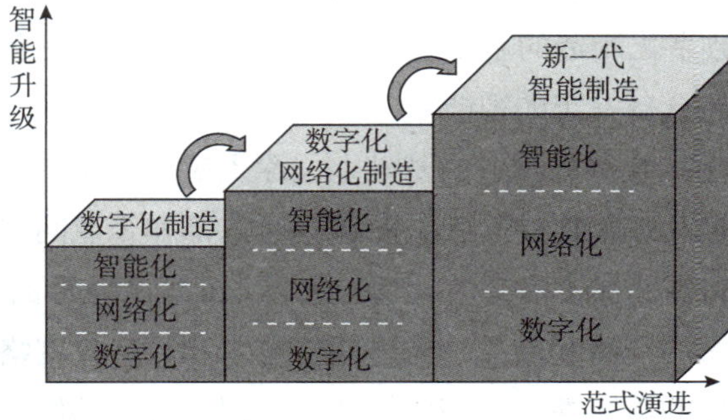


图 1-2　智能制造三个基本范式演进

#### 1. 数字化制造

第一代智能制造是数字化制造，它是智能制造的第一种范式。20 世纪 80 年代后期，智能制造的概念被首次提出，当时智能制造的主体就是数字化制造，是后两个智能制造基本范式的基础。

数字化制造的主要特征表现为以下几点。

（1）在产品方面，数字化技术得到普遍应用，形成数控机床等"数字一代"创新产品。

（2）大量采用计算机辅助设计（computer aided design，CAD）、工程设计中的计算机辅助工程（computer aided engineering，CAE）、计算机辅助工艺规划（computer aided process planning，CAPP）、计算机辅助制造（computer aided manufacturing，CAM）等数字化设计、建模和仿真方法：大量采用数控机床等数字化装备；建立了信息化管理系统，采用物料需求计划（material requirement planning，MRP）、企业资源计划（enterprise resource planing，ERP）、产品数据管理（product data management，PDM）等，对制造过程中的各种信息与生产现场实时信息进行管理，提升各生产环节的效率和质量。

（3）实现生产全过程各环节的集成和优化运行，产生了以计算机集成制造系统（computer integrated manufacturing system，CIMS）为标志的解决方案。在这个阶段，以现场总线为代表的早期网络技术和以专家系统为代表的早期人工智能技术在制造业得到应用。

数字化制造是智能制造的基础，其内涵不断发展，贯穿于智能制造的三个基本范式和全部发展历程。

### 2. 数字化网络化制造

第二代智能制造是数字化网络化制造，它是智能制造的第二个范式。网络化制造是指通过采用先进的网络技术、制造技术及其他相关技术，构建面向企业特定需求的基于网络的制造系统，并在系统的支持下，突破空间对企业生产经营范围和方式的约束，开展覆盖产品整个生命周期全部或部分环节的企业业务活动。

从本质上讲，数字化网络化制造就是“互联网＋”制造，在国外也被称为“smart manufacturing”，是在数字化制造的基础上实现网络化，应用工业互联网、工业云的技术实现联通和集成，同时还具备一定的智能。

“互联网＋”制造是在数字化制造的基础上，深入应用先进的通信技术和网络技术，用网络将人、流程、数据和事物连接起来，联通企业内部和企业间的“信息孤岛”，通过企业内、企业间的协同和各种社会资源的共享与集成，实现产业链的优化，快速、高质量、低成本地为市场提供所需的产品和服务。先进制造技术和数字化网络化技术的融合，使得企业对市场变化具有更好的适应性，能够更好地收集用户对产品使用和产品质量的评价信息，在制造柔性化、管理信息化方面达到了更高的水平。

### 3. 新一代智能制造

新一代智能制造，即数字化、网络化、智能化制造，是智能制造的第三种基本范式，可对应于国际上推行的“intelligent manufacturing”。

21世纪以来，移动互联、超级计算、大数据、云计算、物联网等新一代信息技术飞速发展，集中汇聚在人工智能技术的突破上。人工智能技术与先进制造技术的深度融合，形成了新一代智能制造，成为新一轮工业革命的核心驱动力。新一代智能制造的主要特征表现在制造系统具备了“认知学习”能力。通过深度学习、增强学习、迁移学习等技术的应用，新一代智能制造中制造领域知识的产生、获取、应用和传承效率将发生革命性变化，显著提高创新与服务能力。随着制造知识产生方式的变革，新一代智能制造形成了一种新的制造范式。

新一代智能制造将给制造业带来革命性变化，是真正意义上的智能制造，将从根本上引领和推进第四次工业革命，为我国实现制造业换道超车、跨越发展带来了历史性机遇。如果说数字化网络化制造是新一轮工业革命的开始，那么新一代智能制造的突破和广泛应用将推动形成新一轮工业革命的高潮。

智能制造的三个基本范式体现了智能制造发展的内在规律：一方面，三个基本范式次第展开，各有自身阶段的特点和重点解决的问题，体现着先进信息技术与先进制造技术融合发展的阶段性特征；另一方面，三个基本范式在技术上并不是绝对分离的，而是相互交织、迭代升级，体现着智能制造发展的融合性特征。对中国等新兴工业国家而言，应发挥后发优势，采取三个基本范式“并行推进、融合发展”的技术路线。

拓展阅读

### 世界智能制造大会：推动中国智能制造迈向全球领先

2023 年 12 月 6 日，2023 世界智能制造大会在江苏省南京市召开。工业和信息化部党组成员、副部长辛国斌出席大会并致辞。

当前，智能制造日益成为推动产业体系优化、制造模式变革的关键力量。近年来，我国智能制造发展取得了一系列重大实践成果。建成一批特色鲜明、引领发展的智能工厂。支持遴选 421 家国家级示范工厂，推动各地建设万余家数字化车间和智能工厂，树立了 5 500 多个可复制、可推广的智能制造典型场景范例。培育形成开放包容、协同高效的产业生态。2022 年智能制造装备、工业软件、系统解决方案等支撑产业规模超过 4 万亿元，5G 在近 2 000 个工厂中实现探索应用，我国已成为全球最大的智能制造应用市场。建立普惠便捷、专业适用的服务体系。国家智能制造数据资源公共服务平台已为 8 万余家企业开展评估服务，组织行业专家为 4 000 多家企业提供“面对面”辅导，发布 394 项国家标准，引导 140 多家龙头企业探索构建“标准群”。

辛国斌表示，工业和信息化部将坚持以习近平新时代中国特色社会主义思想为指导，全面落实全国新型工业化推进大会部署，坚持以智能制造为主攻方向，推动数字技术与制造业深度融合，推动人工智能赋能新型工业化，加快形成新质生产力，为中国式现代化构筑更为坚实的物质技术基础。坚持应用牵引，将智能工厂建设作为推动制造业数字化转型的主战场，促进产品全生命周期、生产制造全过程、供应链全环节的系统优化和全面提升。加强供给支撑，大力发展人工智能、数字孪生、新型网络等关键技术，推动装备、软件、网络等“成组连线”集成创新，打造更多先进适用的智能制造系统解决方案。深化国际合作，加强金砖国家新工业革命伙伴关系建设，完善中德、中法、中日等合作机制，务实开展技术创新、标准互认、人才培养等多双边合作。

会上成立了国际智能制造联盟，发布了中国智能制造十大科技成果、全国智能制造示范工厂揭榜单位等成果。

## 1.1.6　智能制造的技术机理

### 1. 传统制造系统（“人 - 物理系统”）

传统制造系统包含人和物理系统两大部分，是完全通过人对机器的操作控制去完成各种工作任务，如图 1-3（a）所示，同时，其也可抽象描述为图 1-3（b）所示的“人 - 物理系统”。

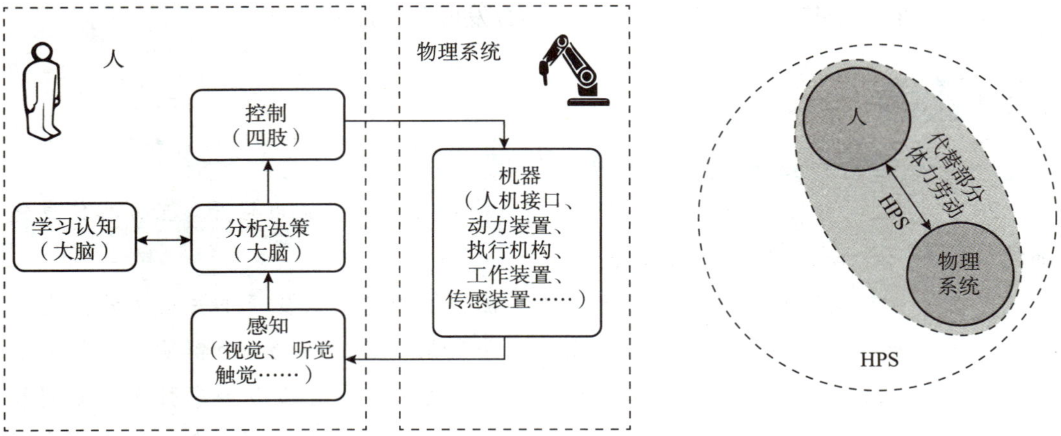


（a）传统制造系统　　　　（b）“人-物理系统”

图 1-3　传统制造系统（“人 - 物理系统”）

### 2. 数字化制造、数字化网络化制造（“人 - 信息 - 物理系统”）

与传统制造系统相比，第一代和第二代智能制造系统发生的本质变化是在人和物理系统之间增加了信息系统，信息系统可以代替人类完成部分脑力劳动，人的相当部分的感知、分析、决策功能向信息系统复制迁移，进而可以通过信息系统来控制物理系统，以代替人类完成更多的体力劳动，如图 1-4 所示。

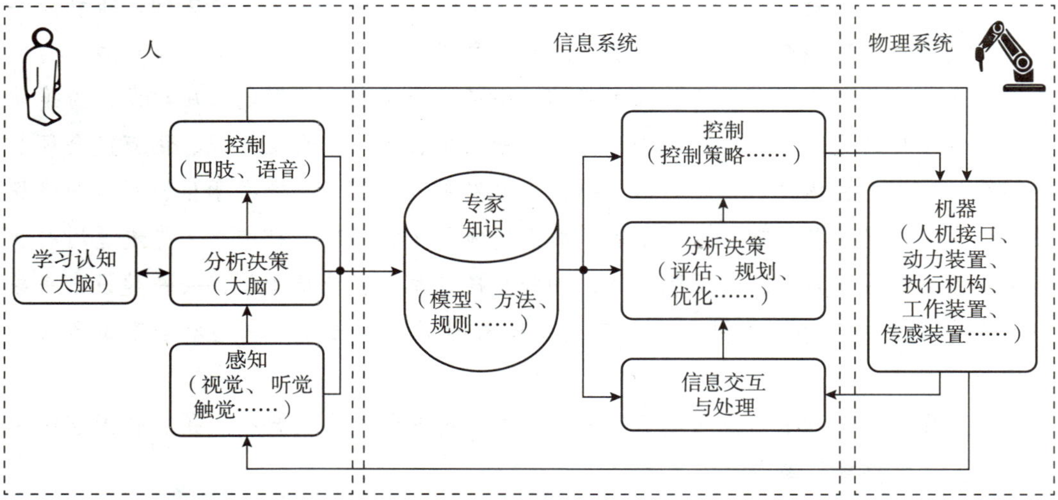


图 1-4　第一代和第二代智能制造系统

第一代和第二代智能制造系统集成人、信息系统和物理系统的各自优势，系统的能力尤其是计算分析、精确控制，以及感知能力都得到很大提高。制造系统从传统的“人 - 物理系统”向“人 - 信息 - 物理系统”（human-cyber-physical systems，HCPS）的演变可进一步用图 1-5 进行抽象描述。

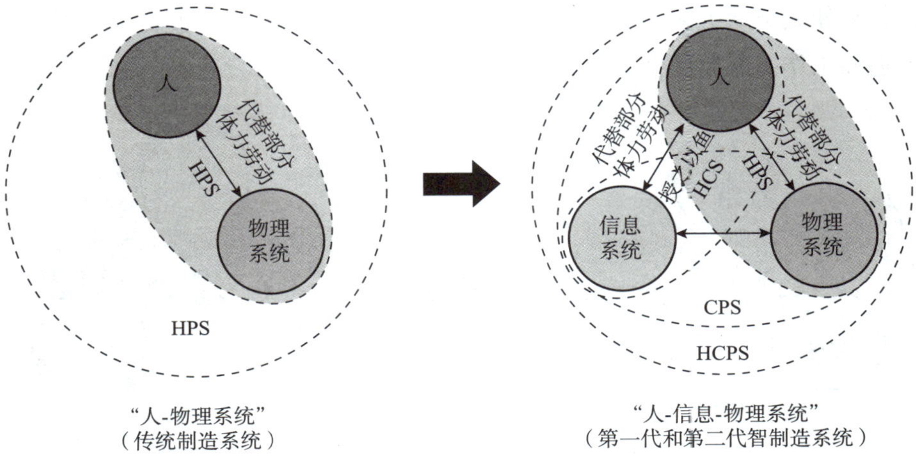


图 1-5　从“人 - 物理系统”到“人 - 信息 - 物理系统”

美国在 21 世纪初提出了 CPS 的理论，德国将其作为工业 4.0 的核心技术。CPS 在工程上的应用是实现信息系统和物理系统的完美映射和深度融合。

### 3. 新一代智能制造（新一代“人 - 信息 - 物理系统”）

新一代智能制造系统最本质的特征是信息系统增加了认知和学习的功能，信息系统不仅具有强大的感知、计算分析与控制能力，更具有学习提升、产生知识的能力，如图 1-6 所示。

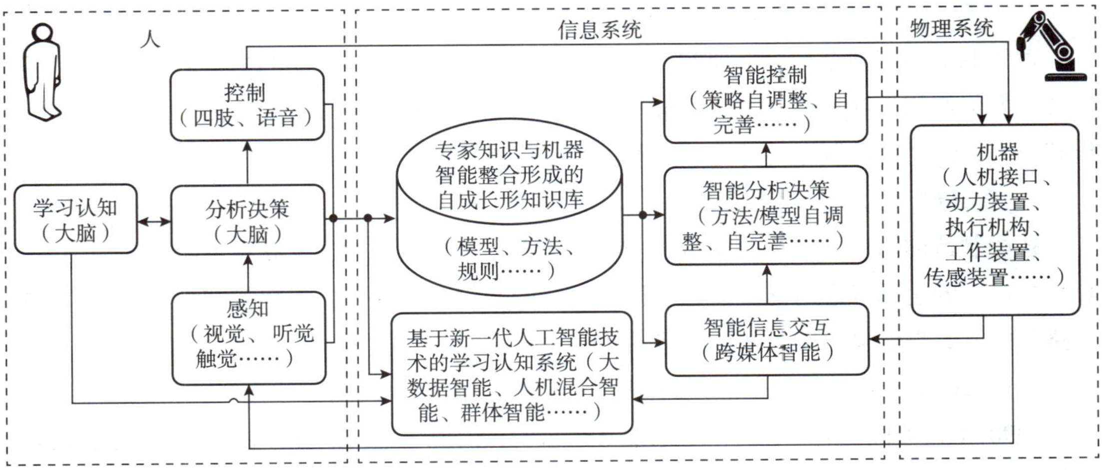


图 1-6　新一代智能制造系统的基本机理

新一代人工智能技术将使“人 - 信息 - 物理系统”发生质的变化，形成新一代“人 - 信息 - 物理系统”，如图 1-7 所示。

新一代“人 - 信息 - 物理系统”中，HCS、HPS 和 CPS 都将实现质的飞跃。新一代智能制造进一步突出了人的中心地位，是统筹协调“人”“信息系统”和“物理系统”的综合集成大系统；将使制造业的质量和效率跃升到新的水平，为人们的美好生活奠定更好的物质基础；将使人类从更多体力劳动和大量脑力劳动中解放出来，使得人类可以从事更有意义的创造性工作，人类社会开始真正进入“智能时代”。

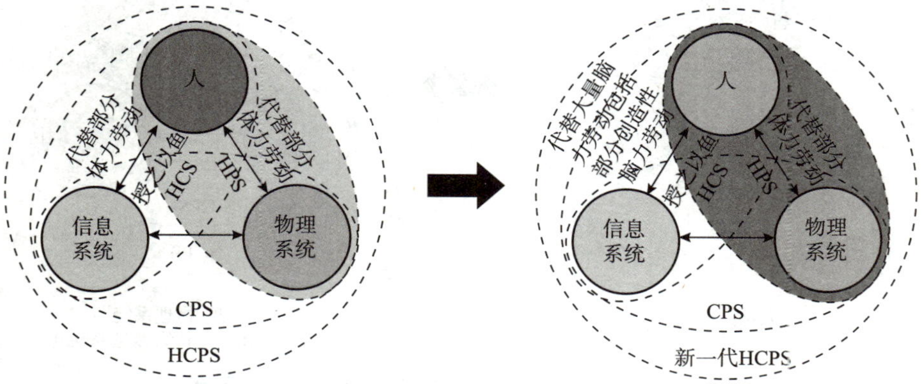


“人-信息-物理系统”　　　　新一代“人-信息-物理系统”

图 1-7　新一代“人 - 信息 - 物理系统”

# 1.2　智能智造发展现状与趋势

## 1.2.1　国内外智能制造发展现状

智能制造是当前全球制造业的重要发展方向之一。国内外智能制造发展都取得了显著进展，但仍面临一些挑战，如技术标准、人才培养和隐私保护等方面，需要进一步加强合作和研究，推动智能制造的可持续发展。

### 1. 智能制造的发展历程

智能制造的历史，最早源于机器与人的关系。早期机器的功能表现不能遂人愿，人很难掌控机器的全部状态情况。而在机器不智能的时代，只能靠人的智能来弥补，以“人在回路”的方式来解决。关于智能制造的研究大致经历了以下三个阶段。

（1）20 世纪 80 年代——概念的提出

1998 年，美国赖特（Paul Kenneth Wright）、伯恩（David Alan Bourne）正式出版了智能制造研究领域的首本专著《制造智能》（Smart Manufacturing），就智能制造的内涵与前景进行了系统描述，将智能制造定义为“通过集成知识工程、制造软件系统、机器人视觉和机器人控制来对制造技工们的技能与专家知识进行建模，以使智能机器能够在没有人工干预的情况下进行小批量生产”。在此基础上，英国技术大学 Williams 教授对上述定义做了更为广泛的补充，认为“集成范围还应包括贯穿制造组织内部的智能决策支持系统”。麦格劳·希尔科技词典将智能制造界定为采用自适应环境和工艺要求的生产技术，最大限度地减少监督和操作，来制造物品的活动。

（2）20 世纪 90 年代——概念的发展

20 世纪 90 年代，在智能制造概念提出不久后，智能制造的研究获得欧盟国家、美国、日本等工业化发达国家的普遍重视，并围绕智能制造技术（IMT）与智能制造系统（IMS）开展国际合作研究。1991 年，日本、美国、欧盟共同发起实施的“智能制造国际合作研究计划”中提出：“智能制造系统是一种在整个制造过程中贯穿智能活动，并将这种智能活动与智能机器有机融合，将整个制造过程从订货、产品设计、生产到市场销售等各个环节以柔性方式集成起来的能发挥最大生产力的先进生产系统”。

（3）21 世纪以来——概念的深化

21 世纪以来，随着物联网、大数据、云计算等新一代信息技术的快速发展及应用，智能制造被赋予了新的内涵，即新一代信息技术条件下的智能制造（smart manufacturing）。2010 年 9 月，美国在华盛顿举办的“21 世纪智能制造的研讨会”指出，智能制造是对先进智能系统的强化应用，使得新产品的迅速制造、产品需求的动态响应以及对工业生产和供应链网络的实时优化成为可能。德国正式推出工业 4.0 战略，虽没明确提出智能制造概念，但包含了智能制造的内涵，即将企业的机器、存储系统和生产设施融入信息物理系统（CPS）。在制造系统中，这些信息物理系统包括智能机器、存储系统和生产设施，能够相互独立地自动交换信息、触发动作和控制。

### 2. 中国智能制造发展

伴随生产成本的不断上升，传统制造业的优势不断被削减，如何实现从制造向创造的转变，是我国制造业需要长期思考的问题。早在 1993 年，我国就对“智能制造系统关键技术”进行了探讨研究，但受限于客观条件并未取得较大的进展。

近年来，国家不断出台法律法规和政策支持高端装备制造行业健康、良性发展，智能制造装备制造业作为高端装备制造业的重点领域得到了国家政策的鼓励与支持。

2015 年，国务院与中华人民共和国工业和信息化部（以下简称工业和信息化部）先后出台了《中国制造 2025》《国务院关于积极推进“互联网+”行动的指导意见》《工业和信息化部关于贯彻落实（国务院关于积极推进“互联网+”行动的指导意见）的行动计划（2015—2018 年）》等一系列指导性文件，部署全面推进实施制造强国战略。2016 年政府工作报告中进一步提出要深入推进“中国制造+互联网”。

“中国制造 2025”从国家层面确定了我国建设制造强国的总体战略，明确提出要以加快新一代信息技术与制造业深度融合为主线，以推进智能制造为主攻方向，实现制造业由大变强的历史跨越。

《中国制造 2025》可以概括为“一二三四五五十”的总体结构。

“一”就是从制造业大国向制造业强国转变，最终实现制造业强国的一个目标。

“二”就是通过“两化”（信息化、工业化）融合发展来实现这一目标。党的十八大提出了用信息化和工业化深度融合来引领和带动整个制造业的发展，这也是我国制造业所要占据的一个制高点。

“三”就是要通过“三步走”的战略，大体上每一步用十年左右的时间来实现我国从制造业大国向制造业强国转变的目标，如图 1-8 所示。

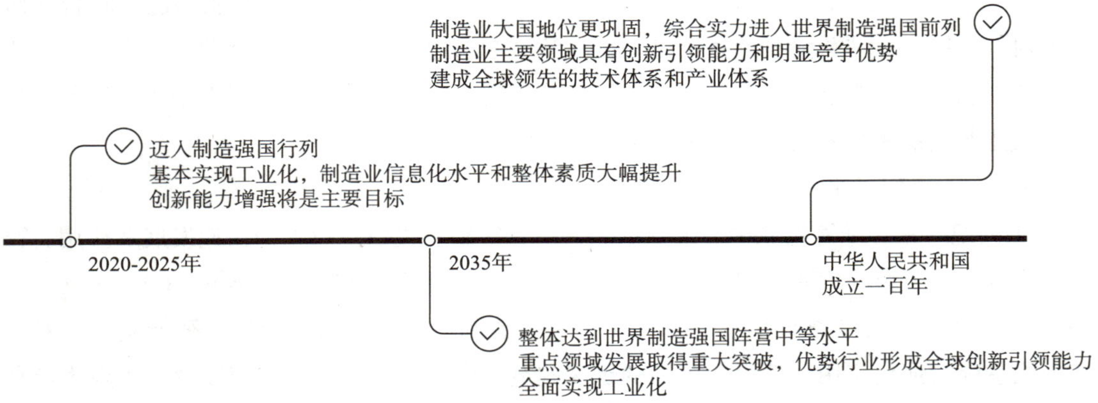


图 1-8 “三步走”战略

“四”就是确定了四项原则。第一项原则是市场主导、政府引导。第二项原则是既立足当前，又着眼长远。第三项原则是全面推进、重点突破。第四项原则是自主发展和合作共赢。

“五五”就是有两个“五”。第一就是有五条方针，即创新驱动、质量为先、绿色发展、结构优化和人才为本。还有一个“五”就是实行五大工程，包括制造业创新中心建设工程、工业强基工程、智能制造工程、绿色制造工程和高端装备创新工程。

“十”就是十大领域。包括新一代信息技术产业、高档数控机床和机器人、航空航天装备、海洋工程装备及高技术船舶、先进轨道交通装备、节能与新能源汽车、电力装备、农机装备、新材料、生物医药及高性能医疗器械等十个重点领域，如图 1-9 所示。

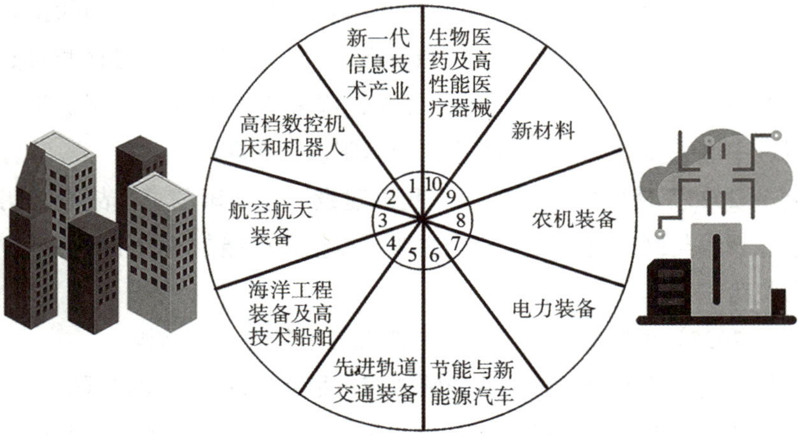


图 1-9 十大重点领域

2018 年 9 月，工信部、国家标准化管理委员会发布《国家智能制造标准体系建设指南（2018 年版）》，主要内容：到 2018 年，累计制修订 150 项以上智能制造标准，基本覆盖基础共性标准和关键技术标准；到 2019 年，累计制修订 300 项以上智能制造标准，全面覆盖基础共性标准和关键技术标准，逐步建立起较为完善的智能制造标准体系，建设智能制造标准试验验证平台，提升公共服务能力，提高标准应用水平和国际化水平。

智能制造是制造强国建设的主攻方向，其发展程度直接关乎我国制造业质量水平。2021 年 12 月，工业和信息化部等八部门联合印发了《“十四五”智能制造发展规划》，从基础设施、供给能力、推广应用等多个方面对我国智能制造发展做出适时的规划布局。规划提出了一系列具体目标，其中，到 2025 年的具体目标为以下几点。

（1）转型升级成效显著

70% 以上的规模制造业企业基本实现数字化、网络化，建成 500 个以上引领行业发展的智能制造示范工厂。

（2）供给能力明显增强

智能制造装备和工业软件市场满足率分别超过 70% 和 50%，培育 150 家以上专业水平高、服务能力强的智能制造系统解决方案供应商。

（3）基础支撑更加坚实

完成 200 项以上国家、行业标准的制修订，建成 120 个以上具有行业和区域影响力的工业互联网平台。

智能制造为中国制造业跨越发展提供历史性机遇。新一轮科技革命和产业变革与我国加快转变经济发展方式形成历史性交汇，为实施创新驱动发展战略提供了难得的重大机遇。要推进互联网、大数据、人工智能同实体经济深度融合，做大做强数字经济。要以智能制造为主攻方向推动产业技术变革和优化升级，推动制造业产业模式和企业形态根本性转变，以“鼎新”带动“革故”，以增量带动存量，促进我国产业迈向全球价值链中高端。

### 3. 部分国家的智能制造发展战略

制造业在世界工业化进程中始终发挥着支柱作用，在经济全球化和信息技术革命的推动下，国际制造业的生产方式正在发生着重大变化。近年来，主要工业国家纷纷制订各种发展计划，促进传统制造业向先进制造业（advanced manufacturing industry）转变。加快发展先进制造业，已经成为世界制造业发展的新潮流。美国、德国、英国、日本等是世界上制造业发达的国家，也是先进制造业快速发展的国家，印度也在多年以前提出了发展先进制造业的计划，这些国家的智能制造规划的提出和发展动态如表 1-1 所示。

表 1-1　一些国家关于智能制造的规划情况

| 国家 | 规划名称 | 时间 | 规划的主要目标 |
|---|---|---|---|
| 美国 | 先进制造业美国领导力战略 | 2018 年 | 发展先进制造业，实现制造业的智能化，保持美国制造业价值链上的高端位置和全球控制者地位 |
| 德国 | 工业 4.0 战略 | 2011 年 | 由分布式、组合式的工业制造单元模块，通过组建多组合、智能化的工业制造系统，应对以智能制造为主导的第四次工业革命 |
| 英国 | 工业 2050 战略 | 2011 年 | 科技改变生产，信息通信技术、新材料等科技将在未来与产品和生产网络融合，以应对个性化需求和数字化时代 |
| 日本 | 机器人新战略 | 2015 年 | 依靠传感器、控制 / 驱动系统、云端运算、人工智能等技术大力发展机器人产业，并且让其相互联网 |
| 印度 | 制造计划 | 2014 年 | 以基础设施、制造业、能源、技能发展和商业环境为经济改革战略的 5 根支柱，通过智能制造技术的广泛应用，将印度打造成新的“全球制造中心”，建设“数字印度” |

（1）美国先进制造业战略

为保持美国在制造业的领先地位，美国国家科学技术委员会下属的先进制造技术委员会于 2018 年 10 月 5 日发布了《先进制造业美国领导力战略》报告。报告包括美国制造竞争力分析、战略愿景、战略方向、具体战略目标、优先领域、任务分工等内容，为美国联邦计划和活动提供长期指导，以支持包括先进制造研发在内的美国制造业竞争力的提升。该报告认为先进制造是美国经济实力的引擎和国家安全的支柱，并提出了三大目标，分别是：①开发和转化新的制造技术；②教育、培训和集聚制造业劳动力；③扩展国内制造供应链的能力。针对每个目标，报告确定了若干个战略目标和相应的一系列需要优先发展的任务。

（2）德国工业 4.0 战略

随着新一轮技术浪潮的到来和国际科技竞争的加剧，作为世界工业强国，德国敏锐地察觉到新机遇、新挑战，为此及时制定并推进促进产业发展创新战略——工业 4.0。该战略旨在提升德国制造业的智能化水平，建立具有适应性、资源效率及符合人体工程学的智慧工厂，在商业流程及价值流程中整合客户及商业伙伴。其技术基础是网络实体系统及物联网，通过利用 CPS 将生产中的供应、制造、销售信息数字化和智能化，最后达到快速、有效、个性化的产品供应。

智能制造是工业 4.0 的核心，通过嵌入式的处理器、存储器、传感器和通信模块，把设备、产品、原材料、软件联系在一起，使得产品和不同的生产设备能够互联互通并交换数据，而且未来的工厂能够自行优化并控制生产过程。

（3）英国工业 2050 战略

英国工业 2050 战略是定位于 2050 年英国制造业发展的一项长期战略研究报告，通过分析制造业面临的问题和挑战，提出英国制造业发展与复苏的政策。报告也向英国政府建言献策，提出了未来需要政府给予关注的三个系统性领域，包括更加系统、完整地看待制造领域的价值创造、明确制造价值链的具体阶段目标、增强政府长期的政策评估和协调能力。这一报告的出台将英国制造业发展提到了战略的高度。

报告展望了 2050 年制造业的发展状况，并据此分析了英国制造业的机遇和挑战。其主要观点是科技改变生产，信息通信技术、新材料等科技将在未来与产品和生产网络融合，极大改变产品的设计、制造、提供甚至使用方式。报告认为，未来制造业的主要趋势是个性化的低成本产品需求增大、生产重新分配和制造价值链的数字化。这将对制造业的生产过程和技术、制造地点、供应链、人才甚至文化产生重大影响。

（4）日本机器人新战略

早在 1990 年 6 月，日本通产省就提出了智能制造研究的十年计划，并联合欧洲共同体委员会、美国商务部协商共同成立了智能制造系统国际委员会。2004 年，日本制定了《新产业创造战略》，其中将机器人、信息家电等作为重点发展的新兴产业。2013 年的《制造业白皮书》将机器人、新能源汽车、3D 打印机等作为今后制造业发展的重点领域。2014 年的《制造业白皮书》中指出，日本制造业在发挥 IT 作用方面落后于欧美，建议日本的制造业转型为利用大数据的“下一代”制造业。2015 年发布的《机器人新战略》，提出了机器人发展的 3 个核心目标，即“世界机器人创新基地”“世界第一的机器人应用国家”“迈向世界领先的机器人新时代”。

在德国工业 4.0 战略的影响下，日本于 2015 年成立了与工业 4.0 相对应的工业价值链促进会，即通过互联网将不同企业连接起来，利用政府提供的平台，各企业相互合作，将网络信息技术与工业制造相结合来推动“智能工厂”的实现。此外，该促进会还在基于企业自然合作前提下提倡两个基本原则：关联制造和可变标准。前者是依靠智能化连接的工厂来处理过剩资源，达到不浪费、充分利用资源的目的；后者提出的是一种自适应模式，在外部条件发生变化时可以自动进行自我调整以适应当前变化。无论是以智能化方式利用过剩资源还是可变化的自适应模式，都是在发展智能制造过程中必备的。

（5）印度制造计划

2014 年，印度正式推出了印度制造计划，旨在将制造业占印度 GDP 的比重从当时的 15%提升至 25%，并为每年进入印度劳动力市场的逾 1 200 万年轻人创造就业机会。这一计划以市场化、自由化为主导思想，以扩大对外开放、吸引外资为核心思路，包括快速拉动制造业增长、创造就业岗位等目标，主要涉及 25 个行业，包括汽车、化工、制药、纺织、信息技术、港口、航空、旅游、铁路、再生能源、采矿及电子产业等。

作为振兴印度制造业的重要组成部分，印度同时推出了 25 个重大基建项目，以吸引外资进入。在城市基建领域，印度将打造 100 个智慧城市；在工业基建领域，将重点打造德里 - 孟买工业走廊、清奈 - 班加罗尔工业走廊、东海岸工业走廊、阿姆利则 - 加尔各答工业走廊及班加罗尔 - 孟买工业走廊五大工业走廊，以此构成今后制造业发展的新阵地。其中，每条工业走廊拥有至少 6 个基于智能城市原理开发的关键点，范围超过 200 km²。

### 1.2.2 智能制造发展趋势

伴随着工业互联网、5G、大数据、人工智能等技术与先进制造技术的深度融合，智能制造呈现出自动化、数字化、规模化、生态化、绿色化的发展趋势，如图 1-10 所示。

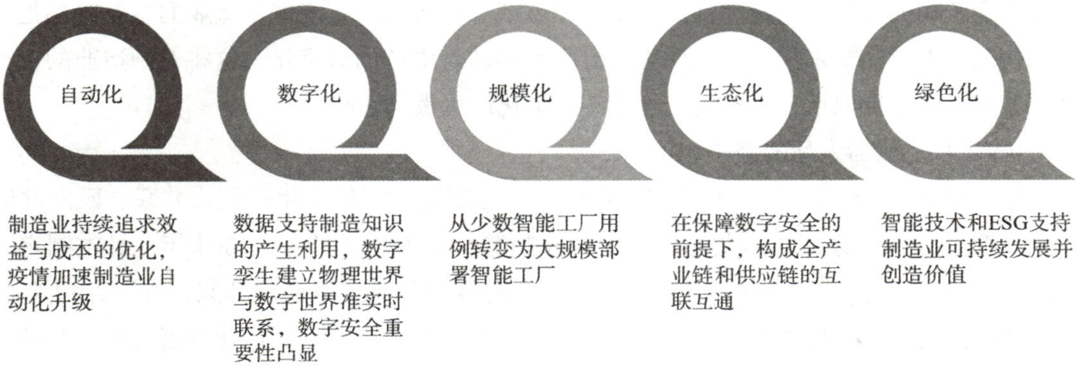


图 1-10　能制造发展趋势

#### 1. 自动化

出于对提高效率、降低成本的不断追求，全球制造业几乎都面临技能和劳动力短缺的压力。自动化是帮助制造商填补技能差距，消除仓库中耗时的流程和提高产品质量的答案。这里的自动化是指通过合理规划生产工艺、加工节拍、节点动作，添加部分硬件（如机械手、轨道、运输、视觉成像等装置）及对相关硬件的编程，达到节约人力、稳定质量、提高效率的目的。未来将是一个人机协作的世界，机器人和人类在工厂和仓库中共存和协作。我们已经看到无人车间、无人工厂数量日益增多，未来更多制造商将投资协作机器人来承担枯燥、危险和重复性的工作，让人类专注于创造性工作。

#### 2. 数字化

大数据与智能制造之间的关系可以总结为：制造系统中问题的发生和解决过程会产生大量数据，通过对这些数据的分析和挖掘可以了解问题产生的过程、造成的影响和解决方式，这些信息被抽象化建模后转化成知识，再利用知识去认识、解决和避免问题。其核心是从依靠人的经验，转向依靠挖掘数据中的隐形线索，使得制造知识能够被更高效地产生、利用和传承。数字孪生是以数字化的形式对某一物理实体过去和目前的行为或流程进行动态呈现，有助于提升企业绩效。其真正的功能在于能够在物理世界和数字世界之间全面建立准实时联系，源源不断地为企业创造价值。数据已成为与物质资产和人力资本同样重要的基础生产要素。随着越来越多的数据共享开放、交叉使用，数字安全重要性凸显。

### 3. 规模化

全球“灯塔”工厂展示了将智能制造规模化的可能性。云计算等基础技术可实现计算能力的可见性、大规模和高速度。5G 部署随着技术和用例的进步而扩大。随着众多初创公司的加入，视频分析、人工智能、网络安全、自主移动机器人等技术变得更具成本效益。工厂智能化改造的方式正从单一的设备升级、软件应用、网络铺设转变为实施整厂的系统集成解决方案。

### 4. 生态化

智能制造的语境下，生态化是指在数字化、集成化基础上，在保障数字安全的前提下，打通供应链上下游，将整个产业链互联，实现协同，并在此基础之上建立开放互联平台，将所有利益相关者互联起来，形成生态系统。生态系统能为制造业企业带来更高的产能与灵活性。生态系统中多对多关系的成功可以惠及系统中的所有参与方，从而达到多赢的效果。

### 5. 绿色化

制造业可持续发展关乎所有利益相关者。毫无疑问，制造业企业需要为客户和股东创造价值，同时还需要投资于员工，与供应商公平地交易，支持其经营所在的社区。制造业企业可能会以更多的资源和更高的严谨性来推进可持续发展，提高数字治理能力，并更积极地采用智能技术来减少环境影响，传达其可持续的商业实践的价值，例如，优化能源消费与追踪、保障作业安全及开发绿色产品等。

## 智造案例

### 联想（北京）有限公司绿色供应链管理

近年来，国际上众多制造业企业通过开展绿色供应链管理工作，获得了良好的经济和社会效益。联想特别关注供应链的可持续发展，以合规为基础、生态设计为支点、全生命周期管理为方法论，探索并试行“摇篮到摇篮”的实践，实现资源的可持续利用。

（1）绿色生产

除遵守《电子行业公民联盟行为准则》及所有适用规则外，联想也关注生产过程中的能源消耗问题，通过降低经营活动中的绿色生产、供应商管理，提升再生能源使用量和加强绿色工艺的开发、推广使用来降低排放。

（2）供应商管理

联想采购部门拥有覆盖多个领域的标准化程序，制订了全面的供应商操守准则。联想关注供应商的环境表现，如有害物质的合规与减排、环保消费后再生材料使用、温室气体排放透明度及减排、避免使用冲突矿产等。

（3）绿色物流

联想物流部门致力使用更环保的运输方式，减少运输设备的温室气体排放，并聘请外部监管机构帮助落实改善措施。

（4）绿色回收

联想期望最大限度地控制产品生命周期的环境影响，加大可再利用产品、配件的回收，尽可能延长产品的使用寿命，同时对生命周期即将结束的产品提供完善周到的回收服务。

（5）绿色包装

联想一直致力于为产品提供绿色包装，通过增加包装中回收材料种类、可回收材料的比例，减少包装尺寸，推广工业（多合一）包装和可重复使用包装等多种举措来打造绿色包装。

（6）绿色信息披露平台

联想的环保方针、政策、措施和成果，如产品的环保特性、对供应商的环保要求、体系维护情况等信息均在该绿色平台上进行展示和发布。

联想按照企业的发展、行业特点和产品导向，将绿色供应链管理体系融入公司环境管理体系中，制订目标并按年度进行调整，用定性和定量两类指标体系来规划企业内部各项环境工作的具体内容，并将绿色供应链的各个要求渗入体系的各个环节中。

## 本章小结

本章主要介绍了智能制造领域的基本概念和发展现状。通过本章的学习，帮助读者了解智能制造的核心概念和技术特点，同时把握智能智造发展的趋势和前景，为相关领域的学习和实践提供指导。

## 思考练习

1. 智能制造作为广义的概念包含哪些方面?
2. 我国发展智能制造有哪些意义?
3. 我国发展智能制造的指导思想是什么?
4. 简述智能制造的基本范式及技术机理。

# 第 2 章　智能制造系统

## 本章导读

从系统的功能角度，智能制造系统可以看作若干复杂相关子系统的一个整体集成，包括产品全生命周期管理系统、企业资源计划、制造执行系统、过程控制系统及将各子系统无缝衔接起来的信息物理系统等。本章将分别介绍这几个系统的知识。

## 学习目标

◎知识目标

1. 了解智能制造系统的架构。
2. 熟悉产品生命周期管理的概念、分类、功能、系统流程及功能对应模块。
3. 熟悉企业资源计划的概念、分类、功能及平台式软件的运用。
4. 熟悉制造执行系统的概念、分类、常见的功能模块及流程。
5. 熟悉信息物理系统的概念、结构体系、特征及意义。

◎能力目标

1. 掌握产品生命周期管理系统、企业资源计划系统、制造执行系统和信息物理融合系统的定义、结构及功能。

2. 了解产品生命周期管理系统、企业资源计划系统、制造执行系统和信息物理融合系统的应用及发展。

◎**素质目标**

1. 培养学生具有严谨的科学态度和良好的思想品德与职业道德修养。
2. 培养学生具有吃苦耐劳的工作作风和爱岗敬业的精神。
3. 培养学生具有自我学习、勇于开拓、不断创新的精神。
4. 培养学生具备独立分析与解决实际生产问题的实践能力，具有良好的团队协作精神、安全文明生产意识和节能环保意识。

## 本章任务

1. 访问 CIMdata 公司主页，了解并讨论其 PLM 产品的功能。
2. 搜集 SAP 公司 ERP 产品在我国应用的实例，并讨论其最新产品的特点。

## 思维导图

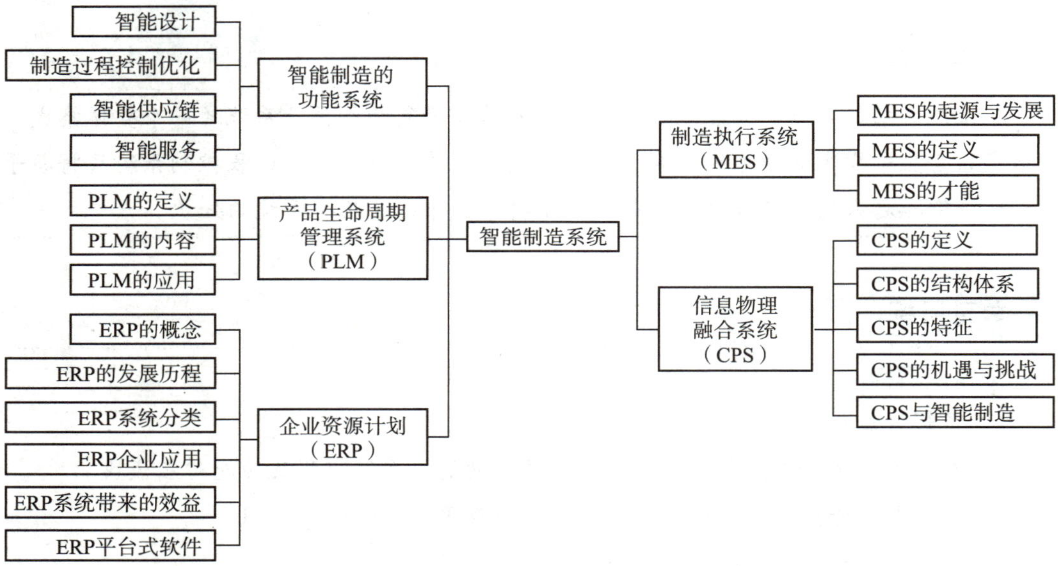


# 2.1 智能制造的功能系统

广义的产品制造主要包含设计、制造、供销、服务等环节。因此，智能制造的主要功能系统包括智能设计、制造过程控制优化、智能供应链、智能服务等。

### 2.1.1　智能设计

智能设计是指将智能优化方法应用到产品设计中，利用计算机模拟人的思维活动进行辅助决策，以建立支持产品设计的智能设计系统。从而使计算机能够更多、更好地承担设计过程中各种复杂任务，成为设计人员的重要辅助工具。制造领域常见的智能设计包括以下几种。

#### 1. 衍生式设计

衍生式设计（generative design，GD）是指建立在数字化制造条件下的、基于协议与规则的、用户深度参与产品生成过程的设计方法。衍生式设计由设计师给出一个大致的设计空间（包含结构、体积、形态元素），计算机通过数据的计算可以高效地生成大量的设计方案，然后基于用户的限定筛选出符合设计要求且高质量的方案。衍生式设计不但能够在方案数量上有优势，而且还能产生很多有创新的设计，构造设计师难以想象的复杂形态，激发设计师的灵感。衍生设计模型要满足以下两个条件。

（1）每个模型必须包含可以被设计评估的度量标准，由于计算机没有评判设计好坏的直觉，设计师要向计算机明确什么设计是好的，什么设计是不好的。

（2）计算机需要有能够改变控制变量的算法，并且能够从变量中得到反馈，发掘所有的设计可能性。

#### 2. 拓扑优化设计

拓扑优化设计（topology optimization design，TOD）以设计域内的孔洞有无、数量和位置等拓扑信息为研究对象，其基本思想是利用有限元技术、数值计算和优化算法，在给定的设计空间内，寻求满足各种约束条件（如应力、位移、频率和重量等），使目标函数（刚度、重量等）达到最优的孔洞连通形式或材料布局，即最优结构拓扑。

#### 3. 仿真设计

当所研究的系统造价昂贵、实验的危险性大或需要很长的时间才能了解系统参数变化所引起的后果时，仿真是一种特别有效的研究手段。仿真设计（simulation design）是通过使用计算机仿真软件辅助设计的方法。仿真软件的种类很多，在工程领域有机构动力学分析、控制力学分析、结构分析、热分析、加工仿真等仿真软件系统。

#### 4. 可靠性优化设计

可靠性优化设计（reliability-based design optimization，RBDO）是指在保证产品安全性能的前提下，借助优化技术实现结构造价或产品某些性能如刚度、强度等的最优设计。RBDO 将可靠性分析理论和确定性优化设计相结合，考虑载荷、材料特性、制造误差等不确定性因素的不确定性对确定性约束的影响，确保所有约束都处于安全区域。其中不确定性分析通常假设不确定性参数服从某种特定的概率分布。

#### 5. 多学科优化设计

多学科优化设计（(multi-disciplinary optimization，MDO）是解决大规模复杂工程系统设计过程中多个学科耦合和权衡问题的一种新的设计方法。它充分探索和利用工程系统中相互作用的协同机制，考虑各个学科之间的相互作用，从整个系统的角度优化设计复杂的工程系统。美国航天局对 MDO 的定义是：MDO 是一种通过充分探索和利用系统中相互作用的协同机制来设计复杂系统和子系统的方法论。

### 2.1.2 制造过程控制优化

制造过程包括加工过程、装配过程、工厂运行等部分。制造过程控制优化是指将大数据与人工智能技术融入制造过程中，使制造过程实现自感知、自决策、自执行，主要包括加工过程控制优化、装配过程控制优化、工厂运行控制优化等。

#### 1. 加工过程控制优化

制造装备是加工过程的基础。智能制造装备是指通过融入传感、人工智能等技术，使得装备能对本体和加工过程进行自感知，对与装备、加工状态、工件和环境有关的信息进行自分析，根据零件的设计要求与实时动态信息进行自决策，依据决策指令进行自执行，实现加工过程的“感知 - 分析 - 决策 - 执行与反馈”的大闭环，保证产品的高效、高品质及安全可靠加工，如图 2-1 所示。

加工过程控制优化包括工况在线检测、工艺知识在线学习、制造过程自主决策与装备自律执行等关键功能。

（1）工况在线检测

在线检测零件加工过程中的切削力、夹持力，切削区的温度，刀具热变形、磨损、主轴振动等一系列物理量，以及刀具 - 工件 - 夹具之间热力行为产生的应力应变，为工艺知识在线学习与制造过程自主决策提供支撑。

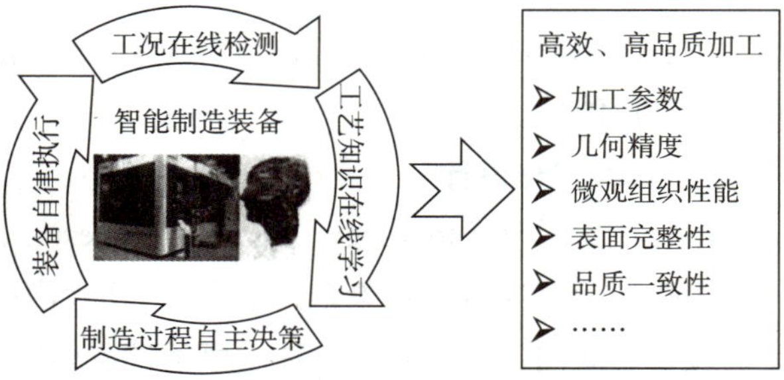


图 2-1 加工过程控制优化

（2）工艺知识在线学习

分析加工工况、界面耦合行为与加工质量 / 效率之间的映射关系，建立描述工况、耦合行为和加工质量 / 效率映射关系的知识模板，通过工艺知识的自主学习理论，实现基于模板的知识积累和工艺模型的自适应进化，为制造过程自主决策提供支撑。

（3）制造过程自主决策

将工艺知识融入装备控制系统决策单元，根据在线检测识别加工状态，由工艺知识对参数进行在线优化并驱动生成制造过程控制决策指令。

（4）装备自律执行

智能装备的控制系统能根据专家系统的决策指令对主轴转速及进给速度等工艺参数进行实时调控，使装备工作在最佳状态。

### 2. 装配过程控制优化

装配过程控制优化是指通过大数据、人工智能等方法，结合智能机器人、人机协同等新兴技术，实现装配过程的自动化与智能化，从而提升装配系统运作效率，为企业创造更高的价值。

装配过程控制优化的主要核心技术包括智能装配规划系统、装配机器人、人机协同技术等。

（1）智能装配规划系统

智能装配规划系统是智能规划等理论方法和技术与装配规划问题相结合产生的一项综合技术，不仅能够提供一系列符合要求的装配工艺，同时能够按照可装配性、可维护性、可用的装配资源，以及整个装配成本的高低要求，对装配方案的优劣进行分析。智能装配规划通过产品的 CAD 模型，利用计算机、AR/VR 等技术，创建虚拟环境，以便对产品的装配过程进行模拟与分析，在产品的研制过程中及时对装配方案进行快速评价，预估方案的装配性能，及早发现潜在的装配序列冲突与缺陷，并将这些装配信息反馈给设计人员，从而及时修改，不断优化产品装配过程。

（2）装配机器人

装配机器人是实现智能装配的重要保障，是实现柔性自动化装配系统的核心设备，由机器人操作机、控制器、末端执行器和传感系统组成。常用的装配机器人主要有可编程通用装配机械手（programmable universal manipula-tor for assembly，PUMA）和平面双关节型机器人两种类型。与一般工业机器人相比，装配机器人具有精度高、柔顺性好、工作范围小、能与其他系统配套使用等特点，可以有效降低人工装配造成的不确定性影响，有助于提升产品一致性，大幅提高装配效率。

（3）人机协同技术

装配过程中，存在大量复杂的装配工艺，智能机器人无法独立完成，需要通过人机协同技术，在操作员的远程遥控或协同交互下完成。人机协同技术专注于通过人机交互实现人类智慧与人工智能的结合，是混合智能和人脑机理揭示相关研究的高级应用，也是智能装配发展的必然趋势。此外，人机协同的过程，也是机器模仿和学习人类装配的过程，通过使用人类智慧形成的数据训练机器实现既定的目标，从而有效地提高装配的智能化程度。除此之外，人机协同技术还可以避免装配人员直接暴露在危险性较高的生产环境（如辐射、高温高湿等）。

### 3. 工厂运行控制优化

工厂运行控制优化是指利用智能传感、大数据、人工智能等技术，实现工厂运行过程的自动化和智能化，基本目标是实现生产资源的最优配置、生产任务的实时调度、生产过程的精细管理等。其主要功能架构包括智能设备层、智能传感层、智能执行层、智能决策层。智能设备层主要包括各种类型的智能制造和辅助装备，如智能机床、智能机器人、自动导引车（automated guided vehicle，AGV）、有轨穿梭车（rail guided vehicle，RGV）、自动检测设备等；智能传感层主要实现工厂各种运行数据的采集和指令的下达，包括工厂内有线 / 无线网络、各种采集传感器及系统、智能产线分布式控制系统等；智能执行层主要包括三维虚拟车间建模与仿真、智能工艺规划、智能调度、制造执行系统等功能和模块；智能决策层主要包括大数据分析、人工智能方法等决策分析平台。

工厂运行控制优化的主要关键技术包括制造系统的适应性技术、智能动态调度技术等。

（1）制造系统的适应性技术

制造企业面临的环境越来越复杂，比如产品品种与批量的多样性、设计结果频繁变更、需求波动大、供应链合作伙伴经常变化等，这些因素会对制造成本和效率造成很不利的影响。智能工厂必须具备通过快速的结构调整和资源重组，以及柔性工艺、混流生产规划与控制、动态计划与调度等途径来主动适应这种变化的能力，因此，适应性是制造工厂智能特征的重要体现。

（2）智能动态调度技术

车间调度作为智能生产的核心之一，是对将要进入加工的零件在工艺、资源与环境约束下进行调度优化，是生产准备和具体实施的纽带。然而，实际车间生产过程是一个永恒的动态过程，不断会发生各类动态事件，如订单数量 / 优先级变化、工艺变化、资源变化（如机器维护 / 故障）等。动态事件的发生会导致生产过程不同程度的瘫痪，极大地影响生产效率。因此，如何对车间动态事件进行快速准确处理，保证调度计划的平稳执行，是提升生产效率的关键。

## 2.1.3 智能供应链

智能供应链是指通过泛在感知、系统集成、互联互通、信息融合等信息技术手段，将工业大数据分析和人工智能技术应用于产品的供销环节，实现科学的决策，提升运作效率，并为企业创造新价值。与传统的供应链不同，数字化制造背景下的智能供应链更加强调信息的感知、交互与反馈，从而实现资源的最优配比。其主要功能包括自动化物流、全球供销过程集成与协同、供销过程管理智能决策、客户关系管理等，如图 2-2 所示。

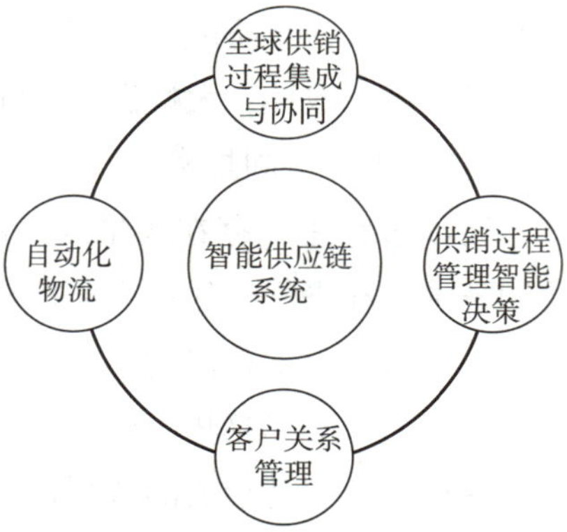


图 2-2 智能供应链系统功能

### 1. 自动化物流技术

自动化、可视化的物流技术以物联网广泛应用为基础，利用先进的信息采集、信息传递、信息处理和信息管理技术，通过信息集成技术基础和物流业务的集成，建立物流信息化系统，配置自动化、柔性化和网络化的物流设施和设备，比如立体仓库、AGV（自动导引小车）、可实时定位的运输车辆等，并采用 RFID（射频识别技术）等物联网技术，实现物品流动的定位、跟踪、控制，实现物流全过程优化及资源优化，完成运输、仓储、配送、包装、装卸等多项物流活动，确保各项物流活动高效运行。

#### 2. 全球供销过程集成与协同

通过工业互联网、大数据等技术，推动整个供销过程中客户、供销商直接全面的互联互通。利用智能工具监控整个供销过程，从而通过持续改进，有效地对供销资源进行监督和配置。建立全球协同的供销网络，优化资源配比，建立供销集成式的共享平台，最大化降低供销成本，实现客户和供销商的双赢。

#### 3. 供销过程管理智能决策

在供销过程中，通过大数据分析等技术，帮助用户和供销商更好地分析潜在的风险和制约因素，从而对供销方案进行有效的筛选和评估，从各种备选供销方案中选择最合适的方案。依托人工智能技术，通过历史案例学习，实现供销方案的自动化制定和决策，从而提高决策响应速度，降低人工干预程度。

#### 4. 客户关系管理

客户关系管理（customer relationship management，CRM）是指以客户为核心，企业和客户之间在品牌推广、销售产品或提供服务等场景下所产生的各种关系的处理过程，其最终目标就是吸引新客户关注并转化为企业付费用户、提高老客户留存率并帮助介绍新用户，以此来增加企业的市场份额及利润，增强企业竞争力。

### 2.1.4　智能服务

智能服务

智能服务包括以用户为中心的产品全生命周期的各种服务。服务智能化将大大促进个性化定制等生产方式的发展，延伸发展服务型制造业和生产型服务业，促进生产模式和产业形态的深度变革。通过持续改进，建立高效、安全的智能服务系统，实现服务和产品的实时、有效、智能化互动，为企业创造新价值。智能服务关键技术包括云服务平台技术、预测性维护技术、个性化生产服务技术，以及增值服务技术。

#### 1. 云服务平台技术

云服务平台技术是实现智能服务的重要保障，是实现用户与制造商信息交互的核心技术。云服务平台具有多通道的并行接入能力，可以通过传感器等对产品的制造过程，装备的运行状态，用户的使用习惯、需求信息等数据进行采集和处理。一方面，通过用户需求分析，引导制造商生产满足用户需求的个性化产品；另一方面，通过对装备运行状态、用户使用习惯进行分析，从而为用户提供有效的增值服务，进而提升产品附加值和企业收益。

#### 2. 预测性维护技术

预测性维护是以产品状态为依据而提供的维护或者保养建议，从而避免产品失效而造成的不良后果，同时还可以有效提升产品附加价值。传统的预测性维护针对的是制造中的生产设备，但是广义的预测性维护针对的是产品相关的全部生产因素。在产品使用过程中，针对主要部位进行定期（或连续）的状态监测，从而确认产品所处的运行状态。预测性维护是智能制造未来的发展趋势，依据产品的状态发展趋势和可能的故障模式，制定预测性维修计划，确定产品应该维修的时间、内容、方式和必须的技术和物资支持等。预测性维修集状态监测、故障诊断、故障（状态）预测、维修决策支持和维修活动于一体，是一种新兴的维护方式。

### 3. 个性化生产服务技术

个性化生产服务是智能制造的未来发展方向之一。通过将个性化的服务融入产品，提升产品附加值，可以为企业创造新的价值。个性化生产服务通过云服务平台收集客户个性化需求，按照顾客需求进行生产，以满足顾客的个性化需求。由于消费者的个性化需求差异性大，加上消费者的需求量又少，因此企业实行定制化生产必须在管理、供应、生产和配送各个环节上，都适应这种多品种、小批量、多式样和多规格产品的生产和销售变化。

### 4. 增值服务技术

增值服务技术主要体现在产品销售后，以服务应用软件为创新载体，通过大数据分析、人工智能等新兴技术，结合最新的 5G 通信手段，自动生成产品运行与应用状态报告，并推送至用户端，从而为用户提供在线监测、故障预测与诊断、健康状态评估等增值服务。与此同时，利用云服务平台收集用户在产品使用过程中的行为信息等数据，针对不同客户的习惯提供个性化的升级服务，从而有效增加产品附加值，为企业创造新的价值。

**智造案例**

#### 三一重工为数字化车间和智能工厂打造应用示范

作为我国最大、全球第五的工程机械制造商，以“产业报国”为己任的三一重工，成立之初就担当起民族品牌崛起的历史使命。不仅以惊人的速度打破外资品牌在我国的垄断，改写了我国挖掘机的发展历程，更成为国内挖掘机占有率最高的挖掘机品牌。

2015 年，三一重工开展数字化车间 / 智能工厂相关技术的应用示范。该项目通过全三维环境下的数字化工厂建模和工业设计软件，以及产品全生命周期管理系统应用、多车间协同制造环境下的 Sany MES，实现计划与执行一体化、物流配送敏捷化、质量管控协同化。企业资源计划系统实现了人、财、物、信息的集成一体化管理，基于物联网技术的多源异构数据采集和支持数字化车间全面集成的工业互联网络，驱动部门业务协同与各应用深度集成。自动化立库、AGV、自动上下料等智能装备的应用，以及设备的 M2M 智能化改造，初步实现了物与物、人与物之间的互联互通与信息握手。同时建立了面向服务型制造的智能服务云平台。以设备运维过程数据和生产过程数据为基础，形成大数据分析与决策平台，以“互联网＋”为创新工具，形成了客户和产品的 360 度分析，通过 CRM、互联网产品、ECC、客户互动中心、大数据分析平台，全面提升客户洞察、营销互动、配件服务、融资债权、调剂租赁等服务的管理水平。

# 2.2　产品生命周期管理系统

你是否喝过带二维码的牛奶？当扫描二维码之后，这瓶牛奶是从哪个工厂生产出来、生产日期、产于哪个牧场哪头奶牛、质量检测是否合格等信息都能够一一显示出来。通过扫描二维码获得的信息使整个生命周期的过程都会呈现在你的眼前，这个过程的实现就可以依靠电脑辅助化系统来助力，这就是产品生命周期管理所要实现的作用。

## 2.2.1　PLM 的定义

产品生命周期管理（product lifecycle management，PLM）。这种管理模式是围绕着企业生产的产品的解决方案，它依靠计算机技术，通过使用相应的软件，形成一个从产品制造最初阶段（如工业制造中的毛坯信息）到最终出库的所有信息集合。PLM 由于发展的时间较短，每个使用的企业所需满足的生产需要也不尽相同，故而没有一个统一的概念，不同的使用行业对其的定义也有一定差异。例如，IBM 所定义的 PLM 是一种商业运营原理。通过 PLM 可以将每种产品的所有信息发送给企业的所有需要的部门、甚至包括客户，以进行全方位了解和使用。而 UGS 则定义 PLM 是一种信息集成、信息使用的载体和方法。这个系统可以容纳产品的所有从研发设计、工艺设计、零件制造到维护服务等信息。虽然不同的行业对它的认知不同，但是使用该系统的根本目的都是一致的，就是实现供应商、生产商、客户的实时联动，将数据集成后提高生产效率，提升整体质量，优化产品使用。

**人物介绍**

**雷蒙德·弗农——“产品生命周期理论”首位提出者**

雷蒙德·弗农（Raymond Vernon）是美国经济学家，有着 20 年政府部门任职的经历，还在短期内从事过商业。从 1959 年开始，他在哈佛大学任教，是克拉维斯·狄龙学院的国际问题讲座教授。他于 1966 年在《产品周期中的国际投资和国际贸易》一文中首次提出了产品生命周期理论，由此解释了国际贸易产生的原因。他认为商品与生命相似，有一个出生、成熟、衰老的过程。弗农把产品的生命周期划分为三个阶段，即新产品阶段、产品成熟阶段和产品标准化阶段。

（1）新产品阶段

新产品阶段中，国内市场容量大，开发研究资金多的国家在开发新产品、采用新技术方面具有优势。厂商掌握技术秘密，将新技术首次用于生产。此时对厂商来说，非常安全且有利的选择是在国内进行生产，产品主要供应国内市场，通过出口贸易的形式满足国际市场的需求。

（2）产品成熟阶段

产品成熟阶段中，新技术日趋成熟，产品基本定型。随着国际市场需求量的日益扩大，产品的价格弹性加大，降低产品成本尤为迫切。由于产品出口量的急剧增加，厂商原来拥有的技术逐渐被国外竞争者掌握，仿制品开始出现，厂商面临着丧失技术优势的危险。为了避开贸易壁垒、接近消费者市场和减少运输费用，厂商要发展对外直接投资，在国外建立分公司，转让成熟技术。

（3）产品标准化阶段

产品标准化阶段，产品和技术均已标准化，厂商所拥有的技术优势已消失，竞争主要集中在价格上。生产的相对优势已转移到技术水平低、工资低和劳动密集型经济模式的地区。在本国市场已经趋于饱和、其他发达国家产品出口急剧增长的情况下，厂商在发展中国家进行直接投资，转让其标准化技术。

## 2.2.2 PLM 的内容

PLM 系统的研发设计、产品制造、产品销售、售后服务的数据集成可以通过以下几个方面体现。

### 1. PLM 与 CAD 集成（主要应用在研发设计方面）

在机械、建筑等行业，每天都有可能产生大量的图纸、说明书、流程图等需要使用 CAD 进行设计及保存的信息。如果保存的信息和最新信息不能实时互通，就有可能出现管理偏差，所以将 PLM 系统与 CAD 进行集成，可以将 CAD 集成到 PLM 系统中，成为其运行的组成部分，也可以互相独立，通过网络通信进行链接，集成后就可以实现如加载浏览 CAD 文件、读取保存交换文件数据信息、生成读取产品结构信息等。

一般建立的主要集成模块有装配结构管理模块、零件图管理模块、模型管理模块、零件工程图管理模块等。

### 2. PLM 与 ERP 集成（主要应用在企业资源管理方面）

结合 PLM 系统的 ERP 系统，能够将企业资源管理信息与产品全生命周期数据信息整合集成，将从设计到制造的产品生命过程粘合在一起，实现数据互通，脱离信息孤岛。PLM 系统的主要功能是产品的研发设计、数据整理等；ERP 系统的主要功能是原材料采购、排产计划、生产过程控制等，当两者信息共享后，可以实现从产品研发设计→工艺流程制订→工艺设计→排产计划→生产制造→产品装配→产品销售→售后及相关服务的产品全生命周期信息链接。

一般实现两个系统互通的模块有：ERP 系统与 PLM 系统相互读取文件模块、PLM 系统中编制物流清单模块、ERP 系统中建立产品结构信息模块、零件物料记录读取模块等。

## 2.2.3　PLM 的应用

下面以沈阳机床股份有限公司自行设计的 PLM 系统——ifactory 为例，讲解 PLM 系统的结构以及在实际生产过程中的应用。

i5 智能产品全生命周期管理系统 ifactory 集成了互联网、3D 互动数字技术、3D 信息管理技术，从用户需求到用户在线定制订单、全生命周期可视化跟踪再到用户服务系统，真正实现了中国制造 2025 的智能化工业 4.0 制造体系，大大减少用户从选型到实现产能转化的时间，通过全生命周期的服务体系减少企业内各流程的信息阻塞，还将极大地提高企业生产效率，降低人工成本，让每一份人力投入可计算可统计，简化企业管理负担，提升产品质量，实现产品可追溯。图 2-3 为该系统的数据框架图。

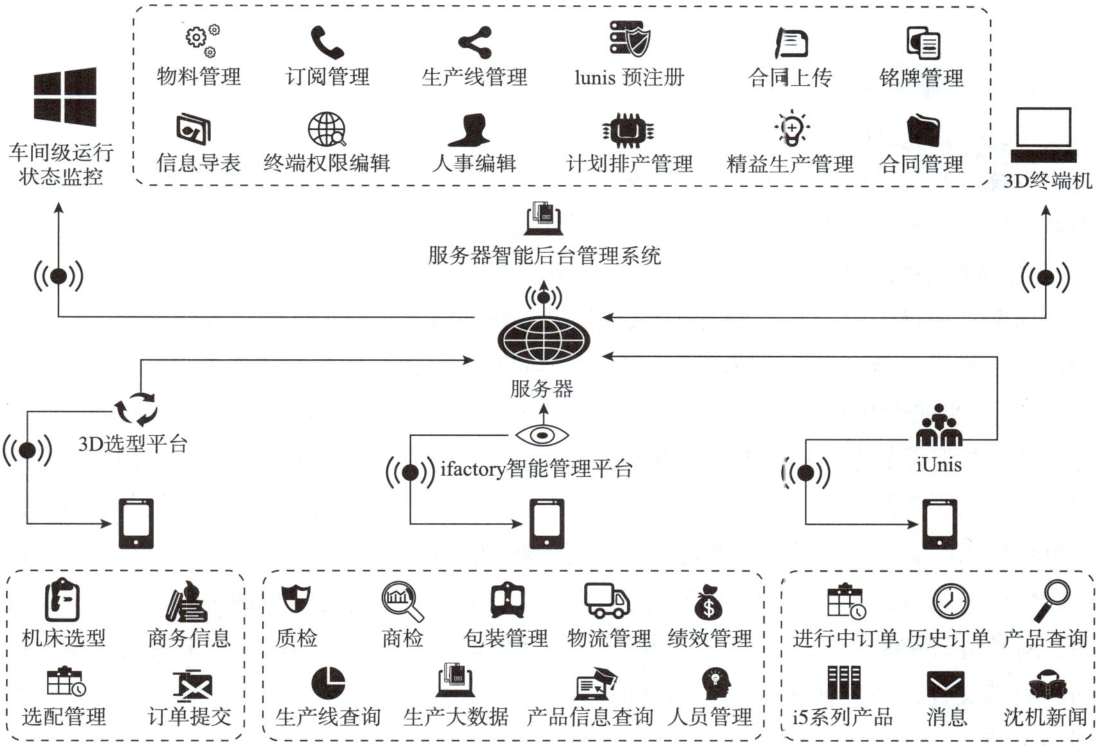


图 2-3　i5 智能产品全生命周期管理系统数据框架图

i5 智能产品全生命周期管理系统 ifactory 是以 i5 技术为核心，在从制造核心向下业服务转型的形势下诞生的新的管理模式。该系统以客户为中心，充分吸收先进信息及互联网技术，对现行业务、流程、管理、资源等进行优化整合，并对产生的数据和信息进行全生命周期采集、储存、分享及有效分析，构建出了高效、节能、标准化的智能工厂。图 2-4 为该系统的流程图。

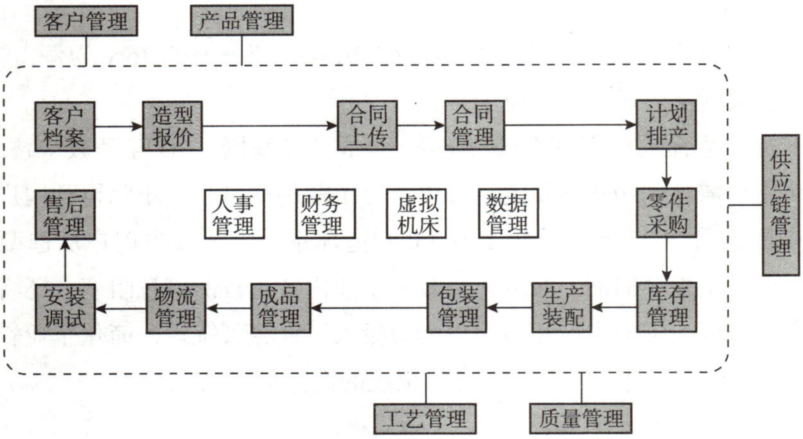


图 2-4　i5 智能产品全生命周期管理系统流程图

## 1. 系统硬件设备

（1）前端硬件设备

系统工作人员首先通过移动终端设备（手机、平板电脑）下载 3D 选型平台（APP），为客户展示和选配机床，并将选配结果通过移动设备回传给服务器。

3D 选型平台（APP）及 iUnis（APP）下载是通过云服务器中部署的《i5 智能产品全生命周期》项目中所涉及的相关三维数据，数据通过 CDN（CDN 即内容分发网络，配合 OSS 一起使用将静态文件的请求地址与域名绑定后分发到全国各地的节点中，保证系统用户和 3D 选型平台用户无论身处何地，都能有相对较快的下载速度）在我国范围内进行快速传递，并保障数据传输的准确性和及时性。在选择使用的工厂或车间后，全生命周期管理系统的主服务器（应用服务器和数据库服务器）部署在相应的机房内，然而部分数据诸如单台机床的实时生产进度需要通过因特网传输到购买机床的客户（系统使用用户）的终端软件中，同时还有 3D 选型客户端的用户需要在异地更新特定机床的模型、UI、参数资源、对象存储 OSS、用于存储需要暴露在外网的静态文件（如 3D 选型平台的模型、贴图、引擎文件，系统使用客户端软件的静态图片文件等）时，也需要能够从一个就近的网络节点（如云负载均衡器：所有针对所选择的全生命周期管理系统的 HTTP 的端点 endpoint，云负载均衡器负责根据请求方的 IP 地址选择就近的云服务器（elastic compute service，ECS），并将请求转发到该 ECS 云服务器进行后续的内网转发）来拖取相应的资源。

为满足以上需求，必须有一系列专用的反向代理服务器（云服务器 *4.：用四台分布在全国不同节点的云服务器搭建内网穿透服务体系，将外网请求转发到相应的内网服务器上，并将处理结果返回给请求方）负责将外网的请求转发到内网相应的应用服务器，并将内网处理结果返回给外网请求客户端。

（2）工厂现场生产线交互设备及显示设备

车间网络搭建为满足《i5 智能产品 3D 工位可视化装配管理系统》中的一系列 3D 实时数据传输软件，能够在工厂区域将数据收集、分析、传输给相关的移动终端设备 ifactory（APP）、Phone/Pad 等终端或者 BYOD VPN 拨入内网的终端，以及工位可视化终端的应用，在总装装配车间及包装车间范围内进行无线网络覆盖及有线网络覆盖，总覆盖区域为 30 000 $m^2$。搭建的无线网络信号将链接进入园区已有的主干网络，并链接进入搭建的服务器中心。部署工业级的无线接入点（access point，AP）以及通过地下管线满足可视化终端机的网络传输以及上电需求。

工位可视化终端为实现《i5 智能产品全生命周期》项目数据及时收集的最重要节点，终端设备主要负责收集一线的所有生产相关的数据，并负责工位、工序、工步的 3D 动画展示、二维作业指导书的切换及装配过程的实时信息的记录，还有自检、巡检等环节数据的记录工作。收集的数据将通过网络传递到服务器中心进行统一的数据管理和运算，再经过不同的服务器终端程序将庞大的数据组群传输到相应的移动终端或 PC 终端。

（3）服务器硬件及配件设备

机房中放置主服务器、磁盘阵列、光纤通道交换机、不间断电源（uninterruptible power supply，UPS），以及机柜。

全生命周期主服务器用于该系统软件集成、测试、部署，并对前置开发结果进行集成、测试、部署，还负责存放全生命周期服务器端程序。该程序根据业务逻辑需求，开发并部署在基础全生命周期主业务逻辑服务器。全生命周期基础数据库用于记录、存储机床从合同订立到机床出厂配送过程中产生的全部数据。后台数据管理界面根据用户需求，编写后台数据。光纤通道交换机用于传输可视化终端所生成的全部数据并将其传输到主服务器中。当市电断电时 UPS 能够继续提供电能，使机房内所有的设备正常运转，给管理人员提供充足的时间将所有设备正常关机，以保证机器正确断电和数据的完整性。

### 2. 机床配置

配置系统前，系统工作人员可根据实际情况利用 3D 选型平台帮助客户在 3D 环境中对机床进行了解并进行互动选配。3D 选型平台分为机床选型、商务信息、选配管理、工作信息提交四个模块。

机床选型模块主要是对所选机床的基本信息包括机床的整体参数、部装信息、加工范围在 3D 环境中进行一个直观的展现。同时通过对具体样件加工过程的视频展示，让用户进一步对机床的主要加工对象及切削性能进行了解。除以上展示功能外，客户可以在该模块进行配置选择，选择过程中会同步呈现配置具体描述信息、价格信息及需额外增加的交货天数。所有配置选择完毕后，平台会自动生成唯一的串码并附带选配信息，该串码会通过平台传递给销售人员以外的人，供生产、采购设计等部门反向解析机床的 3D 配置。

商务信息模块主要是补充填写合同信息，具体包括配置订单、制型及台数、客户名称、销售人员工号、区域、行业、签约日期、交货期、备注信息。填写完成后即可通过平台发送给相关商务部门人员，以进行合同审核。

选配管理模块用于查询已保存的选型配置的生成日期、串码及配置的文字说明，并可以对已保存的配置信息进行删除、编辑。

工作信息提交模块主要是维护用户需加工的样件信息。销售人员可以在该模块录入工件档案名称、客户名称、销售信息、需求备注及样件的图纸照片信息，并将这些信息通过平台发送给切削工程师等技术人员，以提供相关的切削方案及解决方案。

3D 选型平台突破了传统的销售模式，展示模块的应用使用户能更直观地了解产品的各方面指标性能，避免由于销售人员能力不足导致的沟通不畅的问题发生，同时也给用户一个更好的视觉体验。而选配管理模块中，配置参数、价格、供货周期等信息的透明，使市场更加规范化。其中合同及加工样件信息的上传、保存环节在改善信息传递滞后的同时，也便于日后数据的整理分析，对企业分析市场需求、改进产品性能有着积极的辅助作用。总之，3D 选型平台的应用推广不仅可便于销售端的管理工作，也充分体现了我们时刻以客户为中心的指导思想。

### 3. 商务计划端

销售端完成合同上传后，商务部门人员通过账户登录即可在后台管理平台合同管理模块中查看销售端上传的合同信息，审核通过后合同信息将会由平台传递给计划排产模块。计划排产人员将会在后台管理平台计划排产模块对审核通过的合同进行排产，进入该模块时程序会自动获取并显示处于待排产合同（即为审核完毕，但尚未进行排产的合同）、排产中合同（即为合同中部分机器已经进行了排产，但尚未全部排产的合同）、排产完合同（即为该合同包含机器已全部排产）三种状态的合同信息，具体包括合同号、买方台数、产品型号、产品规格、订货日期、交货日期、特殊要求及合同图片信息。

排产完的机床将会在后台管理平台的铭牌管理模块生成机床铭牌信息，生成铭牌信息的同时也会为每台机床生成一个唯一的二维码，该二维码会始终跟随机床的装配、质检、包装、物流、售后等环节，且通过扫描二维码可以反向解析出该机床及其配置的 3D 模型。

该环节改变了以往用文档传递合同信息的方式，平台间信息的传递使各部门之间的工作衔接更顺畅，减少了信息复制的次数，在减少工作量的同时也降低了错误信息出现的次数，更不会出现信息的漏读现象。同时系统中信息的读取逻辑使各部门人员能够更有效方便地查看到其业务需要的信息，更有利于信息的查询和保存。机床铭牌管理模块使每一台机床都有唯一的二维码标志，这也是本系统中的一大亮点，其对流程的管理、产品质量的保证起到至关重要的作用。

### 4. 数据信息的录入与维护

系统的正常运转必然会有大量的信息数据作为支撑，该系统信息的录入及维护工作主要在后台管理平台中进行，除上述合同管理、计划排产、铭牌管理模块外，还包括精益生产管理模块、人事编辑模块、订阅管理模块、终端权限编辑及物料管理模块等。

精益生产管理模块主要是对工艺信息及质检信息的录入与维护。工艺信息包括各装配工步的标准作业指导书、工装工具的使用及工序的调整。质检信息包括质检项目及巡检项目的检验要求信息。这部分信息的录入会通过平台间接口传递到工位可视化平台中，用来指导操作者进行标准化装配作业。

人事编辑模块是对系统中所有人员的信息进行录入与维护，通过对各产品线人员的基本信息及标签设定信息的录入、维护及保存，系统化地进行人事信息的管理。该模块还包括各产品线组织结构管理，通过录入、维护组织结构中各部门的人员信息，管理系统内不同部门的人员岗位及关系。

订阅管理模块主要功能是将装配过程中操作者上报的问题消息推送给对应的相关负责人，使问题得到快速的响应解决。

终端权限编辑模块是对系统的手机端管理平台、网页端后台管理平台、工位可视化管理平台中各模块通过增减人员标签进行权限设定，最终实现各模块只对其对应岗位人员开放，以此来维护系统的秩序及稳定性。

物料管理模块主要是对机床的成品码、总成细分物料、物料总表进行管理维护，通过手工键入或表格成批导入的方式录入机床的具体物料信息，并将机床的物料信息及一类零件信息传递、呈现到工位终端机上，实现装配过程中物料的规范化管理。

将人员、工艺、物料、合同、质量、铭牌、权限信息通过一个统一的平台进行维护管理，并将各部分产生的数据进行信息化储存、查询及管理。该平台的使用改变了传统数据传递及保存的处理方式，不仅使相关业务流程间的衔接、协调更加方便，也大大降低了各岗位人员的工作负荷，提高了工作效率。

### 5. 生产装配端

在完成计划排产及数据信息准备后，生产端开始组织装配生产，生产过程主要依靠工位可视化平台，生产线的每个物理工位都设置一台工位终端机，装配人员通过扫描仪扫描人员二维码及机床铭牌的二维码即可登录工位可视化平台。工位可视化平台分为展示部分及功能部分。展示部分包括事先通过后台管理平台录入的机床信息、操作人员信息、物料信息、该工序作业标准指导书及自检巡检项目要求，除此之外还包括 3D 动画形式装配作业标准指导，以辅助推进标准化作业执行。而功能部分主要是针对装配过程及装配过程中用到的功能、出现的问题进行记录、上传。

装配人员从第一个工步开始需扫描该工步装配中需安装的一类零件的二维码信息，终端机上工位部件状态会自动更新为当前状态下已安装的零件及该工位所有需安装的零件，同时终端机会自动记录该工步的操作用时，并记录、上传装配中的自检巡检信息，在装配时操作者可以使用平台中的工具对装配参数进行标准化计算。每完成一个工步工作，就在工位终端机上单击“完成”，则自动进入下一工步，装配过程中产线负责人也可以根据现场情况灵活调整工序。

如装配过程中遇到问题，可以通过平台进行问题反馈，包括质量问题、缺欠问题、工装工具问题及其他问题，同时工位状态会显示红色发生问题标识，反馈的问题会通过后台管理平台的订阅管理模块推送给相应的负责人。问题解决后，操作者可以在此工位可视化管理平台上确认问题已解决，并更改工位状态。当整条生产线人员完成该机床作业任务及自检任务后，在终端机上一键式提交汇报，消息将推送给商检和包装人员。工位可视化管理平台如图 2-5 所示。

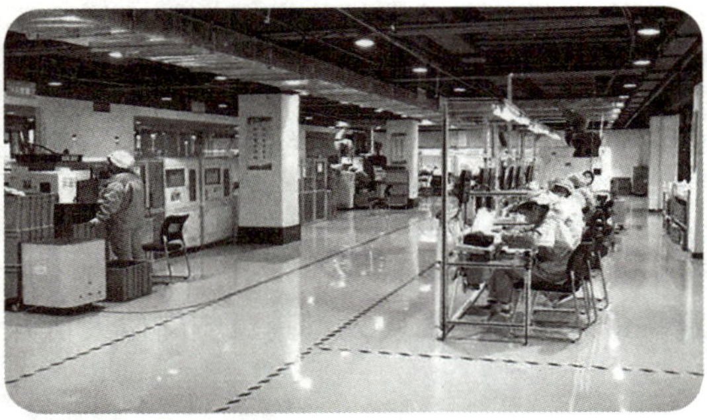

（a）

（b）

图 2-5　工位可视化管理平台

### 6. 商检包装运输端

商检人员在接到产品下线通知后，通过移动端管理平台商检模块扫描产品二维码，并对应商检项目对产品进行检查，商检合格后将信息推送给包装人员。包装人员在接到商检完毕推送通知后，在移动端管理平台中的包装管理模块，扫描产品的二维码进入包装流程，在移动端管理平台及客户管理平台查询时将显示待包装、包装中及包装完成三种状态。物流运输部门在收到包装完成指令后即可进入产品发运环节，运输人员在发运前及到达后同样通过移动端管理平台中的物流运输模块扫描机床二维码，即可在移动端管理平台及客户管理平台显示待发货、运输中及已送达三种状态。

上述过程中所有的计划排产信息、机床信息、零件信息、3D 模型信息、生产装配信息、质检信息、报错信息、更换工序情况及包装运输信息都将会通过系统中平台间的接口实时传递给移动端管理平台及客户管理平台，实现信息的实时传递，同时可以让管理人员及客户及时了解产品的生产情况。

### 7. 系统查询端

（1）移动端管理平台

移动端管理平台主要是针对管理人员开放的查询管理平台。该平台除上述商检、包装管理、物流运输模块外，还包括生产线查询、机床全生命周期、质检、人事信息管理、生产大数据、绩效模块。其中生产线查询模块可以查询当前所有工位的状态及生产线上排产计划，并从生产线及合同两个维度对机床的合同信息、零件信息、三维模型、操作人员、生产日志、质检数据、包装物流状态进行全生命周期查询。而机床全生命周期模块是针对某个特定机床进行机床全生命周期信息查询。质检模块是对问题零件故障信息、供应商质量问题信息、各生产线反馈问题、人员反馈问题数量进行汇总，且汇总数据会以图表的形式真实生动地展现出来，以便管理人员及具体责任人查看，并对质量问题进行改进。人事信息管理模块可以查看所有产品线的部门架构、人员详细信息及生产线技能排名情况。生产大数据模块主要是汇总机床精度数据，并对机床详细精度数据以图表的形式进行整合分析。绩效模块则是针对生产线人员的绩效薪酬进行列表展示。

（2）客户管理平台

客户在客户管理平台注册成功后，即可通过系统分发的账号登录该平台。该平台分为当前订单、历史订单、机床查询、产品系列、沈机新闻模块。当前订单模块可以对最新签订合同中的机床进行查询，包括机床的排产情况、生产情况、出库信息及物流信息，同时客户可以对生产过程中产生的生产日志及质检数据进行查询，上述信息均反馈自生产现场的实时数据，可让客户全方位地对机床的全生命周期信息进行及时的了解。历史订单模块则是对以往合同中产品的信息进行保存查询，客户可以对任何时间段订单中的信息进行重复查询。机床查询模块可以针对所有订单中某个特定机床来查看机床的全生命周期信息。产品系列模块及沈机新闻模块可以对沈阳机床股份有限公司的所有 i5 产品及相关新闻进行查看。该平台也可以根据需求向客户推送有价值的信息。

上述平台有效解决了现有的产品生产、销售、制造、管理中遇到的信息沟通不畅、过程不透明、信息传递滞后、客户体验差等问题。通过搭建这两个平台实现了信息的实时传递和呈现，使管理者和客户可以清楚地了解到需求的信息，除去了各部门人员之间的工作交接汇报流程，也避免了客户信息单向不透明的情况，打破了传统保守的格局，且信息查询可以做到时间上的零延时，真正意义上实现信息的共享。

## 智造案例

### CIMdata 公司

CIMdata 公司是一家数据分析公司，也是一家全球领先的提供战略性咨询的独立公司，致力于通过应用产品生命周期管理解决方案来使企业产品创新与服务能力最大化。CIMdata 公司通过提供 PLM 解决方案的世界级知识、专业技术和最佳实践方法，在全球经济中寻求竞争优势。CIMdata 公司能够帮助产业组织建立有效的 PLM 战略，确定需求，并选择技术。

知识链接

智能制造相关名词术语和缩略语如表 2-1 所示。

表 2-1 智能制造相关名词术语和缩略语

| 缩略语 | 名词术语 | 英文 |
|---|---|---|
| 5G | 第五代移动通信技术 | the 5th generation mobile communication technology |
| APP | 应用程序 | application |
| AR | 增强现实 | augmented reality |
| CAD | 计算机辅助设计 | computer aided design |
| CAM | 计算机辅助制造 | computer aided manufacturing |
| DCS | 分布式控制系统 | distributed control system |
| EPA | 工厂自动化用以太网 | ethernet in plant automation |
| FCS | 现场总线控制系统 | fieldbus control system |
| IEC | 国际电工技术委员会 | international electrotechnical committee |
| IP | 互联网协议 | internet protocol |
| ISO | 国际标准化组织 | international organization for standardization |
| MBD | 基于模型定义 | model based definition |
| MBE | 基于模型的企业 | model based enterprise |
| MBM | 基于模型生产 | model based manufacturing |
| MES | 制造执行系统 | manufacturing execution system |
| PAC | 可编程自动控制器 | programmable automation controller |
| PLC | 可编程逻辑控制器 | programmable logic controller |
| PON | 无源光纤网络 | passive optical network |
| SCADA | 监控与数据采集系统 | supervisory control and data acquisition |
| SLA | 服务等级协议 | service-level agreement |
| TSN | 时间敏感网络 | time sensitive network |
| VR | 虚拟现实 | virtual reality |
| VPN | 虚拟专用网络 | virtual private network |
| WIA | 工业自动化用无线网络 | wireless networks for industrial automation |

## 2.3 企业资源计划（ERP）

企业资源计划（ERP）在制造资源计划（Manufacturing Resource Planning，MRP-II）已有的生产资源计划、制造、财务、销售、采购等功能基础上，增加了质量管理、实验室管理、业务流程管理、产品数据管理，存货、分销与运输管理，人力资源管理和定期报告系统等功能。ERP 是一种主要面向制造行业进行物质资源、资金资源和信息资源集成一体化管理的企业信息管理系统，也是一个以管理会计为核心的，可以提供跨地区、跨部门甚至跨公司整合实时信息的企业管理软件。ERP 是将物资资源管理（物流）、人力资源管理（人流）、财务资源管理（财流）、信息资源管理（信息流）等集成一体化的企业管理软件。

## 2.3.1　ERP 的概念

ERP 是由美国的计算机技术咨询和评估集团 Gartner Group 公司于 1990 年提出的一种供应链的管理思想，是在 MRP-II 的基础上发展而成的。具体来说，ERP 是指建立在信息技术基础上，以系统化的管理思想，为企业决策层及员工提供决策运行手段的管理平台。ERP 支持离散型、流程型等混合制造环境，应用范围从制造业扩散到了零售业、服务业、银行业、电信业、政府机关和学校等事业部门，通过融合数据库技术、图形用户界面、第四代查询语言、客户服务器结构、计算机辅助开发工具、可移植的开放系统等对企业资源进行有效的集成。

**拓展阅读**

### Gartner Group 公司简介

Gartner Group 公司成立于 1979 年，是全球比较权威的 IT 研究与顾问咨询公司，专注研究 IT 在企业管理中的应用，为有需要的技术用户提供专门的服务。公司研究范围覆盖全部 IT 产业，就 IT 的研究、发展、评估、应用、市场等领域，为客户提供客观、公正的论证报告及市场调研报告，协助客户进行市场分析、技术选择、项目论证、投资决策，为决策者在投资风险和管理、营销策略、发展方向等重大问题上提供重要咨询建议，帮助决策者做出正确的抉择。

ERP 是一种可以跨地区、跨部门甚至跨公司整合实时信息的企业管理软件，它实现了企业内部资源和企业相关的外部资源的整合，通过软件把企业的人、财、物、产、供销及相应的物流、信息流、资金流、管理流、增值流等资源紧密地集成起来实现优化和共享。同时，ERP 不仅是一个软件，更是一种管理思想，其先进的管理思想具体体现在以下六个方面。

### 1. 以供应链管理为核心

ERP 基于 MRP-II，又超越了 MRP-II。ERP 在 MRP-II 的基础上扩展了管理范围，它把客户需求和企业内部的制造活动以及供应商的制造资源整合在一起，形成一个完整的供应链，并对供应链上的所有环节进行有效管理，这样就形成了以供应链为核心的管理系统。供应链跨越了部门与企业，形成了以产品或服务为核心的业务流程。以制造业为例，供应链上的主要活动者包括原材料供应商、产品制造商、分销商与零售商和最终用户。

### 2. 以客户关系管理为前台的重要支撑

在以客户为中心的市场经济时代，企业关注的焦点已由过去产品转移到客户上来。ERP在以供应链为核心的管理基础上，增加了客户关系管理后，着重解决企业业务活动的自动化和流程改进，尤其是在销售、市场营销、客户服务和支持等与客户直接打交道的前台领域。客户关系管理能帮助企业最大限度地利用以客户为中心的资源（包括人力资源、有形和无形资产），并将这些资源集中应用于现有客户和潜在客户身上。其目标是通过缩短销售周期和降低销售成本，通过寻求扩展业务所需的新市场和新渠道，并通过改进客户价值、客户满意度、盈利能力，以及客户的忠诚度等方面来改善企业的管理。

### 3. 把组织看作一个社会系统

ERP吸收了现代管理理论中的社会系统管理思想，把组织看作一个社会系统。在这一管理思想中，组织是一个协作的系统，要求人们之间的合作，借助通信技术和网络技术，在组织内部建立起上情下达、下情上达的有效信息交流沟通通道，保证上级及时掌握情况，获得作为决策基础的准确信息，又能保证指令的顺利下达和执行。

### 4. 帮助企业实现管理创新

ERP作为一种先进的管理思想和手段，它所改变的不仅是某个人的个人行为或表层上的一个组织动作，而是从思想上去剔除管理者的旧观念，注入新观念。新的管理机制必须能迅速提高工作效率，节约劳动成本。ERP帮助企业实现管理创新的意义在于，它能够为企业建立一种新的管理体制，实现企业内部的相互监督和相互促进，并保证每个员工都自觉发挥最大的潜能去工作。

### 5. 以人为本的竞争机制

ERP的管理思想认为，以人为本的前提是仅靠员工的自觉性和职业道德是不够的，必须在企业内部建立一种竞争机制。因此，应首先在企业内部建立一种竞争机制，在此基础上，给每一个员工制定一个工作评价标准，并以此作为对员工的奖励标准，调动每个员工的积极性，发挥每个员工的最大潜能。

### 6. 基于Internet/Intranet的管理方式

ERP的管理手段基于互联网，互联网把地球变成真正意义上的“地球村”。全球范围内的商务活动都通过Internet/Intranet整合在一个共同的虚拟市场，由此使得商务信息发布与获得的速度、企业与客户联系的速度、商业交易的速度、产品研发的速度、售后服务的速度等都有了巨大的提升。ERP还充分利用Internet/Intranet技术，将供应链管理、客户关系管理、企业办公自动化等功能全面集成优化，以支持产品协同商务等企业经营管理模式。

## 2.3.2 ERP的发展历程

根据Gartner的开发理念，ERP软件本质上是制造商业系统和制造资源计划（MRP-II）软件。该软件的关键组成是客户/服务架构、图形用户接口、应用开放系统。此外，它还包括品质、过程运作管理、调整报告等其他关键部分，同时具有软硬件快速升级的能力。这就要求开发出关键的基础技术来支承 ERP 的快速更新换代的能力。总而言之，ERP 系统必须对用户友好，便于其制定个性化的使用方案。

以 ERP 理论思想为指导，以服务产品设计为目的，能够有效综合企业财务、物流、供应链、生产计划、人力资源、设备、质量管理等软件操作系统的综合企业资源计划系统软件均可被定义为 ERP 软件。国内外均有著名的 ERP 软件商。国际上，水平最高的 ERP 软件之一是 SAP 公司的 SAPERP 软件，其开放性、严谨性和功能性均属世界顶级。此外，美国的 OracleERP、丹麦的 AxaptaERP 等都是世界顶级的 ERP 产品。我国做得较好的有用友 ERP、方天 ERP 等，用友 ERP 软件的子模块涵盖了生产计划、物资管理、质量管理、设备管理、人力资源管理、财务管理等诸多核心方面。此外，航信软件、金蝶、启航软件、天思、蓝灵通、迅达、道讯、和佳等公司也在部分细分市场领域占有一席之地。

ERP 的发展经历了以下四个阶段。

### 1. 20 世纪 60 年代的 MRP 系统

物料需求计划（material requirements planning，MRP）。基于 MRP 系统，可以针对具体的主生产计划（master production schedule，MPS）、物料清单（bill of material，BOM）、存货单（库存信息）等资料，通过计算制定相应的生产物流计划，并对订单进行实时修正，以期达到满意的效果。

由于工业企业所需要的产品是非常繁杂的，所以从计划制定的角度而言，计算量大，工作任务烦琐困难。因此，1965 年，IBM 的 JosephA.Irlicky 基于“独立需求”和“非独立需求”等理念，并且随着计算机技术的发展以及在企业管理中的广泛推广与应用，开发了在计算机系统上可对装配产品进行生产过程控制的 MRP 系统。

### 2. 20 世纪 70 年代的闭环 MRP 系统

将 MRP 系统与能力需求计划（capacity requirement planning，CRP）相结合，可以形成闭环反馈计划管理控制系统，简称为闭环 MRP 系统。相应地，此前的 MRP 系统为开环 MRP 系统。对于开环 MRP 系统而言，其主要功能是完成产品零部件配套服务的库存控制，从而从根本上解决产品订货物料项目、物料数量及供货时间的计算等问题。

而闭环系统与开环系统相比，在完成物料需求计划以后，基于开环系统功能可根据生产工艺完成对基于物料需求量的生产能力的计算工作；此后，利用闭环系统的反馈比较功能，和现有生产能力进行对比，同时对计划可行性进行检查，如果反馈结果不合要求，则必须重新对物料需求及主生产计划进行修正，直至达到综合最优平衡效果；最后，为了实际检测闭环控制方案的落实情况，需进入车间作业控制系统进行实地监察。

闭环 MRP 系统具有以下两方面扩展功能。

（1）CRP 子系统。

（2）车间作业控制子系统。

#### 3. 20 世纪 80 年代的 MRP-II 系统

MRP-II 系统是对企业的制造资源进行计划、控制和管理的系统，也是对闭环 MRP 系统的改进。MRP-II 系统可实现物流与资金流的信息集成，并增加了模拟功能，可对计划结果进行模拟仿真及评估。

MRP-II 系统的制造资源有四大类，如图 2-6 所示。

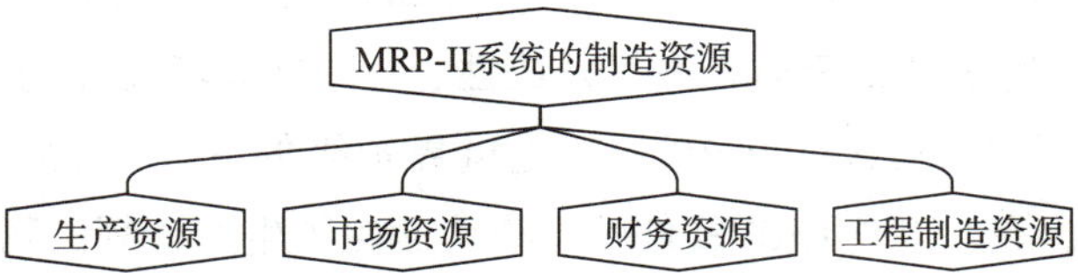


图 2-6　MRP-II 系统的制造资源

MRP-II 系统具有以下六大特性，如图 2-7 所示。

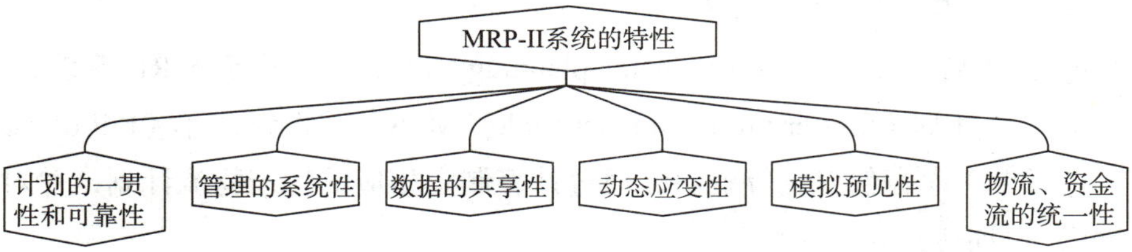


图 2-7　MRP-II 系统的特性

#### 4. 20 世纪 90 年代的 ERP 系统

市场竞争在 20 世纪 90 年代进一步加剧，因此，MRP-II 系统也需要与时俱进。在 20 世纪 80 年代，如前文所述，MRP-II 系统的重点是如何在企业内部进行制造资源的集中优化管理。而 20 世纪 90 年代更加开放的市场竞争环境，要求 MRP-II 系统将重点放在企业整体资源的管理与优化上，这就促使了 ERP 系统的产生。新产生的 ERP 系统具有以下特点。

（1）ERP 系统基于 MRP-II 系统拓宽了管理范畴，形成了新型管理结构。

（2）ERP 系统整合优化匹配企业的所有资源，将物流、资金流、信息流完全纳入一体化系统管理过程。

（3）ERP 系统基于 MRP-II 系统，完成了对生产管理方式、管理功能、财务系统功能、事务处理控制、计算机信息处理等重要业务领域的改进工作。

### 2.3.3　ERP 系统分类

#### 1. 按功能分类

（1）通用型 ERP 系统

通用型 ERP 系统一般只能完成买入卖出、仓库管理、产品分类、客户关系管理等基本通用功能。这些功能的实现只需系统具备基本的数据记录能力，无法增加满足企业特殊性质要求的功能接口。

（2）专业 ERP 系统

专业 ERP 系统必须根据企业的特殊性质要求提前设计定制。专业 ERP 系统在通用型 ERP 系统的数据记录功能基础上，基于不同人工智能算法，结合企业特色，可以实现管理服务的多元细致化设计。

### 2. 按所采用的技术架构分类

（1）C/S 架构 ERP 系统

C/S 构架即 client/server（客户 / 服务器）架构。该架构需要使用高性能计算机、工作站或小型机，客户端需要安装专用的客户端软件。

（2）B/S 架构 ERP 系统

B/S 架构即 browser/server（浏览器 / 服务器）架构。该架构要求客户端必须安装一个浏览器（browser）并保证它能通过网络服务器（Web server）同数据库进行数据交互。

## 2.3.4　ERP 企业应用

ERP 系统的顺利实施需要整个企业部门通力配合。上至管理层，下至操作人员，需要无保留贡献自己的专业技术经验。在此前提下，依然需要实施者花费大量的时间和精力来完成这一系统工程。

在实施过程中，ERP 咨询公司必须以独立客观的第三方形象出现，同时具备扎实的跨学科技术知识体系以及经实践证明正确的方法论指导体系，才可以在企业信息化建设中起到关键作用。

智造案例

### 华为 MetaERP

2023 年 4 月 20 日，华为宣布完成自主可控的 MetaERP 研发，并完成对旧 ERP 系统的替换。ERP 是最关键、最重要的企业级 IT 应用。自 1996 年引入 MRP-II 系统，并持续迭代升级 ERP 版本，ERP 作为华为企业经营最核心的系统，支撑了华为 20 多年的快速发展，每年数千亿产值的业务，以及全球 170 多个国家的业务的高效经营。

2019 年，面对外部环境的压力和自身业务挑战，华为决定启动对旧有 ERP 系统的替换，并开始研发自主可控的 MetaERP 系统。作为华为有史以来牵涉面最广、复杂性最高的项目，华为投入数千人，联合产业伙伴和生态伙伴攻坚克难，研发出面向未来的超大规模云原生的 MetaERP，并成功完成对旧有 ERP 系统的替换。

截至目前，MetaERP 已经覆盖了华为公司 100% 的业务场景和 80% 的业务量，经历了月结、季结和年结的考验，实现了零故障、零延时、零调账。

### 2.3.5 ERP 系统带来的效益

据美国生产与库存控制学会（APICS）资料显示，MRP-II/ERP 系统能产生以下经济效益，如图 2-8 所示。

图 2-8　ERP 系统带来的效益

### 2.3.6 ERP 平台式软件

我国企业信息化的日益成熟与系统的深入发展，引导了企业对 ERP 软件的大规模个性化需求，从而促使大型的公共 ERP 集成系统运营平台，即 ERP 平台式软件出现。

ERP 平台式软件具有以下特点。

#### 1. 功能搭建工作可快速完成

需要进行二次开发时，软件公司可结合企业的实际需求，迅速完成软件功能的增加、修改、删除等工作。上至界面输入查询、统计、打印、企业业务流程，下至数据库表结构，都可以进行访问、编辑和重新定义。

#### 2. 全面和一体化的应用开放式平台

除了集成优化企业内部管理业务工作流程外，供应商、合作伙伴、客户之间的商务往来也可以通过 ERP 平台式软件进行协同优化，从而保证业务物流、生产计划、生产控制、财务、销售、客户关系、人力资源办公自动化、知识、项目、企事业机构等均可以纳入平台进行全维度综合最优化管理。

#### 3. 协同商务

ERP 平台式软件根据企业的营利及效益目标要求，通过智能控制优化算法，可以助力企业形成良性的电子商务开放运营环境，从而从根本上保证商务供应链协同优化管理的目标得以实现。

#### 4. 灵活的调整机制

ERP 平台式软件能够快速精准地响应企业在管理运营方式上的变化，进而指导企业管理层做出业务流程、审核流程、组织结构、运算公式、各类单据、统计报表，以及单据转换流程等的灵活调整工作，随机应变，随需应变。

#### 5. 管理软件完全受企业掌控

ERP 平台式软件的所有接口均具有自定义功能。一旦开始计划管理工作，相关项目人员便可对软件的功能模块进行设置、匹配及修改完善等工作。这样，企业就具有足够的自我开发权限，而不必受制于软件供应商。

### 6. 无须代码开发

ERP 平台式软件最大的优势，就是解决了管理人员编程水平参差不齐的问题。只要精熟具体的业务流程，就可以依靠软件提供的界面友好的编程模块进行深度编程设计工作。工作完成后，只需将相关模块融入软件产品体系中，便可对各类特色功能进行按需配置，从而显示出极强的个性化设计开发功能。

## 智造案例

### 用友 ERP–U8

用友 ERP-U8 企业应用套件（简称用友 ERP-U8）是一个企业经营管理平台。它以集成的信息管理为基础，以规范企业运营、改善经营成果为目标，提供从企业日常运营、人力资源管理到办公事务处理等全方位的产品解决方案。

（1）ERP-U8 系统特点

① 共用基础信息和共用一个数据库。

② 相同的账套和年度账。

③ 所有的操作权限集中管理。

④ 各子系统之间相互独立，各自具有完善且细致的功能。

（2）ERP-U8 系统构成

用友 ERP-U8 从功能上分为系统管理、财务会计、管理会计、供应链、生产制造、集团应用和企业门户七大系统。各个系统共同构成了用友 ERP-U8 系统框架，每个系统又包括了多个子功能系统。各子功能系统间既相互独立（各自具有完善且细致的功能），又有机地结合在一起，如图 2-9 所示。

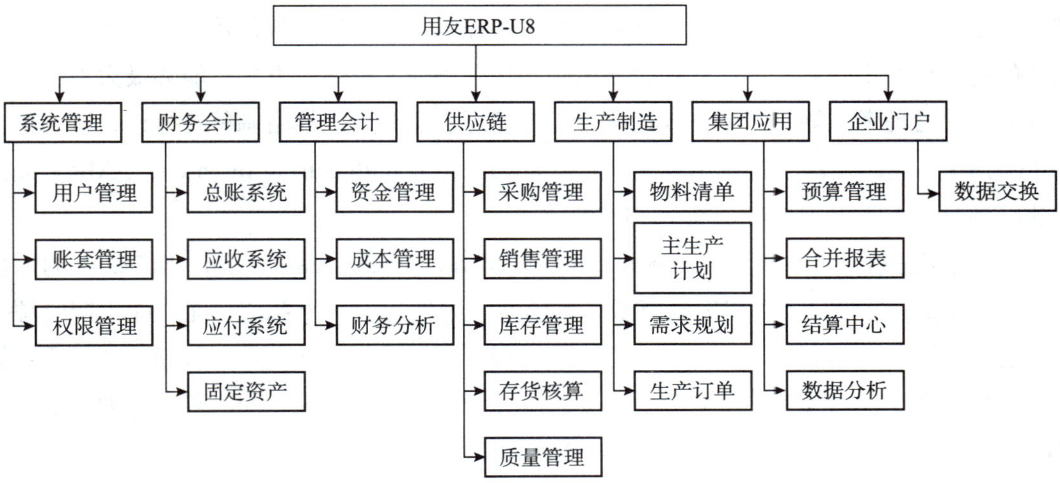


图 2-9　用友 ERP-U8 系统体系结构

# 2.4 制造执行系统（MES）

尽管 MRP-II/ERP 等系统在企业制造和经营过程中取得了一些成效，为企业带来了经济效益，但是它们暴露了一系列新的问题。例如，MRP-II/ERP 等系统无法获取精确的生产数据，这些系统将企业生产管理与企业制造单元的控制软件进行分离，造成了上层的 MRP-II/ERP 无法获取精确的生产数据，同时制造单元往往不能及时取得指令来调整工作状态，致使企业的生产和信息化过程受到严重影响。为了解决这一问题，企业管理者开发了制造执行系统（manufacturing execution system，MES）。MES 能够将计划与制造过程有效结合，收集企业各方面信息，并时刻更新企业信息管理系统，进而从整体上改善企业的管理效率和管理水平。

## 2.4.1 MES 的起源与发展

早期的制造执行系统形式为制造资源计划 MRP-II，在 20 世纪 80 年代通过美国生产与库存管理协会（APICS）的大力宣传和组织推动得到了迅速的普及和广泛应用，随着使用的深入，这个系统出现了一些普及性问题，例如，MRP-II 对预测需求和销售管理不够重视，对车间的大量实时事件与数据不能很好地利用等。许多企业认识到需要其他系统来解决 MRP-II 在某些方面管理薄弱的问题。于是为了满足销售、预测的需求，产生了分销资源计划（distribution resource planning，DRP）。同样，为了强化车间的执行功能，MES 也就应运而生。

随着工业产业的飞速发展及计算机技术的普及应用，人们发现在机械制造及相关实体产业生产过程中，如果能够使用计算机技术和控制技术来逐步替代传统的人工控制，将生产的各个环节串联起来，而非比较初级的“各自为战”的制造方式，能够极大地提高生产效率，使管理者能够更好更高效地进行生产管理、实施生产战略调整等操作，所以早在 20 世纪 90 年代，美国先进制造研究中心（advanced manufacturing research，AMR）提出了能够满足以上需求的生产系统——MES。

国际制造执行系统协会（manufacturing execution system association，MESA）的白皮书提出了 MES 的功能组件和集成模型。该模型一般包括十一个系统功能，即生产资源分配与监控、作业计划和排产、工艺规格标准管理、数据采集、作业员工管理、产品质量管理、过程管理、设备维护、绩效分析、生产单元调度、产品跟踪。同时规定，如果设计的 MES 产品能够具备这十一个系统功能中的一个或者几个，也可以定义为属于 MES 系列中具备单一功能的系统产品。

21 世纪初，MESA 提出了协同制造执行系统体系结构（C-MES）。MESA 在定义 MES

时，着重定义和强调了以下几个方面：首先 MES 是对整个车间制造过程的优化，是整合功能，其目的不是去解决某一个或者几个生产制造的瓶颈，也可以理解成，使用 MES 的根本目的是通过优化过程提高生产效率，而不是当生产过程出现了问题或错误时提出解决方案；其次，MES 必须具备收集生产过程数据的实时性，并且通过系统分析提出合理或适当的解决方案和措施；最后 MES 还需要将企业生产过程中无中断的信息数据进行集成，实现生产过程的计划层和控制层的信息全交互。

我国最早使用的 MES 是于 20 世纪 80 年代上海宝山钢铁工业公司建设初期从 SIEMENS 公司引进的。我国的工业信息化在最初都是学习西方工业信息化的经验，引进西方先进的理念和产品进行学习和提高。在逐步使用 MES 的企业增加之后，我国各级政府机关主管部门、很多研究所、行业学会协会、相关大学、企业等都开始研究 MES，希望能够摸索出一套适合自己发展的 MES。

20 世纪 90 年代，我国提出了“管控一体化”，随之也提出了一些具有我国发展特色的概念系统，如计算机 / 现代集成制造系统（computer/contemporary integrated manufacturing systems，CIMS）、企业资源计划（ERP）、供应链管理（supply chain management，SCM）等，这些系统基本都以“人、财、物、产、供、销”等方面为控制主体，但初期发展速度不快。近些年来，随着对企业 CIMS 信息集成深入研究和高速发展，设计出具有反应速度快、弹性设计好、精细化程度高的 MES 已成为其主流发展模式，MES 通过对生产中的计划执行、追溯过程、设备使用状态监控与管理、质量管理监控、优化人员配置及资源配比等多个层级的统一集成管理，来实现计算机辅助控制对生产现场的全方位实时管理。新松机器人自动化股份有限公司、沈阳机床股份有限公司等大型企业都设计出了完全自主知识产权的、能够适应不同工况的 MES。

### 2.4.2　MES 的定义

国际制造执行系统协会 MESA 对制造执行系统所下的定义为：“制造执行系统能通过信息传递对从订单下达到产品完成的整个生产过程进行优化管理。当工厂发生实时事件时，制造执行系统能对此及时做出反应、报告，并用当前的准确数据对它们进行指导和处理。这种对状态变化的迅速响应使制造执行系统能够减少企业内部没有附加值的活动，有效地指导工厂的生产运作过程，从而使其既能提高工厂的及时交货能力，改善物料的流通性能，又能提高生产回报率。制造执行系统还可通过双向的直接通信在企业内部和整个产品供应链中提供有关产品行为的关键任务信息。”

AMR 研究小组在分析信息技术的发展和制造执行系统应用前景的基础上提出了可集成制造执行系统（integratable MES，I-MES）。它是在制造执行系统的开发过程中应用了模块化设计和组件技术设计，结合了两种传统的 MES（T-MES）形成的制造执行系统。我们可以将可集成 MES 理解成一个大的系统执行框架，它由若干个功能组成，这些功能包括生产监控、设备管理维护、质量检测等，可以根据客户的实际需要进行组合，并融入PLC程序控制器、数据采集器、条形码、各种计量及检测仪器、机器人等，因而其具有灵活性、针对性、集成性的特点。

## 2.4.3　MES的功能

MES可以整合很多功能，如物料相关功能、报警功能等，可以根据用户需求进行功能的增减。同时，MES还可以连接CRM、ERP、PDM等流程，如图2-10所示。

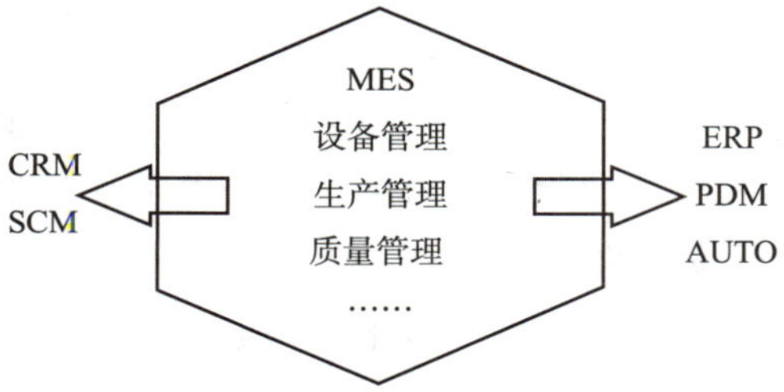


图2-10　MES能够连接的流程

一般来说，根据MES的应用工况场所、应用方向或系统结构来描述功能。

### 1. 按照应用工况场所分类

按照应用工况场所分类，MES的常用功能包含现场类、仓储类、监测类、调度综合类，如图2-11至图2-14所示。

### 2. 按照应用方向或系统结构分类

按照应用方向或系统结构来描述，其功能包含：生产管理（工况设备数据采集、生产计划、工具资源、物料管理等）、人力资源管理（人员配置、人员时间管理、考勤等）、质量控制（质量检测、数据分析）或集成部分、操作中心、车间连接、信息采集等。

（1）现场类

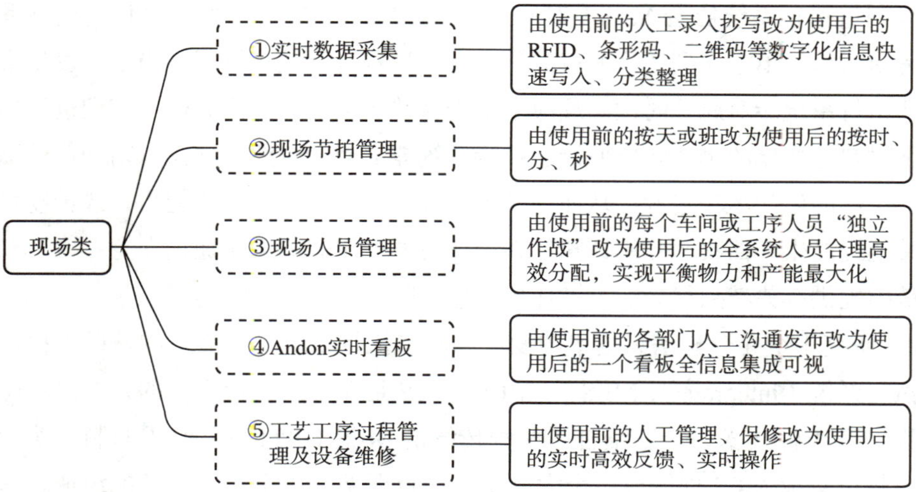


图2-11　现场类

（2）仓储类

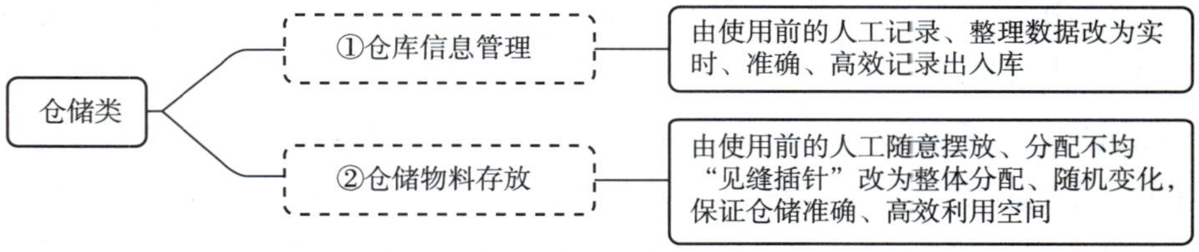


图 2-12 仓储类

（3）监测类

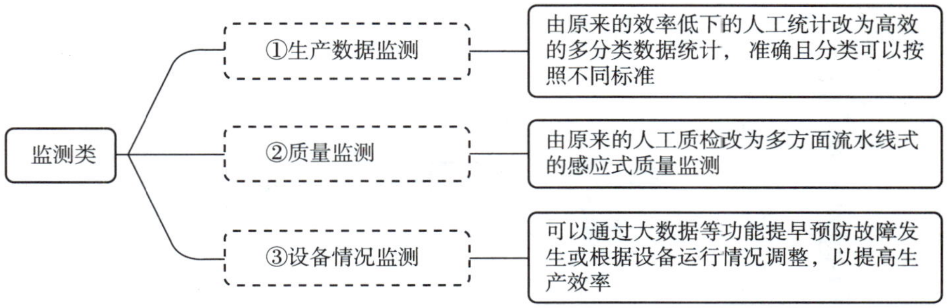


图 2-13 监测类

（4）调度综合类

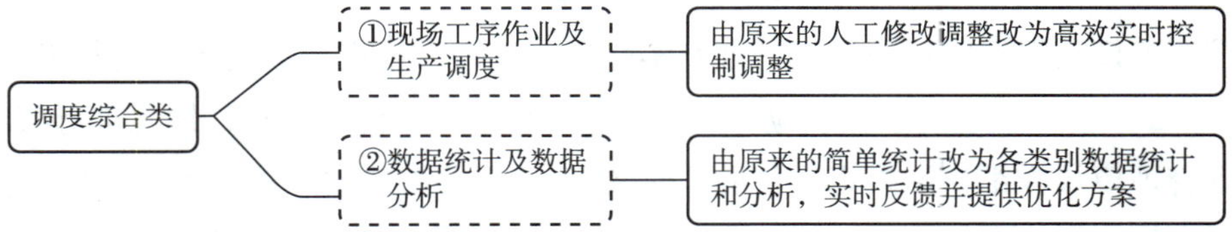


图 2-14 调度综合类

### 3. 按照模块的标准化分类

MES 制造执行系统按照模块的标准化可分为以下两大类。

（1）专用的 MES（Point MES）

专用的 MES 系统是一个非标准系统，可以具有一个或多个功能。当用户只需要对一个生产环节进行信息化生产优化的时候，就可以针对其需要解决的优化问题进行系统开发，如设备维修维护、质量监测、生产人员调度等。

（2）集成的 MES（Integrated MES）

集成的 MES 系统的组成部分因用户需要进行不同模块的组合，即综合以上的功能模块，以达到使用目的。

专用的 MES 价格一般来说相对于集成的 MES 要低一些，对一些中小企业来说，某个生产环节必须使用的话，性价比最高。集成的 MES 功能多、系统性强，适用于资金充裕的大中型企业，能够提高生产效率，优化生产过程，真正地实现计算机控制系统辅助实体生产，达到透明化、高效化管理。

下面以沈阳机床股份有限公司自主研发的车间管理系统（workshop information system，WIS）为例进行介绍。

WIS 以机加工过程为核心，兼顾装配、物料管理与刀具管理，主要以沈阳机床股份有限公司自主研发的 i5 数控系统为核心，兼顾其他数控系统及各种自动化设备（如机器人）的接入。WIS 的组成包含 MES 部分，如图 2-15 所示。该系统可以实现整个工件从加工到质量监测的功能。其中 MES 的功能主要集中在生产调度、设备管理、设备诊断、生产概况、程序管理、报废统计等环节。

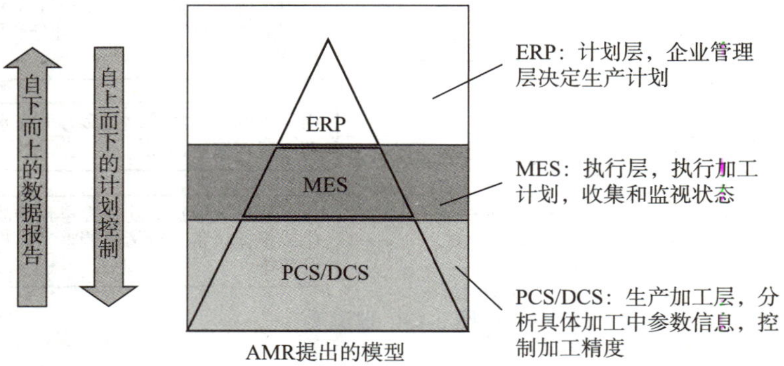


图 2-15　WIS 组成部分

生产调度模块根据制订的批次计划及实际工艺流程，指定详细机床负责某工件的某工序任务（“工单”），同时跟踪对应机床的程序运行情况，对工单执行情况进行实时更新。

设备管理模块详细显示指定工位的实时数据，包括状态、主轴坐标、转速和进给等，统计计算工位运行状态的时间比例，快速评价机床的运行状态，同时智能计算和显示工位当前的加工任务、工单名称等信息，并根据目前速度预计结束时间，还可以统计计算该机床综合效率，其公式为 OEE= 可利用率（机床开机时间比例）× 机床表现性（机床加工速度相对理论节拍的比例）× 良品率。

设备诊断模块通过在局域网 / 互联网内检查设备的状态参数，分析在加工过程中机器出现的问题及原因，同时支持对设备的参数修改、故障报警记录、文件手动传输。

生产概况模块可以监控 / 显示车间各线路 / 设备的整体概况，系统以不同颜色表示各设备的当前实时状态（运行、停止、空闲），同时可以统计计算车间常用指标，如工单准时完成比例、当日完成工件数量、完成件的可配套率等，还可以对 AGV（自动物流车）等移动设备实时监控，支持位置在页面中的动态移动。

程序管理模块可以使用局域网内的网站端，通过手动查询零件与工序确定下载对象。对 i5 系统，除保留等同网站端的自由下载功能外，还可通过选定的工单，自动检查系统程序文件夹，下载对其绑定的最新程序，同时可集成 MD5 校验功能。

报废统计模块可根据该批工件的生产批次，自动计算造成的工时损失，进一步计算工时成本损失，还可以根据该批工件的单价，自动计算造成的毛坯件成本损失（单价支持从 ERP 等系统获取），同时支持倒序等特殊情况的手动修正。

MES 在很多生产线中都可以灵活应用，根据不同的生产线要求可以配合不同的功能模块，实现真正意义上的自动化生产、智能生产管理。

智造案例

**国内知名 MES——OrBit-MES**

OrBit-MES 是我国深圳市华磊迅拓科技有限公司自主研发的 MES，它构建于我国自有知识产权的基础业务平台之上，基于批量过程控制原理以及企业建模技术，是企业内部物流、生产体系、品质部门的保障系统，为实现 JIT 拉动模式、精益生产、6 Sigma-TQM、RoHS/WEEE 无害生产打下坚实的基础。OrBit-MES 的同步数据采集技术应用于企业内部物流的全线追溯、制造工程配置、生产及品质过程控制，它能提升制造环节的透明度、填补生产现场到计划系统间的“信息鸿沟”，为计划系统的再调整提供可以信赖的决策依据。

OrBit-MES 包括以下几个核心功能。

（1）计划管理：系统通过对接 ERP，获取生产计划，制定对应的生产工单，并通过对生产状况信息的获取，反馈给生产计划，并根据实际的生产情况做出相应的调整。

（2）供应商管理：系统支持物料在途可视化信息查看，可准确了解供应商即时状况，提高排产准确度，避免由于物料缺料导致的生产等待，改善交期。

（3）仓库管理：系统提供在库信息及时统计、物料自动定位、JIT 式拉料等方法，可有效避免呆滞料造成的物料浪费及仓库储存位置占用、减少仓库备料时间，提高生产效率。

（4）品质管理：系统支持 SPC 质量数据实时计算，提供品质异常报警、批号锁定、设备锁定等功能，提供动态的品质数据监控，可有效避免批量性产品问题出现。

（5）物流控制：实现从供应商开始贯穿生产全局的标准化物流批次管理、仓储管理，支持拉动式入出库管理。

（6）制造过程控制：实现任务启动、实时看板、工位配送、装配防错、批次精确追溯、资源 / 设备运作效率监控，能独立采集数据或与 SCADA/PCS/PLC/FCS 实时集成。

## 2.5 信息物理融合系统（CPS）

信息物理系统（cyber physical system，CPS）是物联网的升级和发展，CPS 中所有的网络节点、计算、通信模块和人自身都是系统中的一分子。

智能制造系统中的各子系统正是借助 CPS 摆脱信息孤岛的状态，实现系统之间的连接和沟通。CPS 能够经由通信网络，对局部物理世界发生的感知和操纵进行可靠、实时、高效的观察与控制，从而实现大规模实体控制和全局优化控制，实现资源的协调分配与动态组织。

## 2.5.1　CPS 的定义

信息物理系统是将虚拟世界与物理资源紧密结合与协调的产物。它强调物理世界与感知世界的交互，能自主感知物理世界状态、自主连接信息与物理世界对象、形成控制策略，实现虚拟信息世界和实际物理世界的互联、互感及高度协同。

信息物理系统是融合了计算（computation）、通信（communication）与控制（control）技术又叫作 3C 技术。3C 技术示意图如图 2-16 所示。它从实体空间的对象、环境、活动中进行大数据的采集、存储、建模、分析、挖掘、评估、预测、优化、协同，并与对象的设计、测试和运行性能表征深度有机融合，是实时交互、相互耦合、相互更新的网络空间（包括机理空间、环境空间与群体空间），进而通过自感知、自记忆、自认知、自决策、自重构和智能支持，促进工业资产的全面智能化。

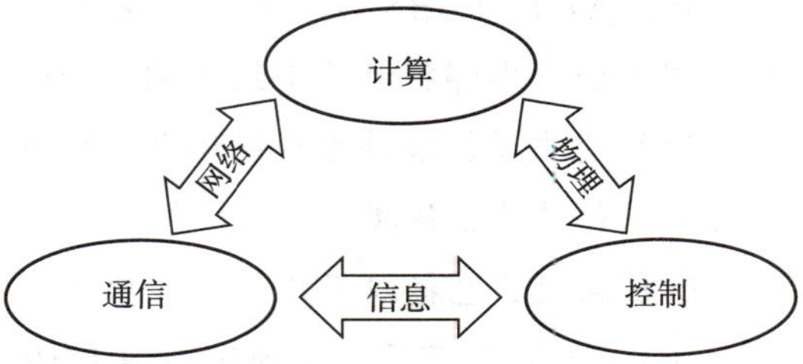


图 2-16　3C 技术示意图

信息物理系统是在环境感知的基础上，通过计算、通信与物理系统的一体化设计，形成可控、可信、可扩展的网络化物理设备系统，通过计算进程与物理设备相互影响的反馈循环来实现深度融合与实时交互，以安全、可靠、高效和实时的方式，监控或者控制一个物理实体。

下面从不同角度对信息物理系统进行介绍。

### 1. 在本质上

在本质上，信息物理系统是以人、机、物的融合为目标的计算技术，从而实现人的控制在时间、空间等方面的延伸，因此，人们又将信息物理系统称为“人 - 机 - 物”融合系统。

### 2. 在微观上

在微观上，信息物理系统通过在物理系统中嵌入计算与通信内核，实现计算进程（computation processes）与物理进程（physical processes）的一体化。计算进程与物理进程通过反馈循环（feedback loops）方式相互影响，实现嵌入式计算机与网络对物理进程可靠、实时和高效的监测、协调与控制。

### 3. 在宏观上

在宏观上，信息物理系统是由运行在不同时间和空间范围的、分布式的、异构的系统组成的动态混合系统，包括感知、决策和控制等各种不同类型的资源和可编程组件。各个子系统之间通过有线或无线通信技术，依托网络基础设施相互协调工作，实现对物理与工程系统的实时感知、远程协调、精确与动态控制和信息服务。

## 2.5.2　CPS 的结构体系

### 1. CPS 的结构体系组成

CPS 结构体系的组成，如图 2-17 所示。它由决策层、网络层和物理层组成。决策层通过语义逻辑计算，实现用户、感知和控制系统之间的逻辑耦合；网络层通过网络传输计算，连接 CPS 在不同空间与时间的子系统；物理层体现的是感知与控制计算，是 CPS 与物理世界的接口。

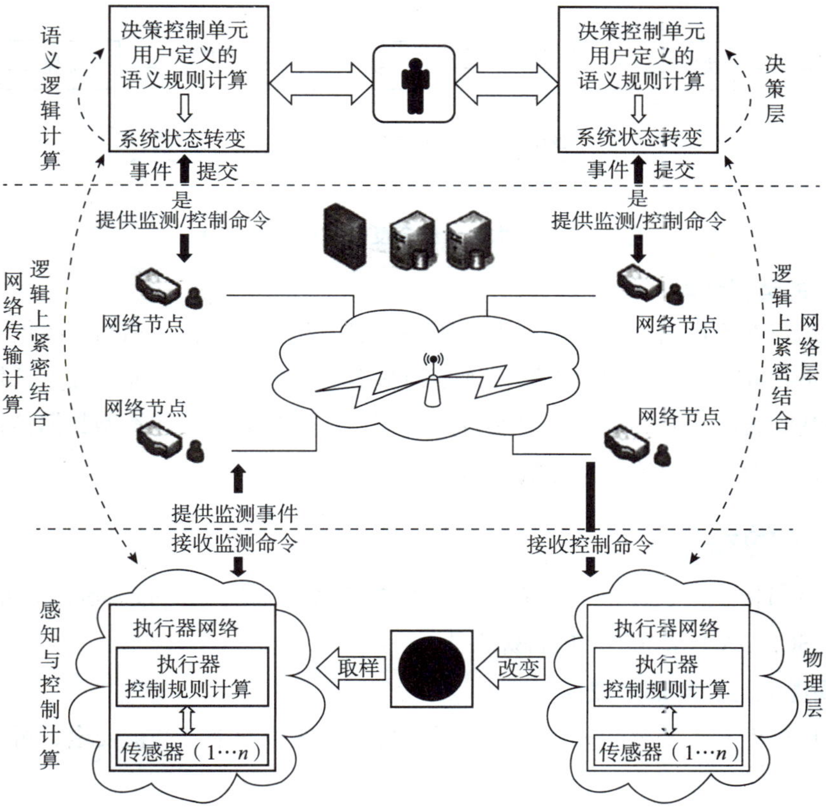


图 2-17　CPS 结构体系的组成

### 2. 传感器网络与 CPS

自然界中的各种物理量的变化绝大多数是连续的，或者说是模拟的，而信息空间则是数字的，充斥着大量的离散量。从物理空间到信息空间的信息流动，首先必须通过各种类型的传感器将各种物理量转变成模拟量，再通过模拟数字转化器变成数字量，从而为信息空间所接受。因此，从这个意义上说，传感器网络也可视为 CPS 中的一个重要的组成部分。

在现实环境中，大量的传感器以无线通信方式自组织成网络，协同完成对物理环境或物理对象的监测感知，传感器网络对感知数据做进一步的数据融合处理，并将得到的信息通过网络基础设施传递给决策控制单元，决策控制单元与执行器通过网络分别实现协同决策与协同控制。

### 3. CPS 的基本组件

CPS 的基本组件包括传感器（sensor）、执行器（actuator）和决策控制单元（decision-making control unit）。其中，传感器和执行器是一种嵌入式设备，传感器能够监测、感知外界的信号、物理条件（如光、热）或化学组成（如烟雾）；执行器能够接收控制指令，对受控对象施加控制作用；决策控制单元是种逻辑控制设备，能够根据用户定义的语义规则生成控制逻辑。基本组件结合反馈循环控制机制如图 2-18 所示。

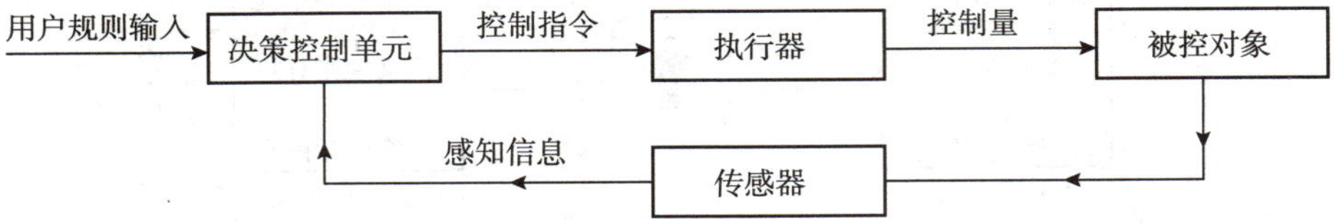


图 2-18　基本组件结合反馈循环控制机制

### 4. CPS 的运行环境

CPS 是运行在不同时间和空间范围的闭环（多团环）系统，且感知、决策和控制执行子系统大多不在同一位置。逻辑上紧密耦合的基本功能单元依存于拥有强大计算资源和数据库的网络基础设施，如 Internet、数据库、知识库、服务器及其他类型数据传输网络等，能够实现本地或者远程监测，并影响物理环境。

## 2.5.3　CPS 的特征

CPS 具有与传统的实时嵌入式系统以及监控与数据采集（supervisory control and data acquisition，SCADA）系统不同的特殊性质。

### 1. 全局虚拟性、局部物理性

局部物理世界发生的感知和操纵，可以跨越整个虚拟网络，并被安全、可靠、实时地观察和控制。

### 2. 深度嵌入性

嵌入式传感器与执行器使计算深深嵌入每一个物理组件，甚至可能嵌入物质里，从而使物理设备具备计算、通信、精确控制、远程协调和自治等功能，更使计算变得普通，成为物理世界的一部分。

### 3. 事件驱动性

物理环境和对象状态的变化构成“CPS 事件”：触发事件—感知—决策—控制—事件的闭环过程，最终改变物理对象状态。

#### 4. 以数据为中心

CPS 各个层级的组件与子系统都围绕数据融合向上层提供服务，数据沿着从物理世界接口到用户的路径一路不断提升抽象级，用户最终得到全面的、精确的事件信息。

#### 5. 时间关键性

物理世界的时间是不可逆转的，因而 CPS 的应用对时间有着严格的要求，信息获取和提交的实时性会影响用户的判断与决策精度，尤其是在重要的基础设施领域。

#### 6. 安全关键性

CPS 的系统规模与复杂性对信息系统安全提出了更高的要求，尤其重要的是需要理解与防范恶意攻击带来的严重威胁，以及 CPS 用户的隐私被暴露等问题。

#### 7. 异构性

CPS 包含了许多功能与结构各异的子系统，各个子系统之间需要通过有线或无线的通信方式相互协调工作，因此，CPS 也被称为混合系统或者系统的系统。

#### 8. 高可信赖性

物理世界不是完全可预测和可控的，对于意想不到的情况，必须保证 CPS 的鲁棒性，同时还须保证其可靠性、高效率、可扩展性和适应性。

#### 9. 高度自主性

组件与子系统都具备自组织、自配置、自维护、自优化和自保护能力，可以支持 CPS 完成自感知、自决策和自控制。

#### 10. 领域相关性

在汽车、石油化工、航空航天、制造业、民用基础设施等工程应用领域，CPS 的研究不仅着眼于自身，也着眼于这些系统的容错、安全、集中控制和社会等方面对它们的设计产生的影响。

### 2.5.4　CPS 的机遇与挑战

#### 1. CPS 应用的市场规模

CPS 的应用，小到智能家居等家用级系统，大到工业控制系统、智能交通系统等国家级、世界级系统，其市场规模难以估量。更重要的是，CPS 广泛应用的目标不仅仅是要简单地将家电等产品连在一起，还要催生出众多具有计算、通信、控制、协同和自治性能的设备。

#### 2. CPS 对工业的影响

下一代工业将建立在 CPS 之上。随着 CPS 技术的发展和普及，使用计算机和网络实现功能扩展的物理设备将无处不在，它们必将推动工业产品和技术的升级换代，极大地提高汽车、航空航天、国防、工业自动化、健康医疗设备、重大基础设施等主要工业领域的竞争力。CPS 不仅会催生出新的工业，还会重新调配现有的产业布局。

CPS既昭示着无限前景，又带来了极大的挑战，这些挑战很大程度上来自控制与计算之间的差异。通常，控制领域是通过微分方程和连续的边界条件来处理问题的，而计算则建立在离散数学的基础上；控制对时间和空间都十分敏感，而计算则只关心功能的实现。因此，这种差异将给计算机应用科学带来基础性的变革。

## 2.5.5 CPS与智能制造

CPS对智能制造系统具有非常重要的意义。

### 1. 让地球互联

CPS的意义在于将物理设备联网，特别是连接到互联网上，使得物理设备具有计算、通信、精确控制、远程协调和自治五大功能。

本质上说，CPS是一个具备控制属性的网络，但它又有别于现有的控制系统。20世纪40年代，美国麻省理工学院发明了数控技术，如今，基于嵌入式计算系统的工业控制系统遍地开花，工业自动化早已成熟，日常生活中所使用的各种家电都具有控制功能。但是，这些控制系统基本上属于封闭系统，即使其中一些工控应用网络具有联网和通信的功能，这种网络一般也仅限于工业控制总线，网络内部各个独立的子系统或者设备则难以通过开放总线或者互联网进行互联，而且它们的通信功能普遍较弱，但CPS则把通信放在与计算、控制同等的地位上。在CPS所强调的分布式应用系统中，物理设备之间的协调是离不开通信的。CPS对网络内部设备的远程协调能力、自治能力、所控制对象的种类和数量，特别是网络规模上都远远超过现有的工控网络。

理论上，CPS可使整个世界互联起来，就如同互联网在人与人之间建立互动一样，CPS也将深化人与物理世界的互动。

### 2. 涵盖物联网

CPS的出现使得物联网的定义和概念明确起来，物联网就是主要应用在物流领域的技术，物与物之间的互联无非就是“各报家门”，知道对方“何许人也”这么简单，而相对于将物与物相连的物联网技术，CPS要求接入网络的设备具备更加精确和复杂的计算能力。如果从计算性能的角度出发，把一些高端的CPS的客户机、服务器比作“高大健硕”的，那么物联网的同类应用则可视为“瘦小羸弱”的，因为物联网中的通信大都发生在物品与服务器之间，物品本身不具备控制和自治能力，也无法进行彼此之间的协同。海量运算是很多CPS接入设备的主要特征，以基于CPS的智能交通系统为例，满足CPS要求的汽车电子系统通常需要进行海量运算，而目前已经十分复杂的汽车电子系统根本无法胜任这一要求。

在CPS中，物理设备指的是自然界的一切客体，既包括冷冰冰的设备，也有活生生的生物。现有互联网的边界是各种终端设备，人们与互联网通过这些终端来进行信息交换。而在CPS中，人可以成为CPS网络的“接入设备”，这种信息的交互可能是通过芯片与人的神经系统直接互联实现的。尽管物联网技术也能做到把无线电射频芯片嵌入人体，但其本质上还是通过无线电射频芯片与读写器进行通信，人并没有真正参与其中。然而在 CPS 中，人的感知十分重要。

以智能交通系统为例，可以做出这样的假设：当智能交通系统感知到高速行驶的汽车与将穿越马路的行人之间存在发生碰撞的可能时，系统或许会以更直接的方法通过“脑机接口”（brain-computer interface，BCI）让人不经大脑思考就来个“立定”，避开事故的发生；而非通常的做法——由系统发出指令让汽车急刹车，或者告诉行人“让步”。

总而言之，CPS 可以促使虚拟网络与实体物理系统互相整合。在制造业中，它促使企业建立全球网络，把产品设计、制造、仓储、生产设备融入 CPS 中，使信息得以在这些相互独立的制造要素间自动交换、接受动作指令、进行无人控制。CPS 能够引领制造业不断向着设备、数据、服务无缝连接的方向发展，起着推动制造业智能化的重要作用。

## 本章小结

本章主要介绍了智能制造系统的各个功能模块和组成部分。通过本章的学习，帮助读者了解智能制造系统各组成部分的功能和作用，为实践应用提供理论指导和技术支持。

## 思考练习

1. i5 智能产品全生命周期管理系统的内容有哪些?
2. 简述 ERP 先进的管理思想。
3. 简述国际制造执行系统协会对 MES 的定义。
4. 简述 CPS 的特征。

# 第 3 章　智能制造支撑技术

## 本章导读

《中国制造 2025》明确提出，未来 10 年我国将把智能制造作为“两化”深度融合的主攻方向，加快推动新一代信息技术与制造技术融合发展，着力发展智能装备和智能产品，推进生产过程智能化，培育新型生产方式，全面提升企业研发、生产、管理和服务的智能化水平。其中，信息技术已成为推动新一轮工业革命先导性的核心要素，是实现制造业数字化、网络化、智能化的关键基础。因此，在制造业融合发展的过程中，积极发挥信息技术的基础性和先导性作用，对于落实国家重大战略发展要求，紧抓新工业革命历史机遇，推动制造业向智能制造转型升级具有重要意义。

## 学习目标

◎知识目标

1. 了解智能传感器的定义、特定及关键技术。
2. 熟悉在人工智能制造领域中的五个方面的应用。
3. 熟悉数据中心网络的基本结构。
4. 了解云计算 / 边缘计算及其应用。
5. 掌握工业大数据的关链技术及特点。
6. 了解 5G 技术的概念、优势及特点。
7. 熟悉虚拟现实 / 增强现实 / 混合现实技术的概念及关键技术。

◎**能力目标**

1. 熟悉智能传感技术、人工智能技术、数据中心与云计算技术、边缘计算、工业大数据与物联网等新一代智能制造信息支撑技术的基本应用。

2. 了解智能传感技术、人工智能技术、数据中心与云计算技术、边缘计算、工业大数据与物联网等新一代智能制造信息支撑技术的基本发展及其在智能制造中的应用。

◎**素质目标**

1. 培养学生具有严谨的科学态度和良好的思想品德与职业道德修养。

2. 培养学生具有自我学习、勇于开拓、不断创新的精神。

3. 培养学生具备与跨学科团队合作的能力，能够与传感技术、人工智能技术、数据中心与云计算技术等领域的专业人员进行合作与沟通，促进技术跨界融合和创新。

## 本章任务

1. 谈谈人工智能发展史上你印象最深的历史性事件。

2. 与 3G、4G 相比，5G 技术给你带来哪些新的体验？

## 思维导图

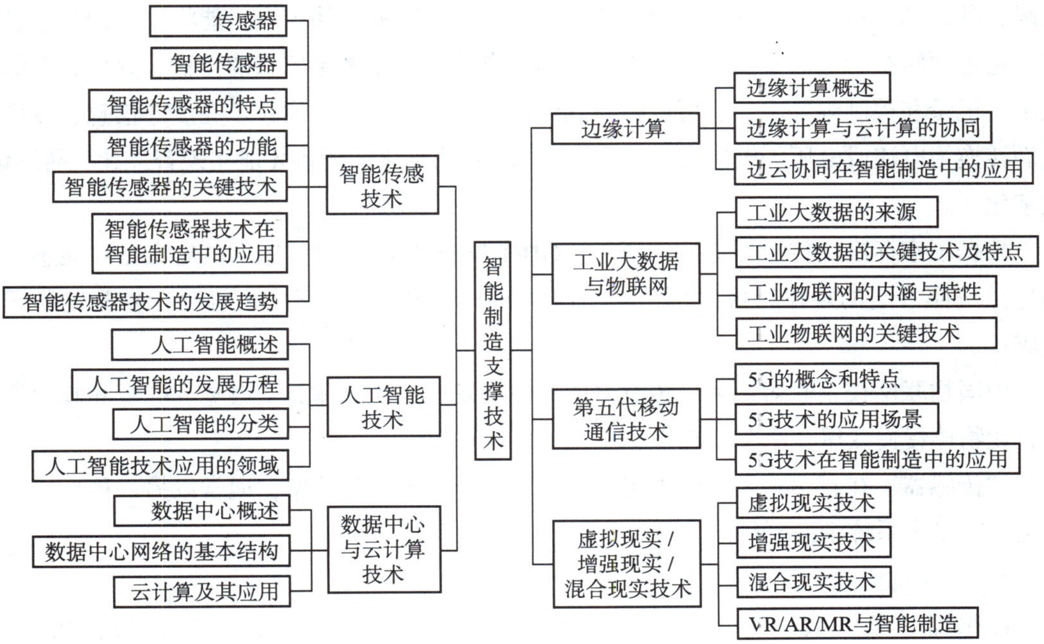

# 3.1 智能传感技术

传感技术是信息技术的三大基础之一，自20世纪80年代起就得到了世界各国的重视，在今后的发展中，新材料的开发，集成化，多功能化，智能化，加工技术微精细化，指标高精度化，性能高稳定、高可靠及网络化将成为传感技术的研究重点。其中智能化和网络化体现了多种技术的结合，是当今国际研究热点之一。

现代信息技术发展到今天，传感器的重要性越来越高，物联网、人工智能、智能制造，以及元宇宙等，都离不开传感器。人们在研究自然现象和规律以及生产活动中凭借自身的感觉器官从外界获取信息是远远不够的，为适应瞬息万变的环境需求，就必须借助外部设备——传感器。从智能手机到智能语音设备，从能源平台到工业设备，传感器自然而然地"化身"为人类连接机器、人类自身，以及自然环境的外延"器官"，它帮助人类将曾经不可知、难判断的信息变成易获取、更精准的数据。传感器已经成为数字化社会最为重要的基础设施。

## 3.1.1 传感器

### 1. 传感器的定义

传感器是一种检测设备，是人们认知世界的一种工具，或者一种手段，是在我们人类的眼、耳、鼻、舌、身的基础上建立的一种对宇宙认知的延伸扩展，能将检测到的信息，按一定规律转换为电信号或其他所需形式的信息输出，以满足信息的传输、处理、存储、显示、记录和控制等要求。它可以检测到温度、声音、压力、位移、亮度等信息，然后将它们转换为电流或电压等电信号。有了传感器，制造出来的设备才能实现智能化、网络化、数字化。

根据国家标准《传感器通用术语》（GB/T 7665-2005）对传感器的定义是：能感受被测量并按照一定的规律转换成可用输出信号的器件或装置，通常由敏感元件和转换元件组成。

中国物联网校企联盟认为，传感器的存在和发展，让物体有了触觉、味觉和嗅觉等感官，让物体慢慢变得"活"了起来。

"传感器"在新韦式大词典中定义为：从一个系统接收功率，通常以另一种形式将功率送到第二个系统中的器件。

### 2. 传感器组成

传感器一般由敏感元件、转换元件、变换电路和辅助电源四部分组成，如图3-1所示。

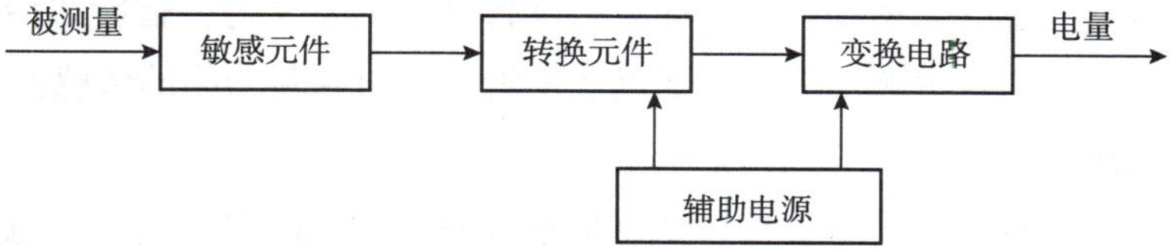


图 3-1　传感器的组成

敏感元件直接感受被测量，并输出与被测量有确定关系的物理量信号。转换元件将敏感元件输出的物理量信号转换为电信号。变换电路负责对转换元件输出的电信号进行放大调制。转换元件和变换电路一般还需要辅助电源供电。

### 3. 传感器的作用

人通过五官（即眼、耳、鼻、舌、身，对应视、听、嗅、味、触五觉）接收外界的信息，经过大脑处理（信息处理），做出相应的动作。用计算机控制的自动化装置来代替人的劳动，则可以说计算机相当于人的大脑，而传感器则相当于人的五官部分（“电五官”），如图 3-2 所示。

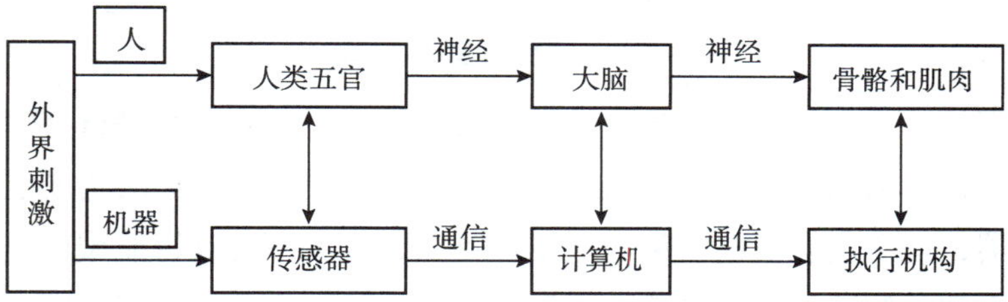


图 3-2　传感器的作用

## 3.1.2　智能传感器

智能传感器的概念最初是美国宇航局（NASA）在开发宇宙飞船的过程中形成的。为保证整个太空飞行过程的安全，要求传感器精度高、响应快、稳定性好，同时具有一定的数据存储和处理能力，能够实现自诊断、自校准、自补偿及远程通信等功能，而传统传感器在功能、性能和工作容量方面显然不能满足这样的要求，于是智能传感器便应运而生。

### 1. 智能传感器的定义

智能传感器是集成传感器、执行器和电子电路的智能设备；或集成传感元件和微处理器，并具有监控和处理功能的设备。

在《智能传感器系统》中对智能传感器的定义为：传感器与微处理器赋予智能的结合，兼有信息检测与信息处理功能的传感器就是智能传感器（系统）。模糊传感器也是一种智能传感器（系统），将传感器与微处理器集成在一块芯片上是构成智能传感器（系统）的一种方式。

在《现代新型传感器原理与应用》中对智能传感器的定义为：智能式传感器就是一种带微处理机的，兼有信息检测、信息记忆以及逻辑思维与判断功能的传感器。

### 2. 智能传感器的组成

智能传感器指具有数据信息采集、数据信息处理等功能的多元件集成电路，是集传感器、微处理器（或微计算机）及相关电路于一体的设备。智能传感器基本结构，如图 3-3 所示。

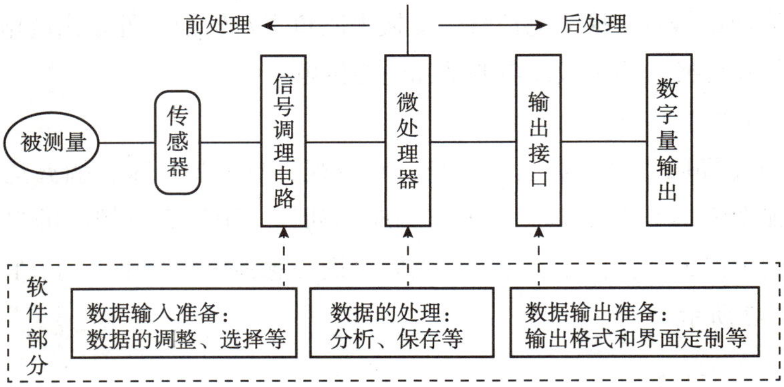


图 3-3 智能传感器的基本结构

传感器负责设备信息检测和采集，计算机根据设定对输入信号进行处理，通过计算机接口与其他装置进行通信。智能传感器的实现可以采用模块式、集成式或混合式等结构。没有智能传感器，就不会有所谓的第四次工业革命，也就不会有智能城市应用，不会有智能交通，不会有智能制造。智能传感器在智能制造、智慧农业、智慧交通、人工智能等领域发挥重要作用。

## 3.1.3 智能传感器的特点

智能传感器是一个以微处理器为内核，扩展了外围部件的计算机检测系统。相比一般传感器，智能传感器有如下显著特点。

### 1. 提高了传感器的精度

智能传感器具有信息处理功能，通过软件不仅可修正各种确定性系统误差（如传感器输入输出的非线性误差、幅度误差、零点误差、正反行程误差等），而且还可适当地补偿随机误差、降低噪声，大大提高了传感器精度。

### 2. 提高了传感器的可靠性

集成传感器系统小型化，消除了传统结构的某些不可靠因素，改善了整个系统的抗干扰性能。同时，它还有诊断、校准和数据存储功能（对于智能结构系统还有自适应功能），具有良好的稳定性。

### 3. 提高了传感器的性能价格比

在相同精度的需求下，多功能智能传感器与单一功能的普通传感器相比，性能价格比明显提高，尤其是在采用较便宜的单片机后更为明显。

4. 促成了传感器多功能化

智能传感器可以实现多传感器、多参数综合测量，通过编程扩大测量与使用范围；有一定的自适应能力，可根据检测对象或条件的改变，相应地改变输出数据的范围形式；具有数字通信接口功能，直接送入远地计算机进行处理；具有多种数据输出形式（如 RS232 串行输出、PIO 并行输出、IEEE-488 总线输出以及经 D/A 转换后的模拟量输出等），适配各种应用系统。

## 3.1.4 智能传感器的功能

智能传感器的主要功能是：具有自校零、自标定、自校正功能；具有自动补偿功能；能够自动采集数据，并对数据进行预处理；能够自动进行检验、自选量程、自寻故障；具有数据存储、记忆与信息处理功能；具有双向通信、标准化数字输出或者符号输出功能；具有判断、决策处理功能。

智能传感器的功能是通过模拟人的感官和大脑的协调动作，结合长期以来测试技术的研究和实际经验提出来的。智能传感器是一个相对独立的智能单元，它的出现使对原来硬件性能的苛刻要求有所减轻，而靠软件帮助可以使传感器的性能大幅度提高。

1. 信息存储和传输

随着全智能集散控制系统的飞速发展，智能单元要求具备通信功能，用通信网络以数字形式进行双向通信，这也是智能传感器关键标志之一。智能传感器通过测试数据传输或接收指令来实现各项功能，如增益的设置、补偿参数的设置、内检参数设置、测试数据输出等。

2. 自补偿和计算功能

多年来从事传感器研制的工程技术人员一直为传感器的温度漂移和输出非线性做大量的补偿工作，但都没有从根本上解决问题。而智能传感器的自补偿和计算功能为传感器的温度漂移和非线性补偿开辟了新的道路。这样，放宽传感器加工精密度要求，只要能保证传感器的重复性好，利用微处理器对测试的信号通过软件进行计算，采用多次拟合和差值计算方法对漂移和非线性进行补偿，就能获得较精确的测量结果。

3. 自检、自校、自诊断功能

普通传感器需要定期检验和标定，以保证它在正常使用时足够准确，这些工作一般要求将传感器从使用现场拆卸后送到实验室或检验部门进行，对于在线测量传感器出现异常则不能及时诊断。采用智能传感器情况则大有改观，首先自诊断功能在电源接通时进行自检、诊断测试以确定组件有无故障；其次根据使用时间可以在线进行校正，微处理器利用存储在 EPROM 内的计量特性数据进行对比校对。

### 4. 复合敏感功能

敏感元件测量一般通过两种方式：直接测量和间接测量。而智能传感器具有复合功能，能够同时测量多种物理量和化学量，给出能够较全面反映物质运动规律的信息。

### 5. 智能传感器的集成化

大规模集成电路的发展使得传感器与相应的电路都集成到同一芯片上，而这种具有某些智能功能的传感器叫作集成智能传感器。集成智能传感器的功能有以下三个方面的优点。

（1）较高信噪比。传感器的弱信号先经集成电路放大后再远距离传送，就可大大改进信噪比。

（2）改善性能。由于传感器与电路集成于同一芯片上，对于传感器的零漂、温漂和零位可以通过自校单元定期自动校准，还可以采用适当的反馈方式改善传感器的频响。

（3）信号归一化。传感器的模拟信号通过程控放大器进行归一化，又通过模数转换器转换成数字信号，微处理器按数字传输的几种形式进行数字归一化，如串行、并行、频率、相位和脉冲等。

## 3.1.5 智能传感器的关键技术

不论智能传感器是分离式的结构还是集成式的结构，其智能化核心为微处理器，许多特有功能都是在最少硬件基础上依靠强大的软件优势来实现的，而各种软件则与其实现原理及算法直接相关。其关键技术主要有间接传感、非线性的线性化校正、自诊断、动态特性校正、自校准与自适应量程、电磁兼容性。

### 1. 间接传感

间接传感是指利用一些容易测得的过程参数或物理参数，通过寻找这些过程参数或物理参数与难以直接检测的目标被测变量的关系，建立测量模型，采用各种计算方法，用软件实现待测变量的测量。

智能传感器间接传感核心在于建立传感模型。目前建立模型的方法有：基于工艺机理的建模方法、基于数据驱动的建模方法和混合建模方法。

### 2. 非线性的线性化校正

智能传感器具有通过软件对前端传感器进行非线性的自动校正功能，即能够实现传感器输入输出的线性化。

智能传感器线性化校正原理框图及输入、输出特性线性化原理分别如图 3-4 和图 3-5 所示。

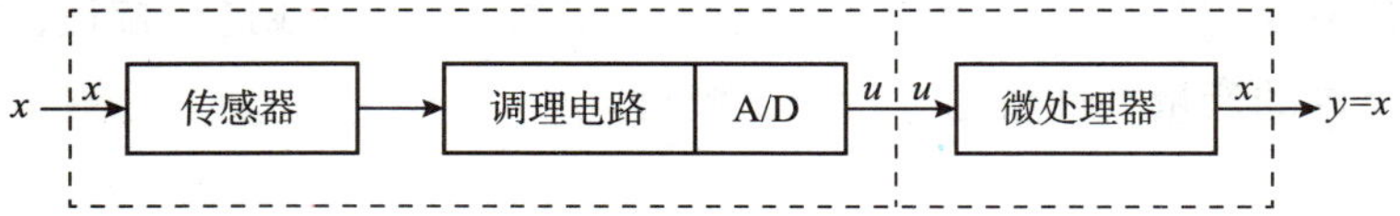


图 3-4 智能传感器线性化校正原理框图

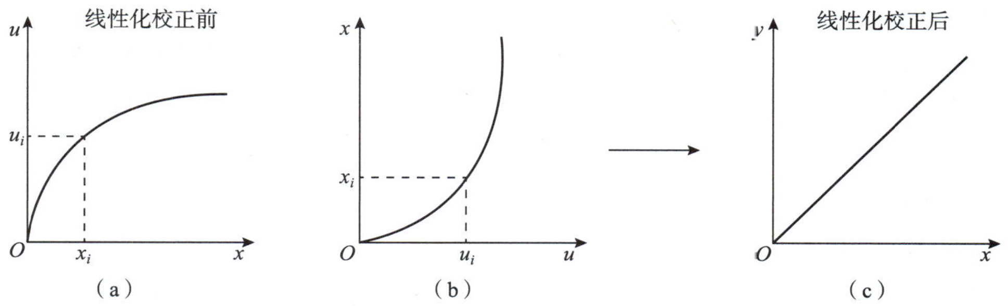


图 3-5　智能传感器输入—输出特性线性化原理

### 3. 自诊断

智能传感器自诊断技术俗称“自检”，要求对智能传感器自身各部件，包括软件和硬件进行检测，如 ROM、RAM、寄存器、插件、A/D 及 D/A 转换电路及其他硬件资源等的自检验，以及验证传感器能否正常工作，并显示相关信息。

对传感器进行故障诊断主要以传感器的输出值为基础，其主要有：硬件冗余诊断法、基于数学模型的诊断法、基于信号处理的诊断法及基于人工智能的故障诊断法等。

### 4. 动态特性校正

在智能传感器中，对传感器进行动态校正的方法多是用一个附加的校正环节与传感器相连，如图 3-6 所示，使合成的总传递函数达到理想或近乎理想（满足准确度要求）状态。

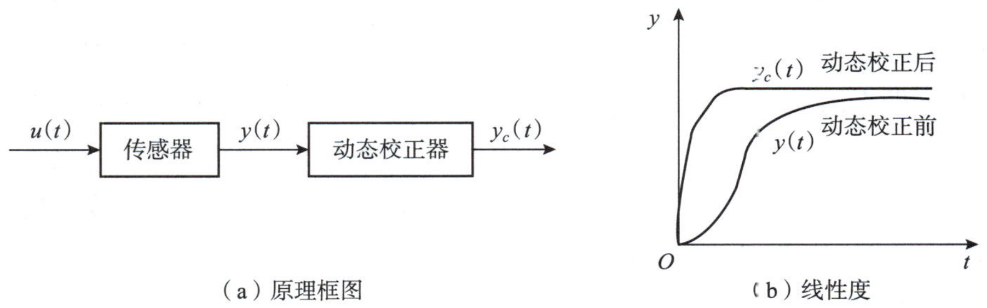


图 3-6　传感器动态特性校正

目前对传感器的特性进行提高的软件方法主要有：将传感器的动态特性用低阶微分方程来表示；按传感器的实际特性建立补偿环节。

### 5. 自校准与自适应量程

（1）自校准

传感器的自校准采用各种技术手段来消除传感器的各种漂移，以保证测量的准确。自校准在一定程度上相当于每次测量前的重新定标，它可以消除传感器系统的温度漂移和时间漂移。

（2）自适应量程

传感器的自适应量程，要综合考虑被测量的数值范围，以及对测量准确度、分辨率的要求等因素来确定增益（含衰减）挡位的设定和确定切换挡的准则，这些都依具体问题而定。

6. 电磁兼容性

随着现代电子科学技术向高频、高速、高灵敏度、高安装密度、高集成度、高可靠性方面发展，电磁兼容性作为智能传感器的性能指标，受到越来越多的重视。要求传感器与同一时空环境的其他电子设备相互兼容，既不受电磁干扰的影响，也不会对其他电子设备产生影响。

## 3.1.6 智能传感技术在智能制造中的应用

智能制造是先进传感、仪器、监测、控制和过程优化的技术和实践的组合，它们将信息和通信技术与制造环境融合在一起，实现了工厂和企业中产量、生产率、成本的实时管理，体现了制造业的智能化、数字化和网络化。智能制造是中国制造业产业升级的必经之路。

智能制造实施的关键步骤：状态感知（通过智能传感器准确感知设备或系统的实时运行状态）→实时分析（对获取的设备或系统的实时运行状态数据进行快速准确地加工和处理）→自动决策（根据数据处理结果，按照设定的规则自动做出判断和决策）→精准执行（执行机构实现自动决策的执行）。

智能制造系统主要包括：设备层、控制层、运营层和企业层。智能制造与智能传感技术紧密联系，各式各样嵌入的、绝对的、相对的、静止的和运动的传感器应用于企业生产中，它们是帮助人们采集、获取信息的重要手段。智能制造中传感器属于基础零部件，它是工业的基石、性能的关键和发展的瓶颈。传感器的智能化、无线化、微型化和集成化是未来智能制造技术发展的关键。智能制造中应用的常见的智能传感技术主要有机器视觉技术、RFID 技术、工业机器人技术等应用。

1. 机器视觉技术

机器视觉的发展主要经历了从黑白到彩色、从低分辨率到高分辨率、从静态到动态、从 2D 走向 3D 的演变过程。其技术的迭代也遵循相应的发展规律。

随着行业发展，机器视觉技术在各大领域都得到了各行各业的认可，在工业上应用非常广泛，进入了高速发展的阶段。

根据制造工程师协会的定义：机器视觉就是使用光学非接触式感应设备自动接收并解释真实场景的图像以获得信息控制机器或流程。

机器视觉系统主要由照明电源、镜头、相机、图像采集 / 处理卡、图像处理系统、其他外部设备等组成，如图 3-7 所示。

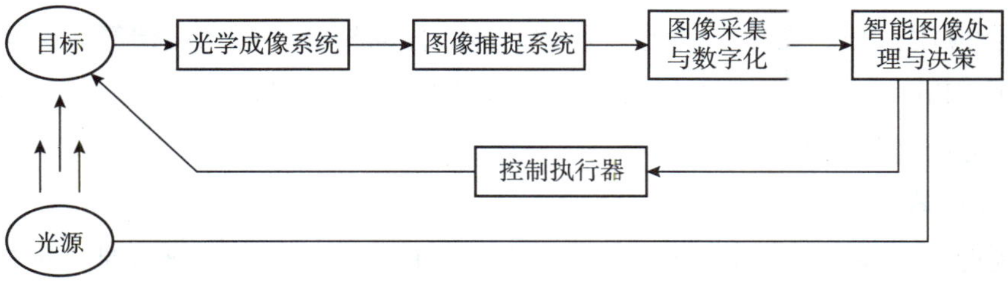


图 3-7 机器视觉系统基本构成

机器视觉可分为“视”和“觉”两部分。“视”是将外界信息通过成像来显示成数字信号反馈给计算机，需要依靠一整套的硬件解决方案，包括光源、相机、图像采集卡、视觉传感器等。“觉”则是计算机对数字信号进行处理和分析，主要是软件算法。

机器视觉技术在工业中的应用包括检验、计量、测量、定位、瑕疵检测和分拣。例如，汽车焊装生产线，检查四个车门和前后盖的内板边框所涂的折边胶是否连续，是否达到技术要求的高度；啤酒灌装生产线，检查啤酒瓶盖是否正确密封、装灌啤酒的液位是否正确等。机器视觉参与的质量检验比人工检验要快、准。

### 2. RFID 技术

RFID 技术是一种非接触、实时快速、高效准确地采集和处理对象信息的自动识别技术。RFID 是传统条码技术的继承者，又称为“电子标签”。RFID 主要由标签、天线、读写器和控制软件组成，简单理解为读写器通过无线电波技术，无接触式快速批量读写标签内的信息。RFID 技术原理及组成如图 3-8 所示。

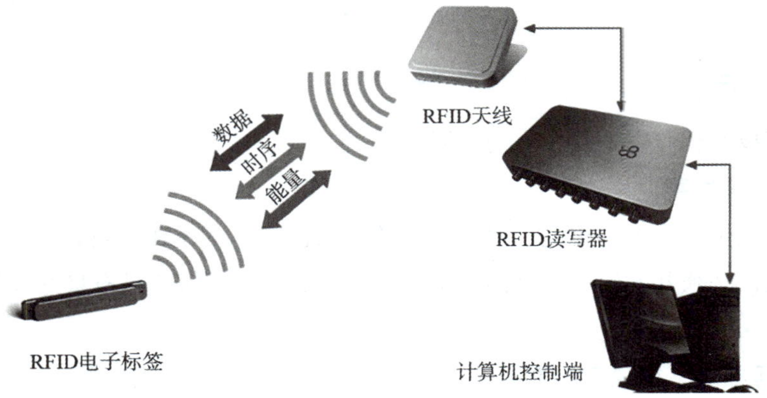


图 3-8 RFID 技术原理及组成

在工业生产过程中使用 RFID 技术，将产品放置于托盘 / 工装，安装于生产线的 RFID 阅读器自动识别托盘 / 工装的 RFID 标签，并与 MES 实时对接，完成信息绑定跟踪管理、零配件识别、加工工序自动识别、检测设备自动对接等功能。

RFID 作为一种自动化的数据采集技术，必须要与相关的软件系统，如 WMS、LES、MES 等结合应用，满足数据自动批量采集上传、自动校验、自动反馈等业务需求。智能制造缺少了 RFID 技术，就无法获取产品数据，也就无法实现自动化控制。RFID 技术是实现智能制造的必备技术。

#### 3. 工业机器人中的传感技术

智能制造生产线上，工业机器人起着非常关键的作用。工业机器人是一种自动执行工作的机器，它可以接收人类命令运行预先编程的程序或根据基于人工智能技术的原则行事，其使命是协助或替代人类的工作，例如，生产、建筑或危险工作。

工业机器人主要由驱动系统、感知系统、交互系统、机械系统及控制系统五个子系统组成，其中感知系统主要是使工业机器人感知内部和外部环境状态的信息，如图 3-9 所示。

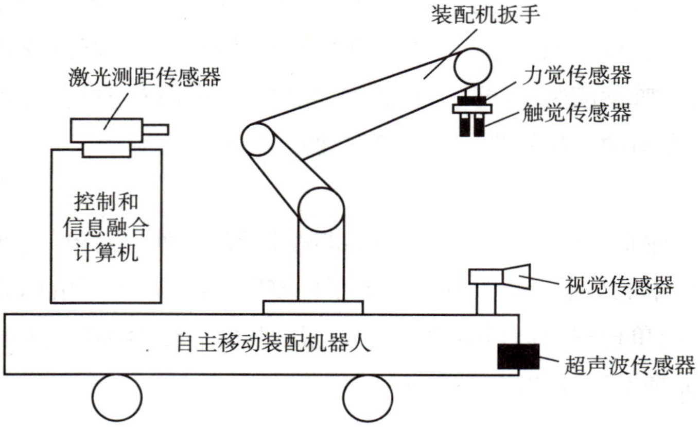


图 3-9　工业机器人技术的传感器技术融合

### 3.1.7　智能传感技术的发展趋势

智能传感技术朝着以下几个方向发展。

#### 1. 向高精度发展

随着自动化生产程度的提高，对传感器的要求也在不断提高。因此，为了确保生产自动化的可靠性，必须开发出灵敏度高、精确度高、响应速度快、具有良好互换性的新型传感器。

#### 2. 向高可靠性、宽温范围发展

传感器的可靠性直接影响电子设备的抗干扰性能，开发高可靠性、宽温度范围的传感器将是永久性的方向。开发新材料（如陶瓷）传感器将有很大的发展前景。

#### 3. 向微型化发展

各种控制仪器、智能工业设备的功能越来越强，要求各部件体积越小越好，所以传感器本身体积越小越好，需要开发新的材料和加工技术。目前，硅材料制成的传感器体积很

小。例如，传统的加速度传感器是由重力块和弹簧制成的，体积较大、稳定性差、寿命短，而激光等微加工技术制成的硅加速度传感器体积很小、可靠性更好。

#### 4. 向微功耗和无源化发展

传感器一般从非电量转换为电量，工作时离不开电源，在野外或远离电网的地方，经常用电池或太阳能供电。开发微功耗传感器和无源传感器是必然的发展方向，既能节约能源，又能提高系统寿命。

#### 5. 向智能数字化发展

随着现代化的发展，传感器的功能已经突破了传统的功能，其输出不再是单一的模拟信号（如 0 ～ 10 mV），而是经过微机处理的数字信号，有的甚至有控制功能，这就是数字传感器。

#### 6. 向网络化发展

网络化是传感器发展的重要方向。网络的作用和优势逐渐显现，网络传感器必将促进电子技术的发展。

智能传感器是物联网发展中最重要的技术之一。它不仅为传统产业注入了新鲜血液，也引领了传感器产业的发展趋势。随着智能传感器技术的发展，新一代智能传感器将与人工神经网络相结合，通过人工智能等技术不断完善其功能，具有可观的发展前景。

## 3.2　人工智能技术

人工智能（artificial intelligence，AI）技术自 20 世纪 50 年代被提出以来，人类一直致力于让计算机技术朝着越来越智能的方向发展。这是一门涉及计算机科学、控制论、语言学、神经学、心理学及哲学等的综合性交叉学科。同时，人工智能也是一门有强大生命力的学科，它试图改变人类的思维和生活习惯，延伸和解放人类智能，也必将带领人类走向科技发展的新纪元。

人工智能

### 3.2.1　人工智能概述

#### 1. 人工智能概念的出现

自人类诞生以来，就力求根据当时的认识水平和技术条件，企图用机器来代替人的部分脑力劳动，以提高人类智能的能力。经过科技漫长的发展，一直到进入 20 世纪以后，人工智能才相继地出现了一些开创性的工作。1936 年，英国数学家图灵（A.M.Turing）在他的一篇题为《理想计算机》的论文中提出了著名的图灵机模型，1950 年他又在《计算机能思维吗？》一文中提出了机器能够思维的论述，可以说正是他的大胆设想和研究为人工智能技术的发展方向和模式奠定了深厚的思想基础。

1956 年在美国达特茅斯学院的一次历史性的聚会被认为是人工智能科学正式诞生的标志，此后在美国成立了以人工智能为研究目标的几个研究组。这其中最著名的当属被称为“人工智能之父”的约翰·麦卡锡（John McCarthy），人工智能的概念正是由他和几位来自不同学科的专家提出来的，这门技术当时涉及数学、计算机科学、神经生理学、心理学等多门学科。至此，人工智能开始作为一门成型的新兴学科茁壮地成长。

作为现在前沿的交叉学科，人们对于人工智能的定义有着不同的理解。例如，美国斯坦福研究所人工智能中心主任尼尔逊（N.J.Nilsson）对人工智能下了这样一个定义：“人工智能是关于知识的学科——怎样表示知识以及怎样获得知识并使用知识的科学。”而美国麻省理工学院的帕特里克·温斯顿（Patrick Winston）教授认为：“人工智能就是研究如何使计算机去做过去只有人才能做的智能工作。”

**知识链接**

**人工智能的定义**

我国《人工智能标准化白皮书（2018 版）》中也给出了人工智能的定义：“人工智能是利用数字计算机或者由数字计算机控制的机器，模拟、延伸和扩展人类的智能，感知环境、获取知识并使用知识获得最佳结果的理论、方法、技术和应用系统。”

以上定义反映了人工智能学科的基本思想和基本内容，即人工智能是研究人类智能活动的规律，构造具有一定智能的人工系统，研究如何让计算机去完成以往需要人的智力才能胜任的工作，也就是研究如何应用计算机的软硬件来模拟人类某些智能行为的基本理论、方法和技术。

### 2. 人工智能的主要研究内容

人工智能研究的主要内容包括：知识表示、自动推理和搜索方法、机器学习、知识获取、知识处理系统、自然语言处理、计算机视觉、智能机器人、自动程序设计等。

（1）知识表示

知识表示是人工智能的基本问题之一，推理和搜索都与表示方法密切相关。常用的知识表示方法有：逻辑表示法、产生式表示法、语义网络表示法和框架表示法等。有关常识的表达和处理人们已提出多种方法，如非单调推理、定性推理就是从不同角度来表达常识和处理常识的。

（2）自动推理和搜索方法

问题求解中的自动推理是知识的使用过程，由于有多种知识表示方法，相应地有多种推理方法。推理过程一般可分为演绎推理和非演绎推理。谓词逻辑是演绎推理的基础。结构化表示下的继承性能推理是非演绎性的。由于知识处理的需要，近几年来提出了多种非演绎的推理方法，如连接机制推理、类比推理、基于示例的推理、反绎推理和受限推理等。

搜索是人工智能的一种问题求解方法，搜索策略决定着问题求解的一个推理步骤中知识被使用的优先关系。搜索可分为无信息导引的盲目搜索和利用经验知识导引的启发式搜索。启发式知识常由启发式函数来表示，启发式知识利用得越充分，求解问题的搜索空间就越小。典型的启发式搜索方法有 A*、AO* 算法等。

（3）机器学习

机器学习是人工智能的一个重要课题。机器学习是指在一定的知识表示意义下获取新知识的过程，按照学习机制的不同，主要有归纳学习、分析学习、连接机制学习和遗传学习等。机器学习是一门多领域交叉学科，涉及概率论、统计学、逼近论、凸分析、算法复杂度理论等多门学科。它专门研究计算机怎样模拟或实现人类的学习行为，以获取新的知识或技能，重新组织已有的知识结构使之不断改善自身的性能。

（4）知识获取

知识获取是指在人工智能和知识工程系统中，机器（计算机或智能机）如何获取知识的问题。

狭义的知识获取是指人们通过系统设计、程序编制和人机交互，使机器获取知识。例如，知识工程师利用知识表示技术，建立知识库，使专家系统获取知识。也就是通过人工移植的方法，将人们的知识存储到机器中去。

广义的知识获取是指除了人工知识获取之外，机器还可以自动或半自动地获取知识。例如，在系统调试和运行过程中，通过机器学习进行知识积累，或者通过机器感知直接从外部环境获取知识，对知识库进行增删、修改和更新。

（5）知识处理系统

知识处理系统主要由知识库和推理机组成。知识库存储系统所需要的知识，当知识量较大而又有多种表示方法时，知识的合理组织与管理是很重要的。推理机在问题求解时，规定使用知识的基本方法和策略，推理过程中为记录结果或通信需设数据库或采用黑板机制。如果在知识库中存储的是某一领域（如医疗诊断）的专家知识，则这样的知识系统称为专家系统。为满足复杂问题的求解需要，单一的专家系统向多主体的分布式人工智能系统发展，这时知识共享、主体间的协作、矛盾的出现和处理将是研究的关键问题。

（6）自然语言处理

自然语言处理是使用自然语言同计算机进行通信的技术，因为处理自然语言的关键是让计算机“理解”自然语言，所以自然语言处理又叫作自然语言理解，也称为计算语言学。一方面它是语言信息处理的一个分支，另一方面它是人工智能的核心课题之一。

（7）计算机视觉

计算机视觉是一门研究如何使机器“看”的科学，更进一步地说，就是指用摄影机和计算机代替人眼和大脑对目标进行识别、跟踪和测量等，并进一步做图形处理，使用计算机处理目标使之成为更适合人眼观察或传送给仪器检测的图像。作为一个科学学科，计算机视觉研究相关的理论和技术，试图建立能够从图像或者多维数据中获取“信息”的人工智能系统。这里所指的信息，是香农（Shannon）定义的，可以用来帮助做一个“决定”的信息。因为感知可以看作从感官信号中提取信息，所以计算机视觉也可以看作研究如何使人工系统从图像或多维数据中“感知”的科学。

（8）智能机器人

智能机器人之所以叫智能机器人，是因为它有相当发达的“大脑”，在其中起作用的是中央处理器（central processing unit，CPU），这种计算机跟操作它的人有直接的联系。最主要的是，这样的计算机可以进行按目的安排的动作。正因为这样，我们才说这种机器人才是真正的机器人，尽管它们的外表可能有所不同。

（9）自动程序设计

自动程序设计是采用自动化手段进行程序设计的技术和过程，后引申为采用自动化手段进行软件开发的技术和过程，也称为软件自动化。其目的是提高软件生产率和软件产品质量。按广义的理解，自动程序设计是尽可能借助计算机系统（特别是自动程序设计系统）进行软件开发的过程；按狭义的理解，自动程序设计是从形式的软件功能规格说明到可执行的程序代码这一过程的自动化。自动程序设计在软件工程、流水线控制等领域均有广泛应用。

### 3.2.2 人工智能的发展历程

人工智能的发展主要经历了以下五个阶段。

#### 1. 20 世纪 50 年代

20 世纪 50 年代，人工智能的兴起和冷落。人工智能在 1956 年首次被提出后，相继出现了一批显著的成果，如机器定理证明、跳棋程序、通用问题求解程序、LISP 语言等。但是由于消解法推理能力有限以及机器翻译等的失败，人工智能走入了低谷。这一阶段的特点是重视问题求解的方法，而忽视了知识的重要性。

#### 3. 20 世纪 60 年代末到 70 年代

20 世纪 60 年代末到 70 年代，专家系统出现，使人工智能研究出现新高潮。DENDRAL 化学质谱分析系统、MYCIN 疾病诊断和治疗系统、PROSPECTIOR 探矿系统、Hearsay-II 语音理解系统等专家系统的研究和开发，将人工智能引向了实用化。并且，1969 年成立了国际人工智能联合会议（International Joint Conferences on Artificial Intelligence，IJCAI）。

#### 3. 20 世纪 80 年代

20 世纪 80 年代，随着第五代计算机的研制，人工智能得到了飞速的发展。日本在 1982 年开始了“第五代计算机研制计划”，即“知识信息处理系统（knowledge information prolessing system，KIPS）”，其目的是使逻辑推理达到数值运算那么快。虽然此计划最终失败，但它的开展形成了一股研究人工智能的热潮。

### 4. 20 世纪 80 年代末

20 世纪 80 年代末，人工神经网络技术飞速发展。1987 年，在美国召开了第一次神经网络国际会议，宣告了这一新学科的诞生。此后，各国在神经网络方面的投资逐渐增加，神经网络技术迅速发展起来。

### 5. 20 世纪 90 年代

20 世纪 90 年代，人工智能出现新的研究高潮。由于网络技术特别是国际互联网技术的发展，人工智能开始由单个智能主体研究转向基于网络环境下的分布式人工智能研究。不仅研究基于同一目标的分布式问题求解，而且研究多个智能主体的多目标问题求解，使人工智能更面向实用。另外，由于 Hopfield 多层神经网络模型的提出，人工神经网络研究与应用出现了欣欣向荣的景象。

进入 21 世纪，人工智能这个话题变得越来越热门，尤其是 2016 年 3 月，阿尔法围棋（AlphaGo）与当时围棋世界冠军、职业九段选手李世石进行人机大战，并以 4∶1 的总比分获胜，人工智能这个话题在人们之间也是越来越普遍地被谈论。

**拓展阅读**

## 人工智能发展史上的八个历史性事件

在人工智能的发展历程中，经历了以下八个历史性事件。

（1）1943 年，约翰·麦卡洛克（Warren McCulloch）和沃尔特·皮茨（Walter Pitts）两位科学家提出了“神经网络”的概念，正式开启了 AI 的大门。虽然在当时仅是一个数学理论，但是这个理论让人们了解到计算机可以如人类大脑一样进行“深度学习”，描述了如何让人造神经网络实现逻辑功能。

（2）1955 年 8 月 31 日，约翰·麦卡锡、马尔温·明斯基（Marvin Minsky）、纳塔涅尔·罗切斯特（Nathaniel Rochester）和克劳德·香农（Claude Shannon）4 位科学家联名提交了一份提案《人工智能研究》，首次提出了人工智能的概念，其中的约翰·麦卡锡被后人尊称为“人工智能之父”。

（3）1969 年人类首次提出了反向传播（Backpropagation）算法，这是 20 世纪 80 年代的主流算法，同时也是机器学习历史上最重要的算法之一，奠定了人工智能的基础。这种算法的独特之处在于映射、非线性化，具有很强的函数复现能力，可以更好地训练人工智能的学习能力。

（4）20 世纪 60 年代，麻省理工学院的研究人员发明了一个名为 ELIZA 的计算机心理治疗师，可以帮助用户和机器对话，缓解压力和抑郁，这是语音助手的雏形。语音助手可以识别用户的语言，并进行简单的系统操作，比如苹果的 Siri。语音助手赋予了人工智能“说话”和“交流”的能力。

（5）1993 年，作家兼计算机科学家弗诺·文奇（Vernor Steffen Vinge）发表了一篇文章，首次提到了人工智能的“奇点理论”。他认为未来某一天人工智能会超越人类，并且终结人类社会，主宰人类世界，被其称为“即将到来的技术奇点”。弗诺·文奇是人工智能威胁论的提出者，后来者还有霍金和特斯拉的 CEO 马斯克等。

（6）1997 年，IBM 的超级计算机“深蓝”战胜了当时的国际象棋冠军加里·卡斯帕罗夫（Garry Kasparov），引起了世界的轰动。虽然它还不能证明人工智能可以像人一样思考，但它证明了人工智能在推算及信息处理速度上要比人类更快。这是 AI 发展史上，人工智能首次战胜人类。

（7）2012 年 6 月，某公司研究人员杰夫·迪安（Jeff Dean）和吴恩达从某视频中提取了约 1 000 万个未标记的图像，训练一个由约 16 000 个处理器组成的庞大神经网络。在没有给出任何识别信息的情况下，人工智能通过深度学习算法准确地从中识别出了猫科动物的照片。这是人工智能深度学习的首次案例，它意味着人工智能开始有了一定程度的“思考”能力。

（8）2016 年阿尔法围棋（AlphaGo）与当时围棋世界冠军李世石进行人机大战，并以 4∶1 的总比分获胜。不少职业围棋棋手认为，AlphaGo 的棋力已经达到甚至超过围棋职业九段水平。AlphaGo 是一款围棋人工智能程序，由谷歌公司旗下 DeepMind 研究团队开发，其主要工作原理是“深度学习”，开启了人工智能的新纪元。

### 3.2.3 人工智能的分类

围绕人工智能的各种定义可知，人工智能的核心思想在于构造智能的人工系统。人工智能是一项知识工程，利用机器模仿人类完成一系列的动作。根据是否能够实现理解、思考、推理、解决问题等高级行为，人工智能又可分为弱人工智能和强人工智能。

#### 1. 弱人工智能

弱人工智能是指不能像人类一样进行推理思考并解决问题的智能机器。至今为止，人工智能系统都是实现特定功能的系统，而不是像人类一样，能够不断地学习新知识，适应新环境。现阶段，理论研究的主流力量仍然集中于弱人工智能方面，并取得了一定的成绩，对于某些特定领域，如机器翻译、图片识别等，专用系统的水平已接近于人类的水平。

#### 2. 强人工智能

强人工智能是指机器能像人类一样思考，有感知和自我意识，能够自发学习知识。机器的思考又可分为类人和非类人两大类：类人表示机器思考与人类思考类似，而非类人则是指机器拥有与人类完全不同的思考和推理方式。强人工智能在哲学上存在着巨大的争论，不仅如此，在技术研究层面也面临着巨大的挑战。目前，强人工智能的发展有限，并且可能在未来几十年内都难以实现。

强人工智能具有很强的自主意识，它们既可以按照人预先设定的指令具体去做什么，也可以根据具体环境需求自身决定做什么、怎么做，它们具有主动处理事务的能力，也就是说可以不根据人类事先做好的设定而机械地行动。就当下的技术手段和程序语言设计发展阶段而言，虽然离实现强人工智能还具有不小的距离，但是不排除在编程技术实现智能化后，会带来人工智能天翻地覆的变化，到那个时候它们所带来的伦理问题会是困扰人们的难题。

## 3.2.4　人工智能技术应用的领域

人工智能技术是在计算机科学、控制论、信息论、心理学、语言学和哲学在内的多种学科相互渗透的基础上发展起来的一门前沿学科，主要研究用机器（主要是计算机）来模仿和实现人类的智能行为，经过几十年的发展，人工智能在智能制造领域也得到广泛和深入的应用。

### 1. 智能感知

智能感知包括模式识别和自然语言理解。人工智能所研究的模式识别是指用计算机代替人类或帮助人类感知的模式，是对人类感知外界功能的模拟，研究的是计算机模式识别系统，也就是使计算机系统具有模拟人类通过感官接受外界信息、识别和理解周围环境的感知能力。而自然语言理解，就是让计算机通过阅读文本资料建立内部数据库，可以将句子从一种语言转换为另一种语言，实现通过给定的指令获取知识等。此类系统的目的就是建立一个可以生成和理解语言的软件环境。

### 2. 智能推理

智能推理包括问题求解、逻辑推理与定理证明、专家系统、自动程序设计等。人工智能的第一个主要成果是一个可以解决问题的国际象棋程序。在国际象棋程序中应用的某些技术，如果再往前看几步，可以将很难的问题分为一些比较容易的问题，开发问题搜索和问题还原等人工智能技术。而基于此的逻辑推理也是人工智能研究中最持久的子领域之一。这就需要人工智能不仅要有解决问题的能力，更要有一些假设推理和直觉技巧。在此两者的基础上出现的专家系统就是一个相对完整的智能计算机程序系统，应用大量的专家知识，解决相关领域的难题，经常要在不完全、不精确或不确定的信息基础上做出结论。而所有这些功能的实现都是最终实现自动程序的基础，让计算机“学会”人类的编程理论并自行进行程序设计，而这一功能目前最大的贡献之一就是作为问题求解策略的调整概念。

### 3. 智能学习

学习能力无疑是人工智能研究中最突出和最重要的方面之一。学习更是人类智力的主要标志，是获取知识的基本手段。近年来，人工智能技术在这方面的研究取得了一定的进展，包括机器学习、神经网络、计算智能和进化计算等。而智能学习正是计算机获得智能的根本途径。此外，机器学习将有助于发现人类学习的机制，揭示人类大脑皮层的奥秘。所以这是一个一直受到关注的理论领域，该领域的思维和行动是创新的，方法也是近乎完美的，但目前的水平距理想状态还有一定的差距。

#### 4. 智能行动

智能行动是人工智能应用最广泛的领域之一，也是最贴近生活的领域之一，包括机器人、智能控制、智能检索、智能调度与指挥、分布式人工智能与 Agent、数据挖掘与知识发现、人工生命、机器视觉等。智能行动就是对机器人操作程序的研究。

#### 5. 智能制造

人工智能是智能制造的重要基础，智能制造是人工智能同机械设备结合的产物。相对于其他已经广泛应用人工智能技术的领域，智能制造行业还有很长的路要走，主要因素就是智能制造技术难度更大，而且涉及的领域比较复杂，它并不仅仅是人工智能和机械设备的简单结合，其中还涉及机器人等先进技术。

当前制造业的转型可以看作自动化升级和信息技术的融合提升，这并不是机器简单地替换工人，工厂还要能实现自主化决策，灵活生产出多样化的产品，并能快速应对更多的市场变化。人工智能和制造系统的结合将是必然的，利用机器学习、模式识别、认知分析等算法模型，可以提升工厂质量控制与生产管理能力，通过不同领域技术相互融合，才能使企业适应激烈的竞争，倒逼产业升级。

## 3.3 数据中心与云计算技术

数据中心与云计算技术之间存在密切的关系，数据中心是云计算的基础设施，云计算服务通常是部署在数据中心内的。云计算平台利用数据中心的资源，向用户提供包括计算、存储、网络等各种服务。数据中心的规模、可靠性和性能直接影响着云计算服务的质量和稳定性。数据中心和云计算技术在当今信息技术领域扮演着至关重要的角色，它们的发展和创新不仅影响着企业的信息化发展，也对整个数字经济产业链产生深远影响。

### 3.3.1 数据中心概述

#### 1. 数据中心的构成

数据中心是一个聚集了大量服务器、存储设备、网络设备等 IT 设备的场所，是实现数据信息的集中处理、存储、传输、交换、管理等业务的服务平台。从物理层次看，数据中心主要由 IT 设备、配电系统和空调系统三部分构成。IT 设备用于数据处理（服务器）、数据存储（存储设备）以及通信（网络设备），是实现数据中心功能的核心部分。配电和空调系统，用以保障 IT 设备系统的正常运行。配电系统用于直流、交流转换，并确保为 IT 设备提供可靠、高质量的电源。空调系统保证 IT 设备在正常的温度和湿度下工作。

#### 2. 数据中心的发展历程

早期，计算机领域巨大的计算机房是数据中心的雏形。20 世纪 90 年代，客户端 / 服务器的计算模式逐步普及，服务器开始被单独放置，数据中心开始流行。21 世纪初，随着互联网的发展，互联网数据中心（internet data center，IDC）快速兴起，所能提供的服务不断升级。近年来，气候变暖、能源紧张等问题，使数据中心面临着降低能耗、节约成本的严峻挑战，数据中心节能受到前所未有的关注，“绿色数据中心”的概念应运而生，并将成为数据中心新的发展方向。

数据中心的产生致使人们的认识从定量、结构的世界进入不确定和非结构的世界中，它将和交通、网络通信一样逐渐成为现代社会基础设施的一部分，进而对很多产业都产生积极影响。不过数据中心的发展不能仅凭经验，还要真正地结合实践，促使数据中心发挥真正的价值作用，促使社会的快速变革。

## 3.3.2　数据中心网络的基本结构

数据中心网络（data center network，DCN）是指数据中心内部通过高速链路和交换机连接大量服务器的网络。传统数据中心网络主要采用层次结构实现，且承载的主要是客户机 / 服务器模式应用。多种应用同时在同一个数据中心内运行，每种应用一般运行在其特定的服务器 / 虚拟服务器集合上。每个应用与一个或者多个因特网可路由的 IP 地址绑定，用于接收来自因特网的客户端访问。在数据中心内部，来自因特网的请求被负载均衡器分配到这个应用对应的服务器池中进行处理。根据传统负载均衡的术语，接受请求的 IP 地址称为虚拟 IP 地址（virtual IP address，VIP），负责处理请求的服务器的集合称为直接 IP 地址（direct IP address，DIP）。传统的数据中心网络体系结构，如图 3-10 所示。

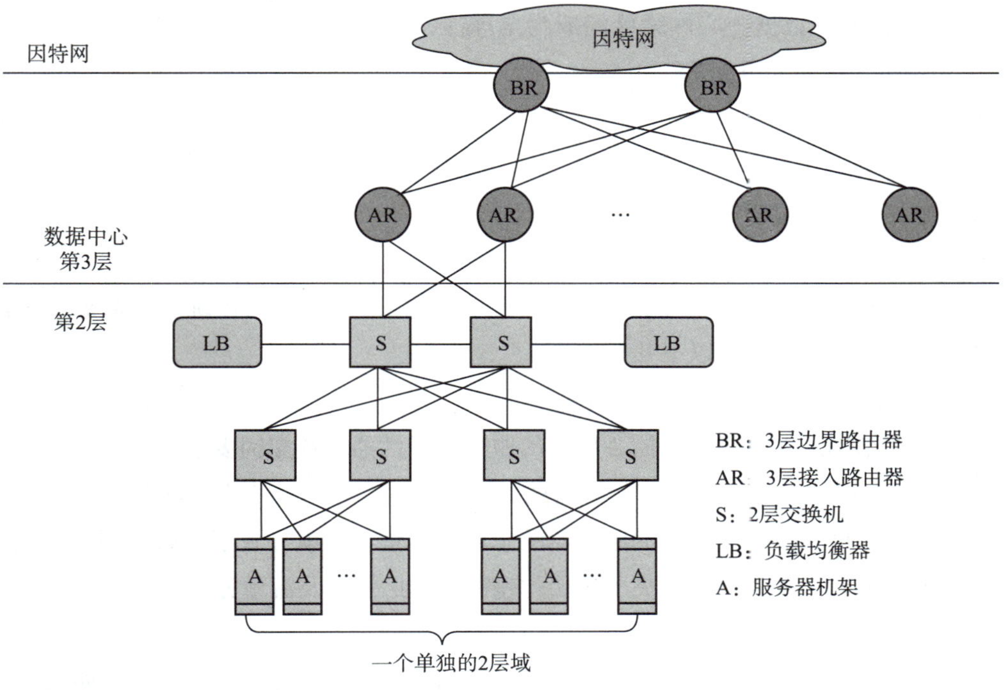


图 3-10　传统的数据中心网络体系结构

在图 3-10 中，根据 VIP 地址，来自因特网的请求通过 3 层边界路由器（BR）和 3 层接入路由器（AR）被路由到 2 层域。应用对应的 VIP 地址被配置在图 3-10 中连接在上层交换机（S）的负载均衡器（LB）中。对于每个 VIP，负载均衡器为其配置了一个 DIP 列表，这个列表包含的通常是服务器（A）的内部私有地址。根据这个列表，负载均衡器将接收到的请求分配到 DIP 对应的服务器池中进行处理。

### 1. 面向云计算的新型数据中心及其特点

（1）规模不断扩大，需要支持的服务器数量达到数十万或更高的量级。

（2）在流量特征方面，MapReduce 应用、虚拟机迁移以及其他带宽密集型应用等触发的数据中心内部流量显著增加，达到总流量的 80% 左右，从而使得网络带宽经常成为稀缺资源。

（3）出于成本考虑，数据中心规模的急剧扩大要求其采用成熟的普通商业化网络设备达到横向扩展，而不是采用昂贵的高性能设备进行纵向扩展。

（4）一些新型数据中心网络结构具有不同于传统网络的结构，比如立方体、随机图、无标度网络、多根树等，这些网络结构可以用来辅助设计高效的路由算法。

（5）为了保证服务质量和安全性，需要为各个服务的流量提供一定的流量隔离。

（6）虚拟化已经成为数据中心的重要理念，其需要数据中心网络支持任意一个虚拟机的任意迁移和部署，且不影响已经存在的应用层状态。

（7）在大量服务器和交换机存在的前提下，数据中心网络不应该引入过多的交换机配置开销，需要做到即插即用。

（8）一方面，数据中心网络已经成为全球能耗不可忽视的部分；另一方面，数据中心超过 80% 的链路负载非常轻。

（9）由于数据中心网络中广泛采用了低成本的低端设备，从而存在链路失效、服务器失效和交换机失效等多种故障和差错，而持续的可靠服务能力需要数据中心网络提供高效的失效恢复策略和容错机制。

### 2. 传统层次数据中心网络体系结构的不足

根据以上特点以及图 3-10 展示的网络体系结构，可以总结出传统层次数据中心网络体系结构的不足，主要包括以下几个方面。

（1）服务器到服务器的连接和带宽受限

层次体系结构意味着隶属不同 2 层域的服务器间的通信流量需要经过 3 层。但出于成本考虑，2 ～ 3 层的链路经常是超额认购的，也就是说，接入路由器与边界路由器的链路容量显著低于连接到接入路由器的服务器的总输出容量。这就导致了隶属不同 2 层域的服务器间的可用带宽非常受限，取决于 3 层的超额认购比值以及流量分布情况。

（2）规模较小

如图 3-10 所示，所有连接到 1 对接入路由器的服务器构成单个 2 层域。如果使用传统的网络体系结构和协议，受限于快速失效恢复的需要，单个 2 层域的规模约为 4 000 个服务器。层域广播流量（由 ARP 等引起）的开销的限制，2 层域大多被配置于 2 层交换机上的 VLAN 划分为子网。这个规模难以用来构建十万级甚至百万级规模的数据中心。

（3）资源分散

目前流行的负载均衡技术，比如目的 NAT（半 NAT）和直接服务器返回等，要求所有 VIP 的 DIP 池位于同一个 2 层域。这个限制意味着应用不能使用其他 2 层域的服务器，这导致了资源的分散和较低的资源利用率。通过源 NAT 或者全 NAT 的负载均衡允许服务器分散在 2 层域。但这种情况下，服务器通常不能看到客户端的 IP，这使得服务器无法利用客户端的 IP 地址信息提供个性化服务或者进行数据挖掘类的工作，这对于服务器来说是无法接受的。

（4）采用专用硬件纵向扩展成本高

在传统的体系结构中，负载均衡器成对使用。当负载变得太大时，运营商使用新的拥有更大容量的均衡器代替现有的均衡器，这个纵向扩展的策略成本很高。另外，3 层的路由器在超额认购比例发生变化或者拓扑发生变化时，需要纵向升级到更昂贵的路由器，而不是横向升级。由于目前的高端设备与普通商业交换机 / 路由器的价格差别巨大，因此这种策略的升级成本高昂。

（5）流量工程难度大

数据中心流量是高动态和突发的，约 80% 的流量都是内部流量，且流量持续变化，难以预测，从而使得传统流量工程方法无法有效工作。

（6）自动化程度不高

当服务需要在服务器间重分配时，传统数据中心网络的地址空间分片会导致巨大的人工配置成本，且人工操作出错的概率很高。在云服务数据中心网络中，提高自动化程度可以控制 IT 员工与服务器成本的比值，并且能够降低由于员工操作失误带来的风险，使得网络更加健壮。

（7）配置开销大

3 层结构需要为每个交换机配置子网信息，并同步 DHCP 服务器以基于主机的子网分配 IP 地址；另外，VIP 与 DIP 列表的对应关系需要配置在负载均衡器上。当交换机或者网络设备故障或 VIP 与 DIP 对应关系发生变化时，引入的配置开销较大，同时增加了误操作的风险。

（8）不提供服务间的流量隔离

在数据中心承载多个服务的同时，网络并没有阻止一个服务的流量影响其周围的其他服务。当一个服务经历了流量泛洪时，位于其同一个子树的其他服务就会承担泛洪引起的伤害。

（9）网络协议待改进

在数据中心中大量沿用网络传输协议（TCP），而原有的TCP协议是面向互联网开发的，没有考虑数据中心网络的低时延和高带宽特点。研究发现，在多对一通信模式时，TCP会出现链路利用率不足的吞吐量崩溃现象。

### 3. 新型数据中心网络的要求

为了满足新型计算模式和应用的需求，新型数据中心网络需要满足如下的要求。

（1）服务器和虚拟机的便捷配置和迁移

允许部署在数据中心的任何地方的任何服务器作为VIP服务器池的一部分，使得服务器池可以动态地缩减或扩展；并且，任意虚拟机可以迁移到任何物理机。迁移虚拟机时无须更改其IP地址，从而不会打断已经存在的应用层状态。

（2）服务器间的高传输带宽

大多数数据中心应用的服务器间的流量总量远大于数据中心与外部客户端的流量。这意味着体系结构应该提供任意对服务器间尽可能大的带宽。

（3）支持数十万甚至上百万台的服务器

大的数据中心拥有数十万级或者更多的服务器，并允许增量的部署和扩展。

（4）低成本且高扩展

第一，物理结构可扩展，需要以较小的成本物理连接服务器，不依赖于高端交换机来纵向扩展，而是采用普通商业化的组件实现横向扩展；第二，可以通过增加更多的服务器到现有结构上实现增量扩展，且当添加新的服务器时，现有的运行服务器不受影响；第三，协议设计可扩展，比如路由协议可扩展。

（5）健壮性

数据中心网络必须能够有效地处理多种失效，包括服务器失效、链路断线或者机架失效等。

（6）低配置开销

网络构建不应引入过多的人工配置开销。理想情况下，管理员在部署前无须配置任何交换机。

（7）高效的网络协议

根据数据中心结构和流量特点，设计高效的网络协议。

（8）灵活的拓扑和链路容量控制

数据中心网络流量是高动态和突发的，从而使得网络中某些链路由于超额认购产生拥塞，成为瓶颈链路，而很多其他链路则负载很轻，因此，网络需要能够灵活地调配负载或者灵活地调整自身拓扑和链路容量，从而适应网络流量变化的需求。

（9）绿色节能

新一代数据中心在当今能源紧缺与能源成本迅猛增长的情况下需要综合考虑能源效率

问题，提高利用率、降低流量传输和制冷开销。

（10）服务间的流量隔离

某服务的流量不应被其他服务的流量所影响，从而提供安全性和服务质量保证。根据这些需求，研究者从多个角度出发，提出了多种设计方案。由于每个工作的出发点不同，为了能够清晰地描述。本章着重综述数据中心网络体系结构方面的研究，并分析其存在的问题。

### 3.3.3 云计算及其应用

#### 1. 云计算的基本概念和原理

云计算（cloud computing，CC）是分布式计算的一种，指的是通过网络“云”将巨大的数据计算处理程序分解成无数个小程序，然后，通过多部服务器组成的系统进行处理和分析这些小程序得到结果并返回给用户。云计算早期，简单地说，就是简单的分布式计算，解决任务分发，并进行计算结果的合并。因而，云计算又称为网格计算。通过这项技术，可以在很短的时间内（几秒钟）完成对数以万计的数据的处理，从而达到强大的网络服务。

现阶段所说的云服务已经不单单是一种分布式计算，而是分布式计算、效用计算、负载均衡、并行计算、网络存储、热备份冗杂和虚拟化等计算机技术混合演进并跃升的结果，是基于互联网相关服务的增加、使用和交付模式，云计算可以将虚拟的资源通过互联网提供给每一个有需求的客户，从而实现拓展数据处理。

#### 2. 云计算的应用领域和前景

云计算对于个人和企业的应用才刚刚开始，云计算为移动终端提供了一个新的发展机遇，未来的移动终端将不再依赖智能终端的模式，而是要依靠云计算中心的发展而不断提升，所以今后可能会出现为手机提供服务的应用服务商，他们会专门针对手机用户，开发诸如游戏、聊天、照片修改等服务，而手机 APP 也不用像现在这样需要从应用商店下载安装之后才可以使用，我们可以尽情地拍照而不必担心手机内存空间不足的问题。其实，这些便捷的服务功能都可以来自于一个巨大的资源池，用户所要用到的资源都可以由手机应用服务提供商来间接提供，我们只需要使用现在的手机就可以得到云计算的支持，手机就成为了一种类似于遥控器的设备，只需要选择相应的服务就可以了。这种智能化才是真正实现了世界的信息化。

#### 3. 云计算面临的问题和挑战

云计算目前依旧存在一些问题。首先，云计算需要持续的网络连接，也就是说在离线状态下云计算是不能够起作用的，而且对于网速的要求也很高。其次，云计算的灵活性和便利性使得云计算的安全成为一个值得考量的方面，许多企业会担心自己公司的数据和系统是否会被泄露。除此之外，怎样有效地提供计算和提高存储资源的利用率也是云计算面临的一个重要问题，所有的数据和存储都放在云端，对于云服务提供商服务器集群本身也是一个大的挑战。实际上，在云计算发展的过程中，应用到的都不是新技术，关键在于如何使之与云计算这个大的概念融入整合。

智造案例

**Amazon 云平台简介**

Amazon 公司凭借多年的积累，已经有了完善的基础设施、先进的分布式计算技术和庞大的用户群体，在云计算技术方面一直处于领先地位。Amazon 公司的云计算服务平台称为 Amazon Web Services，简称 AWS，它为用户提供计算、存储、数据库、应用程序等服务，具体来说，AWS 包括弹性计算云服务（elastic compute cloud，EC2）、简单存储服务（simple storage services，S3）、简单数据库服务（simple data base，SDB）、弹性 MapReduce 服务等，用户可根据需求选择不同的服务或服务的组合。

AWS 的整体架构采用去中心化的分布式架构，存储采用了 Dynamo，Dynamo 是一种去中心化的分布式架构，以键值对的方式、位（bit）的形式存储数据，不对数据的具体内容进行解析，不支持复杂的查询。对于 Amazon 公司来说，购物车、推荐列表等服务数据的存储需求只是简单的存取和写入，键值对形式的存储正好满足其存储需求，用传统的关系数据库存储反而降低了存储的效率。Dynamo 也不识别任何的数据结构，这使得它可以处理所有的数据结构，提高了存储效率。目前 Dynamo 不直接向公众、个人开放服务。

# 3.4　边缘计算

边缘计算是一种重要的分布式计算模式，可以为各种实时应用和物联网场景提供快速响应和高效数据处理的能力，是云计算的重要补充和扩展。

## 3.4.1　边缘计算概述

### 1. 边缘计算的概念

边缘计算（edge computing，EC）源自 20 世纪 90 年代，Akamai 提出的内容分发网络（content delivery network，CDN）这一概念，通过将物理位置上更靠近用户的实体设置为网络节点，提高网络性能。CDN 能够使节点预取和缓存应用内容，例如图像或视频等，以便及时分发给用户。边缘计算在 CDN 概念的基础上将计算、网络、存储整合为一体。

边缘计算的核心就是一种在网络边缘区域执行计算的一种特殊计算模型，此处的边缘可以具体到从数据源到计算中心之间的任何资源，包含上行和下行数据。

边缘计算当前没有准确定义，从 IT 云计算领域视角来看，边缘计算被看作中心云计算的拓展。边缘计算产业联盟对边缘计算的定义为“在靠近物或数据源头的网络边缘侧，融合网络、计算、存储、应用核心能力的开放平台，就近提供边缘智能服务，满足行业数字化在敏捷连接、实时业务、数据优化、应用智能、安全与隐私保护等方面的关键需求”。从 CT 电信领域视角来看，边缘计算最初也被称为移动边缘计算（mobile edge computing，MEC）。欧洲电信标准协会（ETSI）对 MEC 的定义为“移动边缘计算在移动网络的边缘、无线接入网（radio access network，RAN）的内部以及移动用户的近处提供了一个 IT 服务环境以及云计算能力”。

边缘计算的定义各有侧重，但核心思想基本一致：边缘计算是基于云计算核心技术，构建在边缘基础设施之上的新型分布式计算形式，在边缘端靠近最终用户提供计算能力，是一种靠近数据源的现场云计算。

### 2. 边缘计算的体系架构

在边缘计算的定义中，“边缘”实际上仅仅是个具有相对性的技术概念，指的是存在于云计算中心和移动终端之间的计算和存储资源。边缘计算允许将存储和计算任务从终端设备转移至边缘服务器等网络边缘节点中进行，既满足了终端设备的计算能力扩展需求，还能有效节省计算任务在云端服务器与终端设备之间传输所带来的各类成本。可以看出边缘计算往往与云计算相结合来满足多数需求，边缘计算与云计算协同（简称“边云协同”）的核心体系架构，如图 3-11 所示，主要包括三个功能层次。

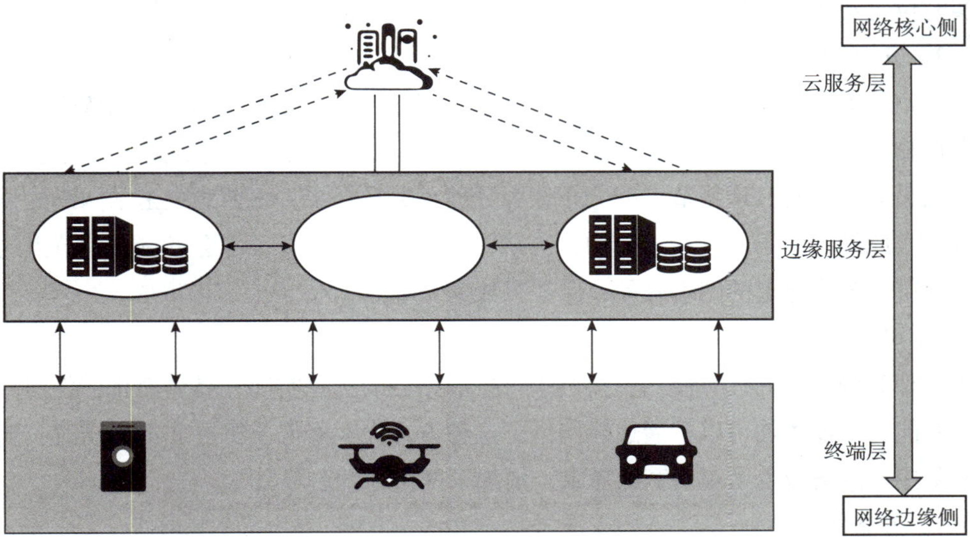


图 3-11 “边云协同”架构图

（1）云计算层

云计算层也可以称为数据中心层，在云计算与边缘计算协作的框架中，云服务中心仍是数据处理能力最强的一环，边缘节点的上报数据将在云中心永久存储，而边缘层无法完成的大规模持续性数据处理任务也会转交给云服务中心完成。除此之外，云中心还会根据网络资源分布动态地调整边缘层的策略和算法。

（2）边缘计算层

边缘计算层由分布在网络边缘的节点构成。这些节点可以是性能较强的服务器、基站，也可以是网关、路由器等。边缘计算层通过合理部署和调配网络边缘侧的计算和存储能力，实现基础服务响应。

（3）终端层

终端层由各类物联网终端设备（智能手机、智能汽车、传感器等）组成，这些设备负责完成数据的原始收集并上报至边缘侧。

### 3. 边缘计算的优点

边缘计算作为一种分布式计算模式，很大程度上弥补了云计算的缺点，借助边缘节点处理简单、重复的任务，云端只需处理少量核心任务，降低了云服务器的计算负荷。边缘计算有以下几点优势。

（1）低时延

将原有的集中式云计算迁移至网络边缘，依靠边缘设备处理任务，不需要上传至外部数据中心或云端，降低了服务响应时延，有利于对时延要求较高的应用的发展。例如，车联网场景下，大多数应用程序均对计算时延有一定的要求，边缘计算可以将计算任务时延控制在极小范围内，确保时延的精确性，提高驾驶安全性。同时，终端车辆还可以根据自己的实时位置把相关信息和数据共享给边缘节点，以便获得更加精准的行车路线。

（2）安全性

由于边缘节点距离终端设备较近，避免了一部分终端与服务器间的数据传输，能够减少数据传输过程中的安全攻击，即使设备受到攻击，受损的也只是本地数据，不会导致服务器数据丢失。同时，边缘节点的分布较为分散且数量众多，给蓄意攻击本网络的群体增加了难度，此外，由于其分布式结构，当某一节点发生故障时，不会影响其他节点的正常工作，提供了较为稳定的网络服务，保证了数据安全性。

（3）可扩展性

边缘计算分布式的计算模式，提供了可扩展路径的选择空间，具体而言，任何具有计算和存储能力的设备均可以扩展边缘网络，这种方式大大降低了扩展成本，同时，因为没有新设备接入网络减少了对带宽的需求，增加了网络弹性。

（4）可靠性

所有的边缘数据中心和物联网设备都位于终端用户附近，能有效减少网络中断现象。不同于远程计算模式，边缘设备的数据处理能力可有效应对网络异常状况，确保计算任务的正常运行，并且其本地存储机制保证了数据的完整性。

#### 4. 边缘计算的特点

（1）连接性

边缘计算下游场景丰富，需要具备丰富的连接功能，如各种网络接口、网络协议等。

（2）数据第一入口

边缘计算平台部署于网络边缘靠近终端设备的位置，面临大量实时、完整的第一手数据。

（3）分布性

边缘计算天然具备分布式特征，包括分布式计算与存储、分布式资源动态调度与统一管理、分布式智能、分布式安全等。

（4）约束性

行业数字化多样性场景要求通过软件和硬件集成与优化，以支撑各种恶劣的工作条件和运行环境。

（5）融合性

边缘计算是运营技术（operational technology，OT）与信息与通信技术（information and communication technology，ICT）技术融合的基础，需要支持连接、数据、管理、控制、应用和安全等方面的协同。

（6）去中心化

边缘计算从行业的本质和定义上来看，就是让网络、计算、存储、应用从“中心”向边缘分发，以就近提供智能边缘服务。

（7）万物边缘化

边缘计算和早年的IT、互联网，如今的云计算、移动互联网，以及未来的人工智能一样，具备普遍性和普适性。在万物互联的未来，有万物互联就有应用场景，有应用场景就有边缘计算。

（8）实时化

随着工业互联网、自动驾驶、智能家居、智能交通、智慧城市等各种场景的日益普及，这些场景下的应用对计算、网络传输、用户交互等的速度和效率要求也越来越高，以自动驾驶为例，在这些方面，几乎是要求秒级甚至是毫秒级的速度。而面对自动驾驶方面由摄像头、雷达等众多传感器创造的大量数据，传统数据中心模式的响应、计算和传输速度，显然是不够的，这时候“近端处理”的边缘计算，自然就成为了“实时化”要求的最好选择。

### 3.4.2　边缘计算与云计算的协同

#### 1. 边缘计算与云计算的优势和协同关系

边缘计算和云计算各有优势，云计算计算能力强，能够进行大量的数据分析、周期性维护和业务决策；边缘计算距离终端设备近，能够对本地业务实时处理响应。边缘计算与云计算存在着协同关系，边缘计算靠近终端设备，为云计算提供数据采集和预处理服务，支持云计算应用的大数据分析；云计算通过大数据和人工智能分析的决策下发到边缘节点，边缘节点根据实时的场景进行调整和优化，发送到终端设备执行。边缘计算和云计算在网络、存储、业务、应用等方面的紧密协同，有助于支撑行业数字化转型，创造更广泛的应用场景和更大的价值。

#### 2. 边缘计算与云计算在工业互联网中的应用

在工业互联网中，边缘计算与云计算协同是关键的技术之一，能够促进工业互联网的发展。云计算由于其地理位置远离终端设备，对一些时延敏感型应用无法实时处理和响应。边缘计算在靠近终端设备的位置建立节点，能够实时处理应用，降低任务时延。但是，由于其边缘节点的计算能力有限，对于一些数据量小、计算量大的任务需要上传到云计算中心计算。云计算和边缘计算各有优势，将它们的优势发挥出来，可以更好地服务工厂中的终端设备。

#### 3. 边缘计算与云计算协同平台的维度与协同能力

边缘计算不是单一的部件，也不是单一的层次，而是涉及 EC-IaaS、EC-PaaS、EC-SaaS 的端到端开放平台。因此边云协同的能力与内涵涉及 IaaS、PaaS、SaaS 各层面的全面协同，主要包括六种协同：资源协同、数据协同、智能协同、应用管理协同、业务管理协同、服务协同。

### 3.4.3 边云协同在智能制造中的应用

#### 1. 边云协同在智能制造领域的应用场景

边云协同在工业互联网、智能制造、农业生产、医疗、智慧城市、智慧家庭等越来越多的场景中正在得到长足的应用和发展。

#### 2. 智能制造系统的关键技术与协同结合

在智能制造领域，越来越多的设备将被接入互联网，产品生命周期的各个阶段的大量数据都能被获得。而基于云计算和边缘计算的智能制造范式，通过对大量数据进行分析来实现大规模协同制造，能够促进各种新的应用和服务发展。边云协同技术和智能制造产业的结合研究经过一定的发展，催生了另一种制造模式，即对所有制造资源和能力虚拟化封装并提供专门服务，通过云端和边缘侧进行统一管理、分配和按需使用，将 IOT、CPS、大数据分析（big data analysis，BDA）和云计算技术结合在一起，实现智能制造。

#### 3. 边云协同架构下的生产流程和运营模式

智能制造系统的关键来自生产车间所有制造设备的控制和监测数据。该系统正常运行首先需要保证制造设备之间的通信，进而提高适应性、可扩展性、弹性和安全性。智能边缘将制造作业数据与深度学习和强化学习相结合，提供基于学习的监测和控制反馈回路，为智能云提供潜在支持。此时智能云将利用企业资源规划、供应链管理和客户关系管理等成熟的制造资源，基于深度学习来提供决策建议。供应链管理制造业务模型能够和边云协同架构有效集成。客户向制造商付款并按规格订货，制造商向供应商付款。企业资源规划的客户关系管理、供应链管理、电子数据交换和财务现金流管理将在云计算模块上完成，核心制造活动、关键资源分配和运营决策将在边缘计算模块上完成。边缘计算模块和云计算模块之间的协作是通过 CPS 完成的。

#### 4. 制造业智能化的发展趋势与需求

个性化和定制化高质量生产的需求不断增加，制造业对业务延迟和安全指标的要求进一步升级，整体操作呈现出精细化、灵活化和智能化的趋势，传统的集中式云计算模式已不能满足需求。这不仅需要云计算的全局调控能力，还需要边缘计算的本地实时决策能力。

随着各类新兴技术的快速发展，制造系统结构日趋复杂，实时性、灵活性也越来越强，对计算能力和安全性等各个方面的性能都提出了更高的要求。边缘计算和云计算的融合协同极大地推动了制造模式的深刻变革，为制造领域的各类新应用提供了有潜力的方案支持。

## 3.5 工业大数据与物联网

工业大数据和物联网的结合为工业领域提供了更多的数据和智能化的机遇，促进了工业领域的数字化转型和智能化发展。它们在改善生产效率、优化质量、提升竞争力方面有着巨大的潜力。

### 3.5.1 工业大数据的来源

#### 1. 工业大数据的主要来源

在工业生产和监控管理过程中无时无刻不在产生海量的数据，比如生产设备的运行环境、机械设备的运转状态、生产过程中的能源消耗、物料的损耗、物流车队的配置和分布等。而且随着传感器的推广普及，智能芯片会植入每个设备和产品中，如同飞机上的“黑匣子”将自动记录整个生产流通过程中的一切数据。专家们认为，包括人、财、物、信息、知识、服务等在内的生产要素在制造全系统和全生命周期中的组合、流动会持续不断地产生体量浩大（volume）、生成快速（velocity）、模态繁多（variety）和价值密度低（value）的大数据。工业大数据的主要来源，如图 3-12 所示。

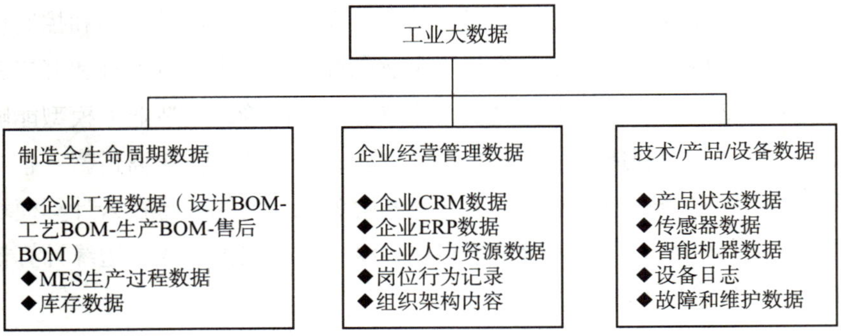


图 3-12　工业大数据的主要来源

### 2. 工业大数据的 4V 特征

无论是德国的工业 4.0、美国的“工业互联网”还是我国的“两化融合”战略，工业大数据的分析和应用都是基础和落脚点，而大数据的分析与应用离不开数据的采集和传输。随着大数据行业的发展，工业数据收集呈现时间维度不断延长、数据范围不断扩大、数据粒度不断细化的趋势。而以上三个维度的变化使得企业所积累的数据量以加速度的方式在增加，最终构成了工业大数据的集合。而工业大数据也具备大数据的全部“4V”特征（表 3-1）。

表 3-1　4V 特征

| 4V 特征 | 具体内容 |
| --- | --- |
| 体量浩大（volume） | 数据体量巨大。以典型智能工厂项目工控网络数据存储为例，一个传感器每秒产生 8 000 个数据包，网络中超 1 万个传感器，每秒产生 800 MB 的传感数据，每月产生的传感数据为 2.5 TB 如此庞大的传感数据对数据存储、并发处理的要求极高 |
| 生成快速（velocity） | 数据产生速度快、处理速度快。目前智慧制造云运行中产生的数据从 PB 级至 EB 级不等，并呈现快速增长的趋势，从这些海量的数据中提取数据速度的快慢决定了智慧制造云平台提供服务的效率 |
| 模态繁多（variety） | 数据类型繁多。智慧制造云产生的数据由结构化数据和非结构化数据组成。其中结构化数据以网络数据包为主，非结构化数据则包括音频、视频、图片及地理位置信息等。这些复杂的数据类型需要有更高的数据存储、提取及加工分析能力 |
| 价值密度低（value） | 价值密度是指有价值的数据值与数据总量的比值，如何在智慧制造云产生的海量数据中提取有价值的信息是大数据平台建设的关键所在。以设备远程运维为例，在不间断的监控过程中，可能有用的数据仅仅只有 1~2 ms |

### 3. 工业大数据的分类

（1）从数据产生频度的角度分类

从数据产生频度的视角来看，工业大数据可分为以下三类。

① 第一类是静态数据，如企业信息、资料数据、经验公式及专家知识等不变化或者

极少变化的数据。

② 第二类是动态数据，如设计模型数据、库存管理、用户反馈等由个人或群体维护的数据，其产生频度在多数情况下通常远低于计算机处理的指令频度。

③ 第三类是实时数据，由产品、设备、传感器等实时产生的模拟、数字信息，产生频度较高。

（2）从企业生产经营的视角分类

从企业生产经营的视角看，工业大数据按照不同环节和不同用途可分为以下三类。

① 第一类是经营性数据，主要反映企业的经营管理资源和经营成果，包括企业内部的人、财、物及与企业经营活动密切相关的供应商、客户和其他合作伙伴等基础信息。

② 第二类是生产性数据，主要反映企业的生产能力，覆盖产品的整个生命周期，包括产品研发设计、原材料准备、工艺流程、产品及售后服务各个环节的基础数据。

③ 第三类是环境类数据，主要反映生产保障能力、质量控制及生产合规情况、包括设备运行环境、温度湿度、噪声、空气、废水废气排放以及能源消耗等。生产环境会影响产品的质量，所以环境数据的动态监测可以反映工业生产过程是否符合国家或行业标准，是否处于正常状态等。

人物介绍

**电子商务巨子——郭士纳**

郭士纳从小生长在美国纽约长岛的一个贫穷家庭里，1965 年毕业于哈佛大学商业学院，随即加入麦肯锡公司。凭借他的聪明才智，郭士纳在麦肯锡创造了奇迹，28 岁成为麦肯锡最年轻的合伙人，33 岁成为麦肯锡最年轻的总监，这些经历使他成为一名光芒夺目的商界奇才。郭士纳具有罕见的管理与经营才干，是电子商务时代的先锋和佼佼者。1993 年，郭士纳成为 IBM 公司董事长兼 CEO，受命于危难以弥补其前任给 IBM 留下的空前的亏损。郭士纳以务实的态度，半年内果断裁人 4.5 万，彻底摧毁旧有生产模式，开始削减成本，调整结构，重振大型机业务，拓展服务业范围，并带领 IBM 重新向 PC 市场发动攻击，取得了令世人瞩目的成就。美国《时代》周刊这样评价郭士纳——“IBM 公司董事长兼 CEO，被称为电子商务巨子”。

## 3.5.2　工业大数据的关键技术及特点

### 1. 工业大数据的关键技术

工业大数据包括了大数据集成与清洗、大数据存储与管理、大数据分析与挖掘、大数据标准与质量体系、大数据可视化，以及大数据安全技术等方面的关键技术，如图 3-13 所示。

（1）大数据集成与清洗技术

大数据集成是把不同来源、格式、特点性质的数据有机集中，这种集中包括在逻辑和物理两种形式。大数据清洗是将在平台集中的数据进行重新审查和校验，发现和纠正可识别的错误，处理无效值和缺失值，从而得到干净、一致的数据。经过大数据的集成和清洗，数据才可以发送到数据中间件系统或存储系统进行后续处理。已有成果包括：多数据源媒介，如 Gobbiin/Kettle/Sqoop；数据提纯清洗，如 Data Wrangler/Google Refine；实时数据采集，如 Kafka/Flume 等。技术特点包括：能够清洗海量址实时数据；工业场景中实时数据源（制造设备、产品及现场产生的大址传感器和工业现场）占比很高；能够实现异构数据类型集成，包括传感数据等结构化数据，以及监控视频、图片等非结构化数据。

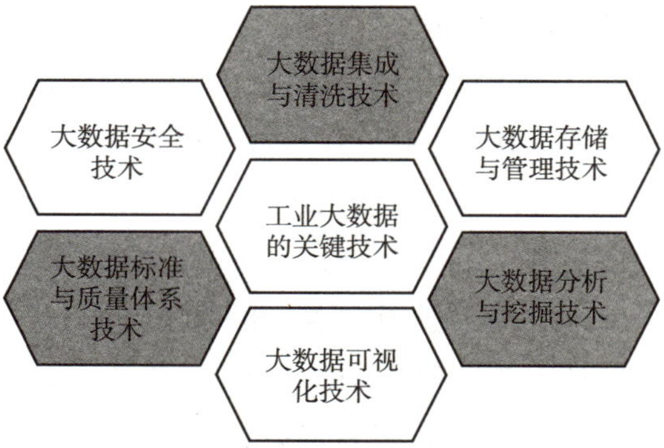


图 3-13　工业大数据的关键技术

（2）大数据存储与管理技术

采用分布式存储、云存储等技术将数据进行经济、安全、可靠的存储管理，确定数据优先级，并采用高吞吐量数据库技术和非结构化访问技术支持云系统中数据的高效快速访问。已有成果包括：异地数据存储，如 GFS/Lustre；大数据快速访问，如 Fast RAQ/Super Block。技术特点包括：能够实现海量数据分布式存储，接入工业互联网的单个智慧工厂每天产生数 PB 数据；为保证实时制造决策与工控指令反馈，需要对各类存储数据快速访问。

（3）大数据分析与挖掘技术

从海量、不完全、有噪声、模糊及随机的大型数据库中发现隐含在其中有价值的、潜在有用的信息和知识。已有成果包括：分布式计算引擎，如 Spark/JDBC/ODBC；数据分析算法，如 Q-Leaming/Brief Networks；机器学习、交互式分析等。技术特点包括：应用目标导向，工业大数据应用目标广泛，需深度结合应用目标进行特征算法设计；需要建立云制造应用的定量解析或人工智能分析模型。

（4）大数据可视化技术

利用包括二维综合报表、VR/AR 等计算机图形图像处理技术和可视化展示技术，将数据转换成图形、图像并显示在屏幕上，使得枯燥、抽象的数据变得直观且易于理解，并通过交互处理实现基于可视化数据的分析、交流和决策支持。已有成果包括：多维数据分析展示，如 Analytics/Pentaho；交互式数据展示，如 Tableau/ManyEyes；虚拟现实 / 增强现实数据展示。技术特点包括：能够综合处理显示多维度数据，涉及多种维度数据的综合处理与显示；交互式需求迫切，能够支撑制造业或企业经营管理决策者基于视觉的交互。大数据标准与质量体系技术包括了工业互联网中大数据通用技术、平台、产品、行业、安全等方面的标准与规范，涉及数据规范、标准、控制、监督等技术。已有成果包括：大数据标准体系框架、大数据交易规范体系以及大数据质量管控（数据铁笼）等。技术特点包括：多类型标准需求迫切；交换和交易过程为导向，标准与质量体系聚焦于跨领域数据交换集成和应用数据交易。

（5）大数据安全技术

涉及大数据采集、传输、存储、挖掘、发布及应用等安全，以及用户管控、数据溯源、隐私数据保护及安全态势感知等。已有成果包括：大数据隐私保护，如（rule-based access control，RBAC）；数据水印，如 Patchwork/NEC；数据应用追溯和安全防护，如区块链技术等。技术特点包括：隐私保护要求高、难度大、关联性强；数据产生及应用过程的追溯与保护；大数据交易中的安全技术。

### 2. 工业大数据的特点

与传统的互联网大数据分析技术相比，工业大数据具有更强的专业性、关联性、流程性、时序性和解析性等特点，而这些特点都是传统的互联网大数据处理手段所无法满足的。

因此，有别于互联网大数据，工业大数据分析技术的核心是要解决重要的“3B”问题。

（1）隐匿性—Below Surface，即需要洞悉特征背后的意义

工业环境中的大数据与互联网大数据相比，最重要的不同在于对数据特征的提取。工业大数据注重特征背后的物理意义以及特征之间关联性的机理逻辑，而互联网大数据则倾向于仅仅依赖统计学工具挖掘属性之间的相关性。

（2）碎片化—Broken，即需要避免断续、注重时效性

相对于互联网大数据的“量”，工业大数据更注重数据的“全”，即面向应用要求具有尽可能全面的使用样本，以覆盖工业过程中的各类变化条件，保证从数据中能够提取出反映对象真实状态的全面性信息。然而，从大数据环境的产生端来看，感知源的多样性与相对异步性或无序性，导致能够获得的工业数据尽管量大，但在分析过程中，针对数据特征或变化要素却仍然呈现出遗漏、分散、断续等特点，这也是为什么大量数据分析师 90% 以上的工作时间都会被贡献给不良数据的“清洗”。

（3）低质性—Badquality，即需要提高数据质量、满足低容错性

数据碎片化缺陷来源的另一方面也显示出对于数据质量的担忧，即数据的“量”并无法保障数据的“质”，这就可能导致数据的低可用率，因为低质量的数据可能直接影响到分析过程而导致结果无法使用。但互联网大数据则不同，其可以只针对数据本身进行挖掘和关联而不考虑数据本身的意义，挖掘到什么结果就是什么结果，最典型的例子就是对超市购物习惯的数据进行挖掘后，啤酒货架就可以摆放在尿不湿货架的对面，而不用考虑它们之间有什么机理性的逻辑关系。

相比于互联网大数据，工业大数据通常并不要求有多么精准的结果推送，而且对预测

和分析结果的容错率远远比互联网大数据低得多。

简单地照搬互联网大数据的分析手段，或是仅仅依靠数据工程师，解决的只是算法工具和模型的建立，还无法满足工业大数据的分析要求。工业大数据分析并不仅仅依靠算法工具，而是更加注重逻辑清晰的分析流程和与分析流程相匹配的技术体系。互联网大数据与工业大数据的对比分析，如表 3-2 所示。

表 3-2 互联网大数据与工业大数据的对比分析

| 分析要求 | 互联网大数据 | 工业大数据 |
| --- | --- | --- |
| 数据量需求 | 大量样本数 | 尽可能全面地使用样本 |
| 数据质量要求 | 较低 | 较高，需要对数据质量进行预判和修复 |
| 对数据属性意义的解读 | 不考虑属性的意义，只分析统计显著性 | 强调特征之间的物理关联 |
| 分析手段 | 以统计分析为主，通过挖掘样本中各个属性之间的相关性进行预测 | 具有一定逻辑的流水线式数据流分析手段。强调跨学科技术的融合，包括数学、物理、机器学习、控制、人工智能等 |
| 分析结果准确性要求 | 较低 | 较高 |

## 3.5.3 工业物联网的内涵与特性

### 1. 工业物联网的内涵

物联网（Internet of Things，IOT）是麻省理工学院 Ashton 教授在 1999 年最先提出来的。2005 年国际电信联盟（ITU）发布过一篇报告，名为《ITU 互联网报告 2005：物联网》。该报告中提到，物联网时代即将来临。该报告还指出：世界上所有的物体都能通过 Internet 主动进行信息交换，不管是一页纸那样的微小物件，还是像一座房屋那样的大型物体，都是可以进行信息交换的。随后，世界许多国家都提出了自己的物联网发展战略，包括 2009 年美国 IBM 提出的“智慧地球”、欧盟的《Internet of Things—An Action Plan for Europe》行动方案、日本的《I-Japan 战略 2015》信息化战略等。因此，物联网正式成为了继互联网后的下一个新型的产业革命。

自 2009 年温家宝总理在无锡提出了“感知中国”的概念后，物联网在我国进入了一个高速发展的阶段，2012 年工业和信息化部发布了《“十二五”物联网发展规划》，自此物联网成为了我国经济发展的又一个新动力。我国作为一个工业大国，每年的工业生产总值占全国 GDP 总额的近一半，近年来，新型工业化的快速发展要求工业的智能化程度越来越高，因此物联网给智能工业的发展提供了可行、便捷的服务。

物联网现在还没有一个公认和明确的定义，但从普遍意义上来说，物联网是一个基于互联网、传统电信网络等信息承载体，让所有能够被独立寻址的普通物理对象实现互联互通的网络；也就是说，在物联网世界，每一个物体均可寻址，每一个物体均可通信，每一个物体均可控制。普遍认为物联网是继计算机、互联网和移动通信后引领信息产业革命的新一次浪潮。

### 2. 工业互联网的特性

（1）传感器技术的综合应用

数量庞大的不同种类的传感器都被连接和部署到物联网上。这些被部署安装的传感器成为信息源，传感器按照自己的类型区别分别捕获到各自格式和内容的信息。这些被捕获到的信息是不断变化的，通过特定的频率循环，不断采集信息，从而使得数据可以持续更新。

（2）基于互联网的普通性网络

互联网依旧是一个核心要素，也是一个十分重要的基础。互联网融合不同种类的有线网络和无线网络以后，可以将获取到的数据信息精确地传递到网络上。由于信息源数据数量繁多，要想确保这些数据传输快速无误，在传输过程中，就一定要能和各种异构网络和协议相适应匹配。

（3）智能处理与智能控制能力

物联网利用各种智能技术，比如云计算、横式识别等，使得它的应用范围和领域得以拓展。因为物联网可以将传感器和智能处理结合起来，获取和捕捉到庞大的数据源，对这些数据源进行加工处理、高级分析，从而得到想要的信息数据。通过这种方式去探索物联网的应用领域和模式。

## 3.5.4　工业物联网的关键技术

工业物联网技术是一个跨学科的工程，它涉及自动化、通信、计算机，以及管理科学等领域。工业物联网的广泛应用还面临着众多的问题，图 3-14 为工业物联网所涉及的技术领域问题。而其中，通信技术与传感器技术是所有相关技术中的关键技术。

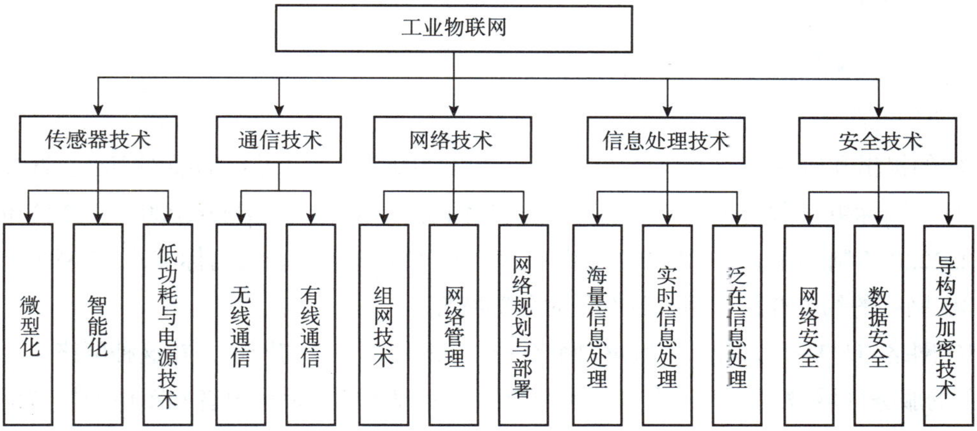


图 3-14　工业物联网所涉及的技术领域

（1）无线射频识别技术（RFID）种类

RFID 技术是利用射频信号通过空间耦合（交变磁场或电磁场）来实现无接触信息传递并通过所传递的信息来达到自动识别目的的技术。无线 RFID 技术有很多种类，主要是以下几种：光符号识别技术、语音识别技术、生物计量识别技术、IC 卡技术、条形码技术和 RFID 技术等。其中条形码技术在人们的生活中应用得十分广泛，几乎在每件商品上都有条形码的身影。但是它也有读取速度慢、储存能力小、工作距离近等很明显的缺点。

（2）传感器技术

传感器扩展了人感知周围环境的能力，是现代生活中人类获取信息的重要手段，无线传感器节点就是一个很具有代表性的例子。它和通常人们所说的传感器有很大的区别，因为无线传感器除了有传感器部件之外，还包括与微处理器和无线通信芯片做了集成。因此无线传感节点不但能从外界获取信息，还能对信息进行分析和传输。

## 3.6 第五代移动通信技术

第五代移动通信技术即 5G 技术。5G 是英文“5th-Generation”的缩写，专指“第五代移动通信系统”。与前几代移动通信技术相比，5G 技术的业务能力变得更加丰富，并且由于场景多样化的需求，它不再像以往一样单纯地强调某种单一技术基础，而是综合考虑多个技术指标，如峰值速率、用户体验速率、频谱效率、移动性、时延、连接数密度、网络能量效率、流量密度等。高性能的 5G 网络可承载对网络有特殊需求的行业应用场景，是企业数字化转型的基础，可有效推动智能制造、智能家居、智能车联、智慧医疗、智慧城市、安全运营等行业的发展。

### 3.6.1 5G 的概念和特点

#### 1. 5G 的概念

5G 的提出和研发是为了满足 2020 年及其以后的全球移动通信的强烈需求。2015 年 6 月 24 日，国际电信联盟（ITU）公布，5G 技术的正式名称为“IMT-2020”，并公布相关标准在 2020 年制定完成。“IMT-2020”是第五代移动电话行动通信标准，5G 网络传输速度是 4G 网络的约 100 倍，而且具有低时延等特性。

5G 网络与早期的 2G、3G 和 4G 网络一样，都是数字蜂窝网络，在这种网络中，供应商覆盖的服务区域被划分为许多被称为蜂窝的小地理区域。表示声音和图像的模拟信号在手机中被数字化，由模数转换器转换并作为比特流传输。蜂窝中的所有 5G 无线设备通过无线电波与蜂窝中的本地天线阵和低功率自动收发器（发射机和接收机）进行通信。收发器从公共频率池分配频道，这些频道在地理上分离的蜂窝中可以重复使用。本地天线通过高带宽光纤或无线回程连接与电话网络和互联网连接。与现有的手机一样，当用户从一个蜂窝穿越到另一个蜂窝时，他们的移动设备将自动“切换”到新蜂窝中的天线。

5G 网络的主要优势在于，数据传输速率远远高于以前的蜂窝网络，最高可达约 10 Gbit/s，比当前的有线互联网要快，比先前的 4G LTE 蜂窝网络快约 100 倍。另一个优点是较低的网络延迟（更快的响应时间），低于 1 ms，而 4G 网络为 30 ～ 70 ms。由于数据传输更快，5G 网络将不仅为手机提供服务，而且为一般性的家庭和办公网络提供服务，与有线网络竞争。以前的蜂窝网络提供了适用于手机的低数据率互联网接入，但是手机发射塔不能经济地提供足够的带宽供家庭和办公网络使用。

### 2. 5G 技术的特点

（1）峰值速率需要达到 Gbit/s 级，以满足高清视频、虚拟现实等大数据量传输。

（2）空中接口时延水平需要在 1 ms 左右，以满足自动驾驶、远程医疗等实时应用。

（3）超大网络容量，提供千亿设备的连接能力，满足物联网通信。

（4）频谱效率要比 LTE 提升 10 倍以上。

（5）连续广域覆盖和高移动性下，用户体验速率达到 100 Mbit/s。

（6）流量密度和连接数密度大幅度提高。

（7）系统协同化、智能化水平提升，表现为多用户、多点、多天线、多摄取的协同组网，以及网络间灵活地自动调整。

以上是 5G 技术区别于前几代移动通信技术的关键，是移动通信从以技术为中心逐步向以用户为中心转变的结果。

**智造案例**

### 5G 助力工业生产

整体叶盘的轮盘和叶片专用于压缩喷气式发动机内部的空气，需要单独生产。它们由坚固的金属片磨铣而成，对精密度及表面完整性都有极高的要求。叶盘在生产过程中一直处于旋转的状态，无法用有线传感器采集震动、温度等数据，而 4G 技术又难以满足时延的要求。在 5G 技术使用之前，整体叶盘在生产过程中需要中途暂停，取出半成品，检查各个叶片的强度数据是否一致，一个磨铣过程大约需要 15 ～ 20 h，加上涂层及质检环节，整个生产周期长达 3 ～ 4 月。

而引入高带宽、低时延的 5G 技术之后，只需将传感器直接镶嵌在整体叶盘当中，便可实时采集数据，省去了中途暂停的环节。5G 试验系统与生产机械内镶嵌在整体叶盘上的加速传感器相连，通过 5G 将振动频谱实时传输至评估系统。超低时延可以帮助运维人员通过振动及时定位生产机械中的相应部件，从而迅速调整生产工艺。这一案例由爱立信和德国 Fraunhofer IPT 生产技术研究所共同完成，2018 年在德国汉诺威工博会上展示。

该案例告诉人们，5G只是提供了一种新的传输或数据采集方式，真正要做的是选好场景、找准商业模式。从5G、大数据、人工智能到工业互联网，这些概念不是割裂的，而是环环相扣的，构成了数据采集、传输、计算、存储、分析、应用的数据闭环，工业互联网平台建设的关键是要实现这些技术的协同性创新。

### 3.6.2 5G技术的应用场景

5G技术与传统制造企业的应用需求相结合，可以产生数据串联、自动化控制、端到端集成、工业AR、云机器人、远程医疗等应用场景。

#### 1. 数据串联

随着数字化转型的逐渐推进，物联网作为连接人、机、料、法、环、测等多业务的元素，通过5G技术数据传输快、传输量大等特点满足串联制造过程中各个环节的需求，用于智能工厂当中数据串联与正反向追溯。5G技术、大数据和人工智能的关系如图3-15所示。

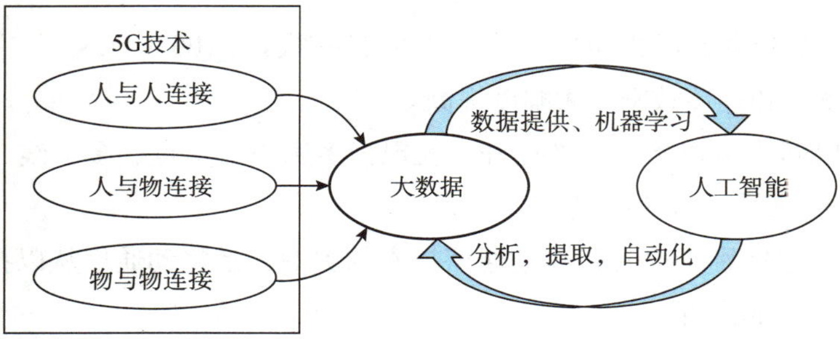


图3-15 5G技术、大数据和人工智能的关系

#### 2. 自动化控制

5G技术之前的工业自动化控制都通过工厂自动化总线来控制，但是这种应用模式传输距离有限，无法满足远距离操作控制需求。5G技术可提供极低时延、高可靠的技术，使无人工程机械操作成为可能。

#### 3. 端到端集成

由于数字化转型盛行，部分企业将业务范畴由制造端拓展到服务端，需要端到端整合，跨越产品的整个生命周期；要连接分布广泛的已售出的商品，需要低功耗、低成本和广覆盖的网络；企业内部各个部门与企业之间（上下游企业）的横向集成，也需要网络传输数据。5G技术的特点刚好满足这些需求。

#### 4. 工业AR

在流程式生产企业中，需要人到现场巡检、监控等。由于部分设备所处环境恶劣，比如核电厂设备，但为了保障设备的正常运转、监控工艺的贯彻执行（温度、压力等），需要人频繁涉险。这种情形下AR将发挥很关键作用，提供远程专家业务支撑，如远程维护。在这些应用中，辅助 AR 设施需要最大限度具备灵活性和轻便性，以便维护工作高效开展。

**5. 云机器人**

在智能制造生产场景中，需要机器人有自组织和协同的能力来支持柔性生产，这就带来了对机器人云化的需求。5G 网络是云化机器人理想的通信网络，是机器人能云化的关键。

**6. 远程医疗**

5G 技术应用于医疗，能有效解决医疗区域限制，提高诊断与医疗水平、降低医疗开支、减少看病花费的时间，平衡医疗资源分配不均的问题。在 5G 技术的支持下，医生可以更快调取图像信息、开展远程会诊及远程手术，有助于打破我国医疗水平分布不均衡，尤其是偏远地区的医疗资源匮乏的局面。相信在未来，远程医疗也会是 5G 技术的一个主要应用场景。

智造案例

**我国完成全球首例 5G 远程手术**

2019 年 1 月 19 日，北京 301 医院肝胆胰肿瘤外科主任刘荣，在福州长乐区的中国联通东南研究院里，利用 5G 网络远程操控机械臂，为远在 50 km 以外的、位于福建医科大学的孟超肝胆医院中的一只小猪进行了切除肝小叶手术。手术持续了将近一个小时，并取得了成功。此次手术，是全球第一例 5G 远程手术。5G 网络的提速以及其稳定性，很大程度地降低了手术的风险。

在进行手术时，由于时延只有 0.1 s，外科医生通过 5G 网络切除了一只实验动物的肝小叶。这例手术由于 5G 网络极低的延时而得以实现。当数据通过网络传输到设备或机器时，就会出现延时。延时越久，发送数据所需时间越长。5G 网络把延时降至接近即时，为增强现实和虚拟现实等现有技术开辟了新的可能性。

5G 技术直接的应用很可能是改善视频通话和游戏体验，但机器人手术很有可能给专业外科医生为世界各地有需要的人实施手术带来很大希望。5G 技术将开辟许多新的应用领域，以前的移动数据传输标准对这些领域来说还不够快。5G 网络的速度和较低的延时可满足远程呈现，甚至远程手术的要求。

### 3.6.3　5G 技术在智能制造中的应用

**1. 远程设备运维**

大型企业的生产场景中，经常涉及跨工厂、跨地域设备维护，远程问题定位等场景。5G 技术在这些方面的应用，可以提升运行、维护效率，降低成本。5G 技术带来的不仅是万物互联，还有万物信息交互，使得智能工厂的维护工作可突破工厂边界。工厂维护工作按照复杂程度，可根据实际情况由工业机器人或者人与工业机器人协作完成。

在未来，工厂中每个物体都是一个有唯一 IP 地址的终端，使生产环节的原材料都具有“信息”属性。原材料会根据“信息”自动生产和维护。工业机器人在管理工厂的同时，人在千里之外也可以第一时间接收到实时信息跟进，并进行交互操作。

### 2. 设备联网

提到工厂内的应用，最容易想到的还是控制。工业控制大致分为设备级、产线级和车间级。设备级和产线级对可靠性和时延要求很高，又很少移动，因此在超可靠低时延通信（ultra-reliable and low-latency communication，URLLC）出现前，还需要通过现场总线等有线方式实现。车间级网络的布置和控制倒是有 5G 应用的空间。

随着工业互联网的发展，越来越多的车间设备，如机床、机器人、AGV 等开始接入工厂内网，尤其是 AGV 等移动设备的通信，有线网络难以满足，对工厂内网的灵活性和带宽要求越来越高。传统工厂有线网络可靠性带宽高，但是灵活性较差；传统无线网络灵活性较高，但是可靠性、覆盖范围、接入数量等都存在不足。兼具灵活性、高带宽和多终端接入特点的 5G，成为承载工厂内设备接入和通信的新选择。

### 3. 质量控制

现阶段工业品的质量检测基于传统人工检测手段，稍微先进一点的检测方法是将待检测产品与预定缺陷类型库进行比较，上述方法的检测精度和检测效率均无法满足现阶段高质量生产的要求，缺乏一定的学习能力和检测弹性，导致检测精度和效率较低。而且由于计算能力较弱，4G 的时延过高、带宽较低，数据无法系统联动，处理都在线下进行，会耗费极大的人力成本。

基于 5G 的大带宽低时延，通过“5G + AI +机器视觉”能够观测微米级的目标，获得的信息量是全面且可追溯的，相关信息可以方便地集成和留存，从而可改变整个质量检测的流程。区别于传统的人工观察，视觉检测能够清晰地观测物料表面的缺陷，包含更大的数据量、需要更快的传输速度。而 5G 能够完全解决视觉检测的传输问题。

### 4. 可视化工厂

在智能工厂生产的环节中涉及物流、上料、仓储等方案判断和决策，生产数据的采集和车间工况、环境的监测愈发重要，能为生产的决策、调度、运维提供可靠的依据。传统的 4G 通信条件下，工业数据采集在传输速率、覆盖范围、延迟、可靠性和安全性等方面均存在局限性，无法形成较为完备的数据库。

5G 技术能够为智能工厂提供全云化网络平台。精密传感技术作用于不计其数的传感器，在极短时间内进行信息状态上报，大量工业级数据通过 5G 网络收集，庞大的数据库开始形成，工业机器人结合云计算的超级计算能力进行自主学习和精确判断，可给出最佳解决方案，真正实现可视化的全透明工厂。

### 5. 物流管理

在 RFID、电子数据交换（electronic data interchange，EDI）等技术的应用下，智能物流供应的发展几乎解决了传统物流仓储的种种难题。但现阶段 AGV 调度往往采用 Wi-Fi 通信方式，存在着易干扰、切换和覆盖能力不足等问题。4G 网络已经难以支撑智慧物流信息化建设，如何高效、快速地利用数据去协调物流供应链的各个环节，从而让整个物流供应链体系低成本且高效地运作，是制造业面临的难题。

5G 具有大带宽特点，有利于参数估计，可以为高精度测距提供支持，实现精准定位。5G 网络时延低的特点，可以使得物流各个环节都能够更加快速、直观、准确地获取相关的数据，物流运输、商品装捡等数据能更为迅捷地到达用户端、管理端以及作业端。5G 高并发特性还可以支持同一工段、同一时间点更多的 AGV 协同作业。

**拓展阅读**

#### 我国 5G 建设和应用进展

对于我国 5G 基础设施建设和应用情况以及下一步应用和建设的重点，工业和信息化部新闻发言人、总工程师赵志国介绍，2023 年我国 5G 发展可以概括四个特点：创新、融合、绿色、赋值。工信部数据显示，截至 2023 年底，我国 5G 基站总数达 337.7 万个，网络底座进一步夯实，网络应用不断丰富。

赵志国表示，下一步，中华人民共和国工业和信息化部将会同产、学、研、用各方，加强跨部门协作，持续推进 5G 应用规模化发展不断取得新成效，为推动经济社会高质量发展提供坚强保障。一是加强政策引导。研究出台 5G 应用发展接续政策，充分发挥政策引导作用，推动 5G 全产业链全价值链高质量发展。二是深化网络覆盖。加快 5G 网络建设，推动重点场所实现移动网络深度覆盖。推进 5G 行业虚拟专网建设，为行业转型发展提供网络支撑。三是加快应用拓展。聚焦重点行业应用场景，树立示范标杆，加强推广应用，促进 5G 应用规模化发展。四是提升创新能力。加强 5G 融合应用标准体系建设，持续推动 5G-A、5G 轻量化等技术演进和产品研发。加快 6G 技术研究，开展技术试验，强化技术储备，深化交流合作。

## 3.7　虚拟现实 / 增强现实 / 混合现实技术

虚拟现实、增强现实和混合现实技术都具有重要的应用前景，它们正在改变人们的视听感知方式，拓展了人机交互和数字体验的边界。随着技术的不断发展和成熟，这些虚拟化技术将在游戏娱乐、教育培训、医疗保健、工业制造等各个领域产生深远影响。

## 3.7.1 虚拟现实技术

### 1. 虚拟现实技术的概念

图 3-16 虚拟现实技术——VR 应用场景

虚拟现实（VR）技术以计算机技术为基础，综合了计算机、传感器、图形图像、通信、测控多媒体、人工智能等多种技术，通过给用户同时提供视觉、触觉、听觉等感官信息，使用户如同亲历其境一般，如图 3-16 所示。借助于计算机系统，用户可以生成一个自定义的三维空间。用户置身于该环境中，借助轻便的跟踪器、传感器、显示器等多维输入／输出设备，去感知和研究客观世界。在虚拟环境中，用户可以自由运动，随意观察周围事物并随时添加所需信息。借助于虚拟现实，用户可以突破时空的限制，优化自身的感官感受，极大地提高对客观世界的认识水平。

### 2. 虚拟现实技术的发展历程

虚拟现实技术在漫长的技术成长曲线中，历经概念萌芽期、技术萌芽期、技术积累期、产品迭代期和技术爆发期五个阶段后有所发展。

1935 年，一本美国科幻小说首次描述了一款特殊的“眼镜”。这副眼镜的功能，囊括了视觉、嗅觉、触觉等全方位的虚拟现实概念，被认为是虚拟现实技术的概念萌芽。

到了 1962 年，电影行业为一项仿真模拟器技术申请了专利，这就是虚拟现实原型机，它标志着虚拟现实技术萌芽期的到来。

再到 1973 年，首款商业化的虚拟现实硬件产品 Eyephone 启动研发，并于 1984 年在美国发布，虽然和理想状态相去甚远，但是它开启了关键的虚拟现实技术积累期。

1990 ～ 2015 年间，虚拟现实技术逐渐在游戏领域中找到落地场景，标志着 VR 技术实现产品化落地。飞利浦、任天堂都是这个领域的先驱，直到 Oculus 的出现，才真正将 VR 带入大众视野。

从 2016 年开始，随着更好更轻的硬件设备出现，更多内容、更强带宽等各种基础条件的完善，虚拟现实迎来了技术的爆发期。

### 3. 虚拟现实的特征

虚拟现实有交互性（interaction）、沉浸性（immersion）和想象性（imagination）三大特点，也被称为 3I 特点，如图 3-17 所示。借助 3I 特点，通常可以将虚拟现实技术和可视化技术、仿真技术、多媒体技术和计算机图形图像等技术相区别。

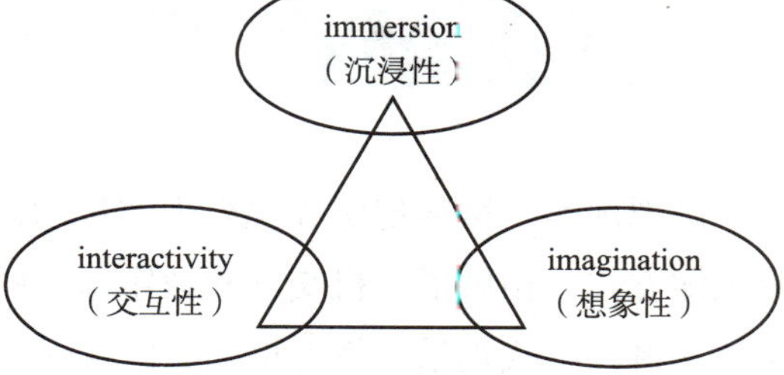

图 3-17 虚拟现实的特征

交互性是指用户与模拟仿真出来的虚拟现实系统之间可以进行沟通和交流。由于虚拟场景是对真实场景的完整模拟，因此可以得到与真实场景相同的响应。用户在真实世界中的任何操作，均可以在虚拟环境中完整体现。例如，用户可以抓取场景中的虚拟物体，这时不仅手有触摸感，同时还能感觉到物体的重量、温度等信息。

沉浸性是指用户在虚拟环境与真实环境中感受的相似程度。从用户角度讲，虚拟现实技术的发展过程就是提高沉浸性的过程。理想的虚拟现实技术，应该使用户真假难辨，甚至超越真实，获得比真实环境中更逼真的视觉、嗅觉、听觉等感官体验。

想象性则是身处虚拟场景中的用户，利用场景提供的多维信息，发挥主观能动性，依靠自己的学习能力在更大范围内获取知识。

### 4. 虚拟现实技术的构成及其关键技术

虚拟现实技术包含硬件和软件两方面内容，其系统通常由输入设备、输出设备、虚拟世界数据库、专业图形处理计算机以及软件系统等软硬件构成。

虚拟现实关键技术主要包括：人机交互技术、传感器技术、动态环境建模技术、系统集成技术和三维图像的实时刷新技术。

（1）人机交互技术

人机交互技术方面，VR 产品多以含有陀螺仪传感器的眼镜（或头盔）和控制手柄为主，此外有些产品还加入了语音识别和三维定位技术用来辅助交互。

（2）传感器技术

传感器技术方面，目前 VR 设备传感器性能主要分为 3dof（自由度）和 6dof（自由度）。3dof 即只使用一个陀螺仪，仅可实现上下、左右、前后的回转动作。6dof 在 3dof 的基础上增加了上下、左右、前后的移动动作，其依靠电磁传感器、超声波传感器或者是红外传感器配合基站由外向内定位或由内向外定位来判断位移改变。

（3）动态环境建模技术

动态环境建模技术即利用三维数据建立虚拟环境模型。其重点是进行真实感绘制。其主要任务是模拟真实物体的物理属性，即物体的形状、光学性质，表面纹理的粗糙程度，以及物体间的相对位置、遮挡关系等。

（4）系统集成技术

系统集成技术用来对传感器设备、模型、信息等资源进行统一调度，解决系统与系统之间的互联和可操作性问题。

（5）三维图像实时刷新技术

三维图像实时刷新技术即对显示的图像实时刷新，让体验者获取类似于真实世界的视觉体验，为了保证沉浸感，刷新频率至少要达到 15 帧每秒。

### 5. 虚拟现实系统的分类

近些年虚拟现实技术高速发展，虚拟现实系统已经呈现出多元化的趋势，不仅局限于高端的可视化工作站、昂贵的人机交互传感设备，而且包括一切能够自然地交互并进行虚拟体验的技术和方法。广义上的虚拟现实系统包括一切可以创建虚拟环境并进行交互体验的系统。

虚拟现实系统根据使用者参与和沉浸的效果，可分为桌面式虚拟现实系统、沉浸式虚拟现实系统、增强现实性的虚拟现实系统和分布式虚拟现实系统。

（1）桌面式虚拟现实系统

桌面式虚拟现实系统也叫窗口式虚拟现实系统，是利用个人计算机或初级工作站等基础设备，以计算机屏幕为窗口观察虚拟世界。它采用三维图形显示、自然交互控制等技术，生成三维立体空间的虚拟交互场景，用户可通过鼠标、键盘、立体眼镜、特殊头盔、数据手套等输入设备进行各种操作，实现与虚拟世界的交互。桌面式虚拟现实系统的体系结构如图 3-18 所示。

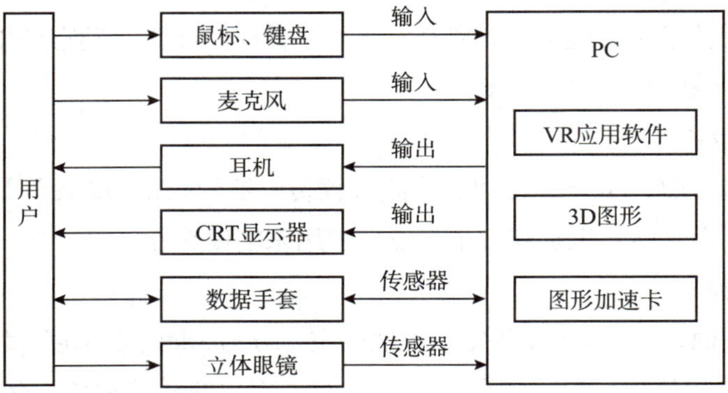


图 3-18　桌面式虚拟现实系统的体系结构

桌面式虚拟现实系统虽然缺乏高端沉浸式设备的投入效果，但是已经具备了虚拟现实的技术要求，并且其成本相对低很多，所以拥有最广泛的应用。

（2）沉浸式虚拟现实系统

沉浸式虚拟现实系统是一种高级的、较复杂的、较理想的虚拟现实系统。它主要依赖于各种高端的虚拟现实硬件设备，如投影现实系统、头盔显示器等，可以使用户完全置身于计算机生成的环境中，即让用户完全沉浸到虚拟世界中。

（3）增强现实性的虚拟现实系统

增强现实性的虚拟现实系统不仅是利用虚拟现实技术来模拟现实世界、仿真现实世界，而且要利用它来增强参与者对真实环境的感受，也就是增强现实中无法感知或不方便感知的感受。典型的实例是战机飞行员的平视显示器，它可以将仪表读数和武器瞄准数据投射到安装在飞行员面前的穿透式屏幕上，使飞行员不必低头读座舱中仪表的数据，从而可集中精力盯着敌人的飞机或导航偏差。

（4）分布式虚拟现实系统

分布式虚拟现实系统是一个基于网络的可供异地多用户同时参与的分布式虚拟环境。它使得不同地点的人员和不同的虚拟环境可以同时共享，参与到统一的一个虚拟环境中进行交互，属于虚拟现实系统最高阶段，目前主要应用于大型的军事演练模拟、远程虚拟教育等方面。

## 3.7.2　增强现实技术

### 1. 增强现实技术的概念

增强现实（AR）技术是在虚拟现实技术的基础上，于 20 世纪 90 年代初兴起的。它也是一种以计算机技术为基础的人机交互技术，但与虚拟现实技术不同，增强现实技术是要在真实场景中添加计算机虚拟产生的物体信息，达到“虚实融合”的效果，提高用户对真实世界的感知能力。

增强现实是一种在真实世界视图上叠加实时信息的方法，叠加的信息可以通过本地处理器和数据源生成，也可以通过远程调用方式生成，并通过声音、视频、位置和方向等信息对现实世界进行增强。

增强现实技术借助于多种设备，如光学透视式头盔显示器（SHMD）或不同成像原理的立体眼镜等，使虚拟得到的物体叠加到真实场景中，同时出现在用户的视场中。用户在不丢失真实场景信息的前提下，可以获得虚拟物体的信息并与之交互。相比于虚拟现实技术，增强现实技术的实现要更复杂，因此对相关技术要求更高，除了计算机技术、通信技术、人机界面、传感器、移动计算、分布式计算、计算机网络、信息可视化等技术外，还对心理学、人机工程学等有比较高的要求。增强现实技术通过分析大量数据获取场景中各种位置信息，以便将计算机生成的虚拟物体以合适的姿态精确地定位到真实场景中特定位置。

### 2. 增强现实系统工作流程及关键技术

（1）增强现实系统工作流程主要分为以下四个基本的步骤，如图 3-19 所示。

① 在真实场景中通过设备的摄像头对信息进行采集。

② 对获取到的场景信息进行跟踪识别。

③ 通过分析三维跟踪注册的结果生成虚拟的场景。

④ 将虚拟的场景和真实场景在显示终端进行融合显示。

（2）增强现实系统关键技术主要涉及三维跟踪注册、虚实融合及人机交互技术。

① 三维跟踪注册技术

在增强现实系统中，跟踪是系统基于观

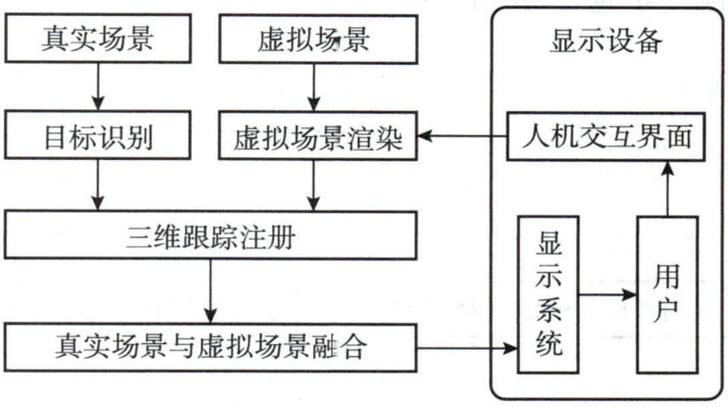


图 3-19　增强现实系统工作流程

察者的视角，通过在真实的场景中进行实时监测重新建立的空间坐标系，从而达到虚拟场景和真实场景中的坐标系的完美融合。在增强现实技术的研究中跟踪注册技术是一个核心的问题。

三维跟踪注册技术的主要工作是对摄像机相对于实景的三维坐标及朝向状态进行实时监测，确保虚拟物体与真实物体的重叠无误，并且必须实时估计虚拟物体的正确位置和方向，完成三维跟踪注册。

基于增强现实技术的三维跟踪注册技术研究主要包括基于计算机视觉、基于硬件传感器以及基于混合注册三种方式，具体内容如图 3-20 所示。

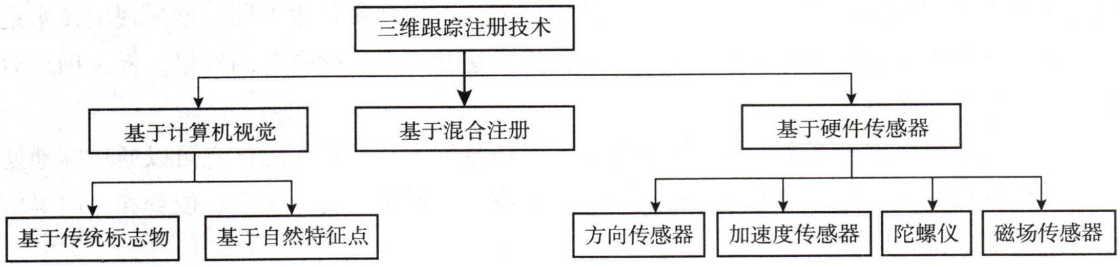


图 3-20　增强现实三维跟踪注册技术分类

② 虚实融合技术

虚实融合是增强现实系统的一大亮点，主要是将虚拟的内容，例如，图像、文字、模型及视频等内容，利用设备显示到真实场景中。用户可看到虚拟物体与真实场景的融合，给用户带来一定的虚实融合的体验。在虚实融合的过程中要注意遮挡、阴影及光照等因素的影响。

③ 人机交互技术

增强现实系统中使用的交互手段一直是人们关注的重点。人机交互，顾名思义就是人与信息进行交互，主要是人与计算机之间通过图像、声音和其他符号信息进行交互。增强现实技术常见的交互方式有手势交互、语音识别交互、自然交互等。

手势交互是用户通过自己双手的手势与系统进行交互，计算机获取并识别用户手势图像并响应手势指代的命令。基于计算机视觉的手势检测流程，如图 3-21 所示。

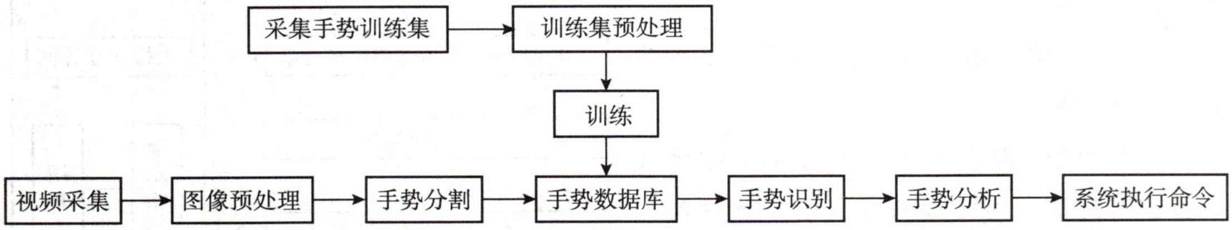


图 3-21　基于计算机视觉的手势检测流程

语音交互包含三个关键模块，分别是语音识别模块、自然语言处理模块和语音合成模块。语音识别流程如图 3-22 所示。

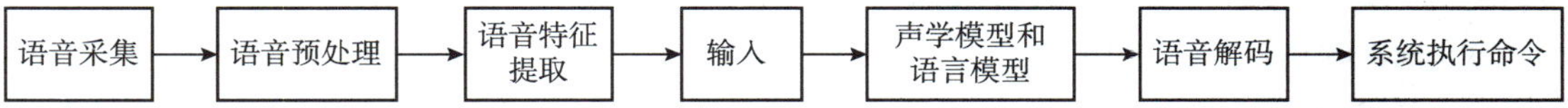


图 3-22　语音交互识别流程

与手势交互一样，用户若想让机器理解语音内容，需要预先对声学模型和语言模型进行个性化的训练，机器所能理解的也只是预先学习过的内容，但因为语音的音素是有限的，因此可以比较全面地囊括大多数语音指令，适用范围相对较广。

基于自然的人机交互方式。上述两种交互方式都需要预先规定交互指令及其所指代的任务命令，用户若想使用该交互方式需要提前学习交互指令，这会增加用户的学习负担，而且并不流畅。

在基于自然的人机交互中，操作者可以用徒手的方式，通过点击视线中观测到的虚拟键盘、按钮、对话框等要素将任务命令传达给系统，或者直接以拖动、抓取等直观且自然的方式实现与虚拟物体的交互，控制虚拟物体的移动和缩放。

## 3.7.3　混合现实技术

### 1. 混合现实技术的概念

混合现实（mixed reality，MR）的概念是由 Milgram P 等人于 1994 年首次提出的。他们认为混合现实是在增强现实（AR）和虚拟现实（VR）的基础上发展而来的，且是增强现实和虚拟现实的合集。

与混合现实一起被提出的还有“现实 - 虚拟连续体”（reality - virtuality continuum）的概念。在现实—虚拟连续体中，最左边是真实环境，最右边是虚拟环境，在真实环境中添加虚拟信息就变成增强现实（AR），在虚拟环境中添加真实信息就变成了增强虚拟（AV），如图 3-23 所示。

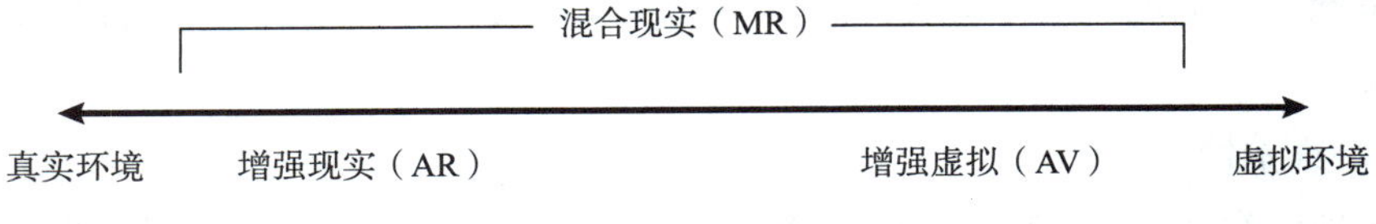


图 3-23　现实 - 虚拟连续体

### 2. 混合现实技术的特点

混合现实（MR）指的是合并现实和虚拟世界而产生的新的可视化环境。在新的可视化环境里物理和数字对象共存，并实时互动。该系统有以下三个主要特点。

（1）虚实融合，虚拟物体和现实世界可以显示在同一视线之中。

（2）三维跟踪注册，虚拟物体可与现实世界精确对准。通过 MR 显示设备，用户可以同时看到真实环境和虚拟全息影像，加之手势、语音、视觉等方式的加持实现两者互动，真正搭建起虚拟世界和现实世界沟通的桥梁。

（3）实时交互，即用户可与现实世界和虚拟物体进行实时的自然交互。

### 3. MR与AR、VR的区别

VR是利用VR设备模拟产生一个三维的虚拟空间，提供视觉、听觉、触觉等感官的模拟，让使用者如同身临其境一般。简而言之，就是“无中生有”。在VR中，用户只能体验到虚拟世界，无法看到真实环境。

AR是VR技术的延伸，能够把计算机生成的虚拟信息（物体、图片、视频、声音、系统提示信息等）叠加到真实场景中并与人实现互动。简而言之，就是“锦上添花”。在AR中，用户既能看到真实世界，又能看到虚拟事物。

MR是AR技术的升级，将虚拟世界和真实世界合成一个无缝衔接的虚实融合世界，其中的物理实体和数字对象满足真实的三维投影关系。简而言之，就是“实幻交织”。在MR中，用户难以分辨真实世界与虚拟世界的边界。

## 3.7.4 VR/AR/MR与智能制造

VR/AR/MR技术赋能产品研发、装配、维修等环节，显著提升仿真设计、制造测试、运营维护的可视化程度，实现工业制造全流程智能化和一体化。

### 1. 研发环节

在研发环节，VR/AR/MR技术能展现产品的立体面貌，使研发人员全方位构思产品的外形、结构、模具及零部件配置使用方案，特别是在飞机、汽车等大型装备产品的研制过程中，帮助客户进行工业自动化过程模拟的仿真研究。运用虚拟现实技术能大幅提升产品性能的精准性。

### 2. 装配环节

在装配环节，VR/AR/MR技术目前主要应用于精密加工和大型装备产品制造领域，运用三维模型注册跟踪等技术和场景虚实融合显示工具，通过高精度设备、精密测量设备、精密伺服系统与虚拟现实技术的协同，在实际装配前对零部件进行作业流程提示和装配正确性的核验。

### 3. 设备维护检修

设备维护检修方面，在系统检修工作中，VR/AR/MR技术能通过数据传输与实时分析，实现从出厂前到销售后的全流程检测，突破时间、空间的限制，实现虚拟指导和现实操作相结合，实现预判性监测维修服务。

### 4. 工厂规划

工厂规划方面，由于工厂规划是一个庞大的项目，涉及多个设计团队，包括工厂建设、控制系统和子系统，任何关键因素上犯错都会导致生产效率低下，这是事后难以补救的。

使用 VR/AR/MR 技术可以帮助避免许多这样的问题，通过对整个工厂进行建模，不仅可以模拟布局，还可以模拟在其内部进行的生产过程。

国内外虚拟现实技术应用案例如表 3-3 所示。

表 3-3　国内外虚拟现实技术应用案例

| 应用环节 | 应用企业 | 国别 | 应用内容 |
|---|---|---|---|
| 研发环节 | 空客 | 美国 | 将微软 MR 设备导入飞行员程序后，在虚拟空间中进行试验等设计工程的作业时间减少了 80% |
| | 艾默生 | 美国 | 打造设计方案虚拟评审，让几千位设计人员得以进入到同一虚拟场景中，对一个大型项目的设计方案进行实时评估和交流 |
| | 中国商飞 | 中国 | 在 C919 试飞中心使用机载测试系统地面验证平台，对飞行的参数进行监控分析，确保飞机在预飞和实际飞行中相关参数的准确和正常 |
| | 中国铁路 | 中国 | 引入 VR/AR 技术研发智能车站信息管理平台，大幅提升繁忙轨道交通运输能力，减少安全隐患、列车延误率，提高运营维护管理水平 |
| | 日产 | 日本 | 汽车设计师不需要等待汽车制造出来就能够在虚拟环境中验证汽车的设计逻辑，让开发程序变得更简单 |
| | 波音 | 美国 | 运用三维模型仿真技术进行波音 777 外形和结构设计 |
| | 卡特彼勒 | 美国 | 通过头盔对新型车辆在运行、操作、挖掘时的情况进行观察 |
| | 福特 | 美国 | 将虚拟现实技术连接至设计系统，查看整体外观和内饰的设计 |
| 装配环节 | 东软 | 中国 | 虚拟制造模式下，不建厂房不进设备，只负责整机组装调试 |
| | 日产 | 日本 | 用虚拟现实软件进行调试，从仪表板上拆除气囊组件 |
| | 奥迪 | 德国 | 在三维虚拟空间内完成对实际产品装配工作的预估和校准 |
| | 克莱斯勒 | 美国 | 以虚拟现实技术展示元件在工厂中精确位置并提示优化安装的方法 |
| | 福特 | 美国 | 建立各部件的虚拟模型，从整个产品的装配性角度完成部件组装 |
| 检修环节 | 江联重工 | 中国 | 基于 AR 头盔与后台支持，建立生产实时监控与指挥系统、特殊工种体验式培训系统，工人戴上头盔就能看到锅炉零部件的故障和维修步骤，确保操作规范，降低维保成本 |
| | 宝马 | 德国 | 使用 VR/AR 技术，检查生产工具，检查构建理念是否合理，部件安装位置是否正确 |
| | 国家仪器 | 美国 | 在交互式开发环境下完成虚拟仪器的测试过程 |
| | 雷诺 | 法国 | 在虚拟环境中进行动态虚拟碰撞，测试汽车的安全性能 |
| | 中国一拖 | 中国 | 利用虚拟现实技术实现多角度观察装配工位和工艺生产线 |
| 工厂规划 | 宝马 | 美国 | 与英伟达共建虚拟工厂，将产线规划等方案在其中进行模拟与优化后，再下发至实际工厂，提高了规划的灵活性和精确度。虚拟工厂已将宝马的生产效率提升了 30% |

## 本章小结

本章详细介绍了智能制造领域的支撑技术，包括智能传感技术、人工智能技术、数据中心与云计算技术、边缘计算、工业大数据与物联网、第五代移动通信技术、以及虚拟现实 / 增强现实 / 混合现实技术。通过本章的学习，帮助读者了解在智能制造中如何应用这些技术来提升生产效率、优化生产流程，以及实现智能化制造目标。

## 思考练习

1. 智能传感器的关键技术有哪些?
2. 举例说明人工智能技术在智能制造中的 3 个应用。
3. 简述工业大数据的来源。
4. 简述 5G 技术的应用场景。
5. 简述 MR 与 AR、VR 的区别。

# 第 4 章　智能制造装备

## 本章导读

作为高端装备制造业的重点发展方向和信息化与工业化深度融合的重要体现，大力培育和发展智能制造装备产业对于加快制造业转型升级，提升生产效率、技术水平和产品质量，降低能源资源消耗，实现制造过程的智能化和绿色化具有重要的意义。

## 学习目标

**◎知识目标**

1. 掌握智能制造关键核心技术。
2. 熟悉高档数控机床的先进性能。
3. 理解常见的 3D 打印技术原理。
4. 掌握工业机器人的关键技术。
5. 熟悉工业机器人在智能制造中的应用。
6. 了解智能仪器仪表功能特点及发展趋势。

**◎能力目标**

1. 具备高档数控机床的操作和编程能力，能够参与零部件加工工艺的设计和优化。
2. 能够运用 3D 打印设备进行产品设计验证和快速样品制作。

3. 具备工业机器人编程和调试能力，能够搭建自动化生产线并协调各设备的协同作业。

4. 能够运用智能仪器仪表进行生产数据采集和分析。

◎素质目标

1. 培养学生具备对新技术的敏感性和学习能力，能够持续关注智能制造装备领域的最新发展并进行学习和更新。

2. 培养学生具备责任心和执行力，能够按时按质完成智能制造装备的操作、维护和管理工作，确保生产的顺利进行。

## 本章任务

查阅网上资料，了解3D打印技术的发展历程及各行业领域的应用情况，并撰写一篇调查报告，说明3D打印技术在我国的发展现状和未来的发展趋势。

## 思维导图

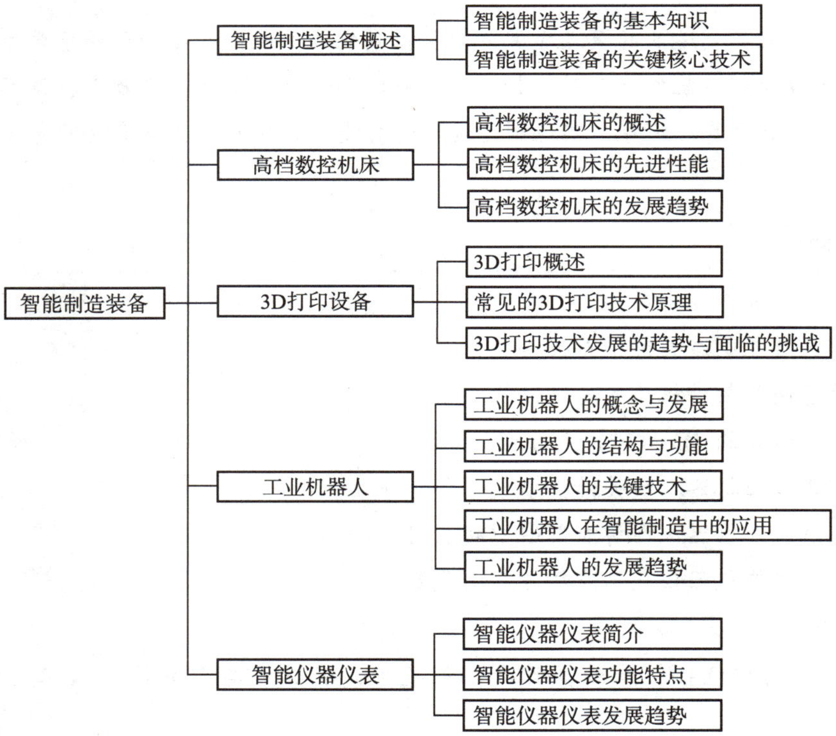

# 4.1　智能制造装备概述

智能制造装备的技术创新与产业发展对其他战略性新兴产业的发展有重要的推动作用，如对高端医疗装备，包括智能康复医疗装备与机器人、智能假肢、脑认知功能障碍诊疗及康复训练设备；对智能化印刷设备，如时速在 1.5 万张以上的单张纸胶印机、大型多色机组式凹版印刷机；对精密测试仪器与设备，如微纳制造科研仪器、大型科研仪器、电子制造检测设备等。

## 4.1.1　智能制造装备的基本知识

### 1. 智能制造装备的定义和特征

智能制造装备是具有自感知、自学习、自决策、自执行、自适应等功能的制造装备，是制造装备的核心和前沿。它将传感器及智能诊断和决策软件集成到装备中，使制造工艺能适应制造环境和制造过程的变化，达到实时优化。智能制造装备是先进制造技术、信息技术和智能技术在装备产品上的集成和融合，先进性和智能性是其两大主要特征。由于智能制造装备体现了制造业智能化、数字化和网络化的发展要求，因此智能制造装备产业的水平已经成为当今衡量一个国家工业化水平的重要指标。

### 2. 我国“十三五”期间智能制造装备发展重点

“十三五”期间，我国着力发展高档数控机床、工业机器人、增材制造（3D 打印）装备、智能传感与控制装备、智能检测与装配装备、智能物流与仓储装备等几类关键智能制造装备。图 4-1 为典型智能制造装备。加快增材制造、高档数控机床、工业机器人等智能技术和装备的运用，是促进中国制造水平在新一轮产业变革中抢占领先优势的重要支撑。

（a）高档数控机床与工业机器人

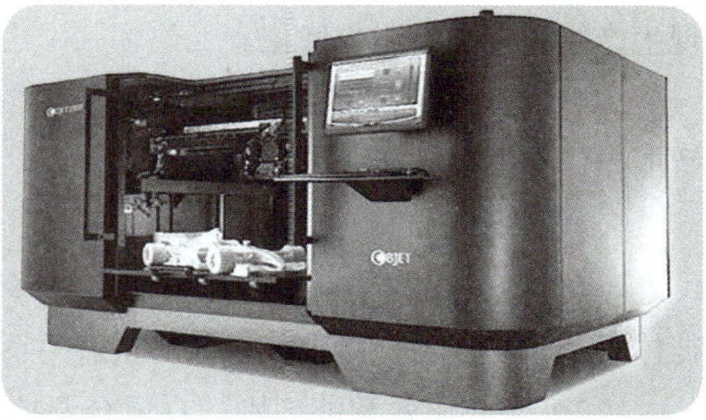

（b）工业级 3D 打印机

图 4-1　典型智能制造装备

智能制造装备不仅是数控制造装备的延续发展，还是阶段性突破，也是性能的飞跃。智能制造装备可以实现飞机、航天、核电、高超飞机、激光核聚变等超常制造任务。

### 4.1.2 掌握智能制造装备的关键技术

要真正实现智能制造装备技术，必须掌握如下关键核心技术。

#### 1. 装备运行状态和环境的传感与识别技术

（1）研究高灵敏度、高精度、高可靠性和高环境适应性的传感技术（如振动、负载、变形、温度、应力、压力、视觉环境等的监测），新原理、新材料、新工艺的传感技术，微弱传感信号提取与处理技术，光学精密测量与分析仪器仪表技术。

（2）研究实时环境建模、图像理解和多源信息融合导航技术，力或负载实时感知和辨识技术，多传感器优化布置和感知系统组网配置技术。

#### 2. 智能编程技术与智能工艺规划

（1）运用专家经验与计算智能的融合技术，提升智能规划和工艺决策的能力，建立规划与编程的智能推理和决策的方法，实现基于几何与物理多约束的轨迹规划和数控编程。

（2）建立面向典型行业的工艺数据库和知识库，完善机床、机器人及其生产线的模型库，根据运行过程中的监测信息，实现工艺参数和作业任务的多目标优化。

（3）深入研究各子系统之间的复杂界面行为和耦合关系，建立面向优化目标（效率、质量、成本等）的工艺系统模型与优化方法，实现加工和作业过程的仿真、分析、预测。

#### 3. 智能数控系统与智能伺服驱动技术

（1）研究智能伺服控制技术、运动轴负载和运行过程的自动识别技术；实现控制参数自动匹配；实现各种误差在线补偿；实现面向控形和控性的智能加工和成形；研究基于智能材料和伺服智能控制的主动控制技术。

（2）由单机系统和机群控制系统实现无缝链接，作业机群具备完善的信息通信功能、资源优化配置功能和智能调度功能，机群能高效协作施工，实现系统优化。

（3）完善机器人的视觉、感知和伺服功能，研究非结构环境中的智能诊断技术，实现生产线的智能控制与优化。

（4）运用人工智能与虚拟现实等智能化技术，实现语音控制和基于虚拟现实环境的智能操作，发展智能化人机交互技术。

#### 4. 性能预测和智能维护技术

（1）突破在线和远程状态监测及故障诊断的关键技术，建立制造过程状况的参数表征体系及其与装备性能表征指标的映射关系。

（2）研究失效智能识别、自愈合调控与智能维护技术，完善失效特征提取方法和实时处理技术，建立表征装备性能、加工状态的最优特征集，最终实现对故障的自诊断、自修复。

（3）实现重大装备的寿命测试和剩余寿命预测，对可靠性与精度保持性进行评估。

5. 网络环境下的智能生产线

（1）基于泛在网络的工厂内、外环境智能感知技术，包括物流、环境和能量流的信息以及互联网和企业信息系统中的相关信息等。

（2）面向服务的信息系统智能集成技术。

## 4.2　高档数控机床

数控机床是数字控制机床，是一种装有程序控制系统的自动化机床。根据数控机床的性能、档次的不同，数控机床产品可分为高档数控机床、中档数控机床和低档数控机床。高档数控机床是指具有高速、精密、智能、复合、多轴联动、网络通信等功能的数控机床。

### 4.2.1　高档数控机床的概述

1. 机床发展历程

机床经历了三个阶段的发展，如图 4-2 所示。

（1）第一阶段是电气化。19 世纪 30 年代，电动机的发明使加工装备实现了驱动的电气化。

（2）第二阶段是数字化。20 世纪中叶，计算机的诞生实现了计算机和加工装备的良好结合，也就是现在广泛应用的数控机床，通过数控程序可以实现机床的自动化操作和加工。但编程人员难以应付切削数据库、机床刀具特性及千变万化的工件材料、结构和加工过程失去稳定带来的加工精度和效率等问题，导致目前很多数控机床的能力发挥仅在 10% 左右。

（3）第三阶段是智能化。针对目前数控装备存在的大量技术问题，世界装备制造业在原有的基础上集成了若干智能控制软件和模块，从而实现了工艺的自动优化。装备本身的价值由于配备了相应软件和模块提升了 30% ～ 300%。

（a）普通机床

（b）数控机床

（c）智能机床

图 4-2　机床的发展

### 2. 智能机床的作用和优势

智能机床的出现，为未来装备制造业实现全盘生产自动化创造了条件。智能机床通过自动抑制振动、减少热变形、防止干涉、自动调节润滑油量、减少噪声等来提高机床的加工精度和效率。对于进一步发展集成制造系统来说，单个机床自动化水平提高后，可以大大减少人在管理机床方面的工作量。

智能机床使人能有更多的精力和时间来解决机床以外的复杂问题，能进一步发展智能机床和智能系统。数控系统的开发创新对机床智能化起到了极其重要的作用。它能够收容大量信息，对各种信息进行储存、分析、处理、判断、调节、优化、控制。智能机床还具有一些重要功能，如工装夹具数据库、对话型编程、刀具路径检验、工序加工时间分析、开工时间状况解析、实际加工负荷监视、加工导航、调节、优化以及适应控制。

### 3. 信息技术与智能制造装备发展

信息技术的发展及其与传统机床的融合，使机床朝着数字化、集成化和智能化的方向发展。数字化制造装备、数字化生产线、数字化工厂的应用空间将越来越大；而采用智能技术来实现多信息融合下的重构优化的智能决策、过程适应控制、误差补偿智能控制、复杂曲面加工运动轨迹优化控制、故障自诊断和智能维护以及信息集成等功能，将大大提升成形和加工精度，提高制造效率。

## 4.2.2 高档数控机床的先进性能

高档数控机床的出现，大大提高了制造业的生产率及产品档次，促进了现代制造业向精密化、定制化、复杂化的生产需求方向发展。随着市场竞争的加剧，作为制造业的“工业母机”，数控机床的技术将进一步向高速度、高精度、高可靠性方向发展。高速度是指通过提高主轴转速、工作台移动速度等实现高效生产，降低制造成本，从而提升产品的竞争力；高精度体现为加工工件的质量及几何精度越来越高，对工件一次装夹即可完成复杂的多工序加工，如车、铣、钻等，尤其适用于小型金属结构件及军工等领域的精密加工需求；高可靠性主要体现为数控机床无障碍的工作时间，数控机床需要长时间持续地工作，设备的可靠性对提升工作效率、节省生产成本有重大影响。

### 1. 结构性能方面

高档数控机床的技术水平先进性可以从机床的中央处理单位、分辨率、进给速度、多轴联动功能、显示功能、通信功能等方面体现。

与普通机床相比，高档数控机床有如下特点。

（1）可靠性高。主要通过平均无故障时间参数来衡量。

（2）控制轴数、联动轴数（五轴及以上）。在实际应用中，五轴联动的加工工艺最为合理，可充分利用工件的最佳几何形状来进行切削。

（3）高速、高精度。

（4）网络通信。利用现状发达的通信设备来实现加工数据的管理和信息集成优化。

（5）安全性。追求高效、高速的前提必须是确保生产的安全可控。

（6）机床自动化程度高，可以减轻工人的劳动强度。

（7）有利于生产管理的现代化。数控机床使用数字信息与标准代码处理、传递信息，使用了计算机控制方法，为计算机辅助设计、制造及管理一体化奠定了基础。

（8）对操作人员的素质要求较高，对维修人员的技术要求更高。

### 2. 系统控制方面

近年来，在国家政策支持和多方不懈努力下，控制系统得到了快速发展，逐渐形成了较为成熟的产品。如沈阳机床股份有限公司自主研发的 i5 数控系统虽然不是中国开发出来的第一个数控系统，但它是中国第一个不跟随外国领先者的技术轨道而开发出来的数控系统，它因此显现出独特的竞争优势，不但可以让一个国产数控系统“活下来”，而且展现出改变市场竞争格局的力量：中国在数控系统技术上的突破将由此实现。

“i5 革命”代表着中国产业升级的方向，因为仅从技术本身来讲，“创新、协调、绿色、开放、共享”的理念均体现在它身上。作为第一个智能、互联的数控系统，i5 将改变现有的工业模式，助推物联网工业发展，成为新工业革命的预言者。迄今“共享经济”发展的智能、互联产品都是新兴消费品，但 i5 机床是机器工具（资本品或生产资料），所以它会直接引发制造业的革命，改变制造方式，不仅重塑机床工业的价值链，还可能重塑许多使用机床的工业价值链并改变它们的边界，支持中国众多制造产业的升级。

### 3. 高档数控机床应用案例

（1）平台型智能机床

由沈阳机床股份有限公司自主研发的平台型智能机床 i5M8，如图 4-3 所示。平台型是指通过不同配置组合成不同功能型机床。平台的产品机身是以龙门动梁的框架式结构为基础搭建的机械设计平台，通过更换机床前端的功能部件模块，一个机身可组合成涵盖三轴、四轴及五轴联动等八款不同机种，以应对不同的加工要求。实现“一机控制多机、一机应万变”，突破现有的技术瓶颈。用户在资金、人工、场地等方面的投入，都将随着 i5M8 的问世发生改变。i5M8 系列平台型智能机床的平台化设计使其更具灵活性，该产品集机械平台、功能平台、控制平台和应用平台于一身，具有很强的适应性，因此又被称为“百变侠”。i5M8 已打破了国外企业长期在五轴领域的技术垄断。它采用多工序集成技术，只需一次装夹即可完成全部加工需求，改变了加工复杂零件时需要多台机床分多个工序加工的烦琐工艺，使整体生产过程中切削

图 4-3　平台型智能机床 i5M8

及辅助时间减少 30%，并可根据行业特征提供解决方案。在为客户提供智能机床的同时，与商业合作伙伴携手为客户提供动力、测量及精益生产等专业服务以及模型编程、刀具选择、调装夹具、柔性自动化方案等服务。

（2）五轴联动数控铣床

S 试件用于检验五轴联动数控铣床的综合加工精度。该试件看似简单，只是一个 S 形的曲线，但实际上这个曲线却非常巧妙地将航空零件的若干加工特征征集成在这个 S 形的工件上面。目前该样件基本已经被国内的航空厂商所采用，用于检验五轴联动机床的加工性能。只要五轴联动机床能够加工出合格的 S 试件，那么该五轴联动机床就完全可以安全地用于加工航空零件，特别是加工一些复杂型面的薄壁零件。因此，S 试件可以作为检验五轴联动机床动态加工精度的标准，这对于提升国内五轴联动机床的性能以及航空和发电装备零件的加工具有非常重大的意义。i5M8 加工 S 试件，如图 4-4 所示。

图 4-4　i5M8 加工 S 试件

（3）i5 智能机床

i5 机床还有智能卧式车床（图 4-5）、智能立式加工中心（图 4-6）等不同款式供用户选择，通过 i5 数控系统基本底层的相互通信对接，可实现机床主机与 i5 自动线无阻顺畅通信，从而实现 i5 自动线整体的顺畅运行。

图 4-5　i5 智能卧式车床

图 4-6　i5 智能立式加工中心

近几年，i5 机床在全国各机械加工行业都有着广泛的应用，未来的工业制造不仅是单机的加工，还会有更多高集成度的自动化组合加工形式。i5 智能机床应用，如图 4-7 所示。

图 4-7　i5 智能机床应用

（4）DMGMORI 金属 3D 打印复合五轴加工机床

DMG（德玛吉）作为世界机床工业的先行者，引领了加工工业最新的技术方向，

DMGMORI 金属 3D 打印复合五轴加工机床（图 4-8）技术是目前世界机械加工的最新方向，DMGMORI 公司独特的混合式加工解决方案是一项令人瞩目的新技术，它将铣削加工技术与激光金属沉积加工工艺相结合，应用于一台具有完整铣削功能的 LASERTEC 65 型激光熔覆加工机床上。该工艺采用了一套粉末喷嘴，如图 4-9 所示。

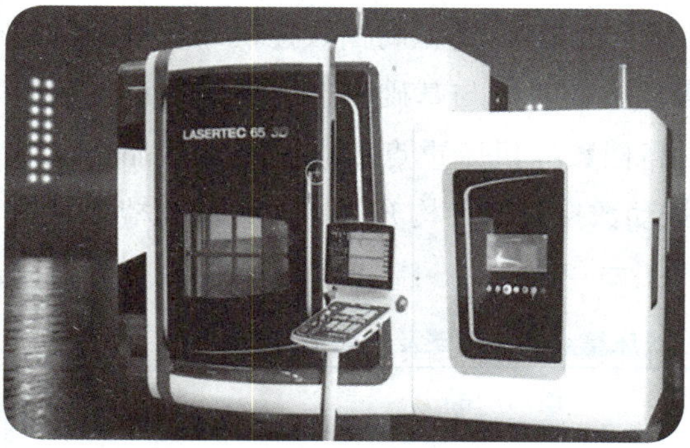


图 4-8 DMG MORI 金属 3D 打印复合五轴加工机床

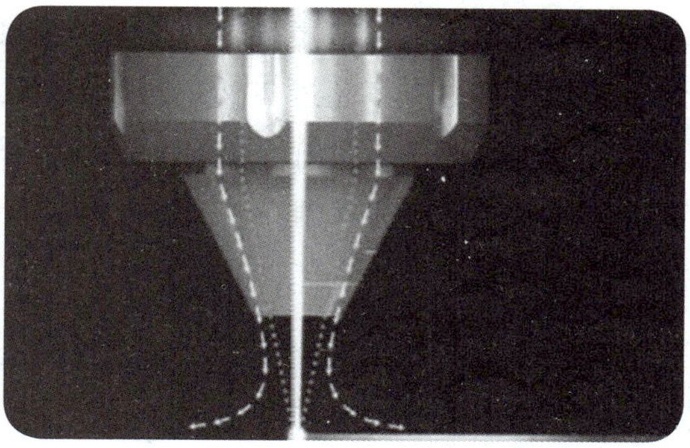

图 4-9 采用粉末喷嘴的加工工艺

DMG MORI 金属 3D 打印复合五轴加工机床的技术原理不同于采用粉末机床的激光烧结技术。其 3.5 kg/h 的熔积速度可使这一工艺的加工速度比采用粉末机床的激光烧结工艺快 20 倍，再与铣削工艺相结合，使该技术得到全新的应用成为可能。这种零部件可分段加工成形，凡是需要精密加工的重要部位采用铣削加工操作。它的优点在于该混合式加工机床将铣削加工的高精度和低表面粗糙度等优点与激光粉末沉积加工的灵活性和高熔积速度结合在一起。对于采用传统铣削工艺加工的整体零件而言，其材料的浪费率达到 95% 以上，而采用这种混合式加工工艺，则可以节约很可观的生产成本，其材料浪费率可减小约 5%。其缺点是零部件采用分段加工成形，凡是要求精密加工的重要部位需采用铣削加工操作，这中间发生的某些部位在采用沉积加工工艺后铣刀是无法接近的。

近几年来，增材制造市场快速地发展。到目前为止，增材制造都局限于生产其他传统方法无法生产的原型件和小型工件上。将增材制造与金属切削加工工艺集中在一台机床上，如图 4-10 所示，可实现用增材工艺补充和扩展传统的机械加工工艺。

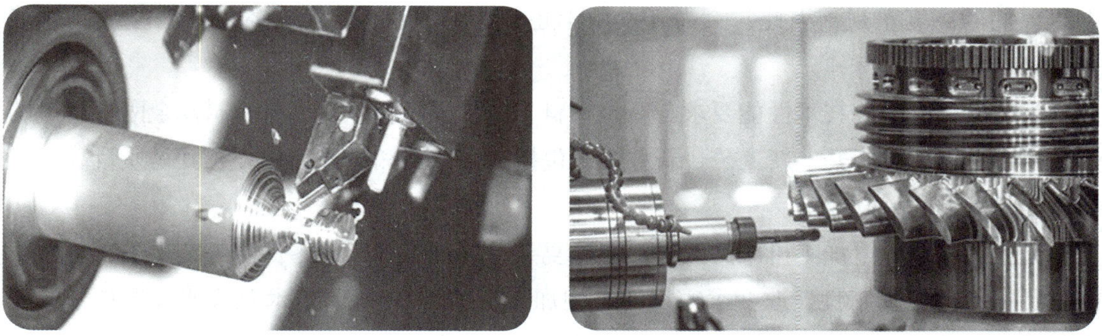

（a）　　（b）

图 4-10 增材与减材加工

### 4.2.3 高档数控机床的发展趋势

#### 1. 机床需求结构升级，产品向智能化、网络化、柔性化方向深入

国家对高档数控机床市场的发展给予了高度的关注。《中国制造 2025》将高档数控机床列为未来十年制造业重点发展领域之一，《〈中国制造 2025〉重点领域技术路线图（2015 版）》明确了高档数控机床未来发展目标。到 2020 年，高档数控机床与基础制造装备国内市场占有率超过 70%，到 2025 年，高档数控机床与基础制造装备国内市场占有率超过 80%。表 4-1 列出了 2015—2025 年我国高档数控机床重点需求领域及产品情况。高档数控机床将由需求侧传导至供给侧，有力推动数控机床结构升级，而生产高档数控机床的企业将迎来有利的发展机会。

表 4-1　2015—2025 年我国高档数控机床重点需求领域及产品情况

| 重点需求领域 | 重点产品 |
|---|---|
| 20 000 ～ 60 000 r/min 高速钻攻中心 | 电子与通信设备 |
| | 五轴联动高速加工中心 |
| | PSA 贴敷机以及机器人、智能检测装配生产线 |

工业 4.0 的到来，要求通过智能工厂、智能生产线、物联网等工具实现生产和流通领域的智能化，进而为消费者提供高度个性化的产品。与此相适应，数控机床必须向智能化、网络化、柔性化方向发展，以满足工业 4.0 的深层需求。

#### 2. 向先进制造技术、特种加工技术、精密制造技术方向发展

精密加工和特种加工是新世纪知识经济时代先进制造工艺技术的重要组成部分，代表了当前智能加工技术发展的重要方向，在制造业乃至社会发展进程中起到了非常重要的作用。目前精密加工与特种加工技术已成为零件制造的重要工艺技术手段，成为世界制造技术领域的制高点，是现代制造技术的前沿。

高新技术的发展促使高新技术产品向超精密化与小型化方向发展，对产品零件的精度与表面粗糙度提出更严格的要求。为适应这一发展趋势，特种加工的精密化研究已引起人们的高度重视，因此，大力开发用于超精加工的特种加工技术已成为重要的发展方向。

为适应产品的高技术性能要求与新型材料（如工程陶瓷、复合材料以及金刚石等）的加工要求，需要不断开发新工艺、新方法，包括微细加工和复合加工，尤其是质量高、效率高、经济型的复合加工。

激光加工、放电加工机床的面世使特殊复杂、典型难加工的零件加工变得不再复杂，提高了材料的可加工性，改变了零件的典型加工工艺。3D 打印技术及快速成形技术等先进制造技术的研发攻坚，为智能加工领域带来了又一次技术革新。智能加工充分利用计算机技术对加工设备的控制系统、电源系统进行优化，加大对特种加工（如超声、激光加工

等）的基本原理、加工机理、工艺规律、加工稳定性等深入研究的力度，建立综合工艺参数自适应控制装置、数据库等，进而建立加工的 CAD/CAM 与柔性制造系统（flexible manufacture system，FMS），使加工设备向自动化、柔性化方向发展，这是当前智能加工技术的主要发展方向。

### 3. 国产品牌崛起，告别国际品牌独大的局面

中国作为制造业大国，市场需求巨大，吸引了大批国际品牌数控机床企业入驻。FANUC、SIEMENS 等品牌的国际数控机床产品具备先发优势，其技术水平较高，更具品牌知名度，在全球数控机床产业高端市场、中高端市场均占有较高的市场份额。我国经过几十年的发展，不断自主研发和汲取国外经验，国产高档数控机床产业从无到有，市场不断壮大。沈阳机床股份有限公司 i5 数控系统的发布、北京精雕科技集团有限公司五轴联动精加工、大连光洋科技集团有限公司高端精密制造的创新，都证明我国具备向顶尖技术领域发展的能力。

## 拓展阅读

### 发达国家在数控机床领域的发展优势

在数控机床领域，美国、德国、日本三国是当前世界数控机床生产、使用实力较强的国家，是世界数控机床技术发展、开拓的先驱。

美国政府高度重视数控机床的发展。美国国防部等部门不断提出机床的发展方向、科研任务并提供充足的经费，且网罗世界人才，特别讲究“效率”和“创新”，注重基础科研，因而在数控机床技术上不断有创新成果。美国以宇航尖端、汽车生产为重点，因此需求较多高性能、高档数控机床，几家机床公司如辛辛那提（Cincinnati，现为 MAG 下属企业）、Giddings & Lewis（MAG 下属企业）、哈挺（Hardinge）、格里森（Gleason）、哈斯（Haas）等长期以来均生产高精、高效、高自动化数控机床供应市场。

德国政府一贯重视机床工业的重要战略地位，认为机床工业在整个机器制造业中最重要、最活跃、最具创造力，特别讲究“实际”与“实效”。德国的数控机床质量及性能良好，先进实用，出口遍及世界，尤其是大型、重型、精密数控机床；此外，德国还重视数控机床主机配套件的先进实用性，其机、电、液、气、光、刀具、测量数控系统等各种功能部件在质量、性能上居世界前列。如西门子公司的数控系统，在世界闻名，被竞相采用。

日本十分重视数控机床技术的研究和开发。经过长达数十年的努力，日本已经成为世界上最大的数控机床生产和供应国之一。日本生产的数控机床部分满足本国汽车工业和机械工业各部门市场需求，绝大多数用于出口，占领广大世界市场，获取很大利润。目前日本的数控机床已几乎遍及世界各个国家和地区，成为不可缺少的机械加工工具。

#### 4. 高档数控机床对行业的影响

高档数控机床的上游主要包括光机、数控系统、钣金、电子元器件、设备辅件等设备提供商，下游主要包括消费电子、通信、汽车及精密模具等行业，其影响如下。

（1）上游行业的影响

受技术的限制，目前国内高档数控机床所需的数控系统、光机的部分零部件（如主轴、丝杠、轴承等）主要从国外进口，而光机、钣金等机床部件的生产在国内发展已经较为成熟，主要从国内采购。总体上，上游市场较为成熟，供应稳定。

（2）下游行业的影响

数控机床作为工业母机，下游涉及各行各业，其中消费电子行业为主要下游行业。消费电子行业受下游市场需求的影响相对较大，目前处于快速发展阶段，且产品更新换代较快，每年新增产能较大，相应的数控机床产品需求旺盛。

### 智造案例

**“一次完成”生产思想的先驱：Mazak 公司**

Mazak 公司是一家全球知名的机床生产制造商，市场占有率常年稳居第一。公司成立于 1919 年，主要生产 CNC 车床、复合车铣加工中心、立式加工中心、卧式加工中心、CNC 激光系统、FMS 柔性生产系统、CAD/CAM 系统、生产支持软件等。客户主要分布在汽车、机械、电子、能源、医疗等不同行业。作为世界领先的机床制造商，Mazak 公司的产品素以智能化、复合化、自动化、节能环保等技术在行业内著称，在金属加工领域为众多行业做出贡献。

作为全球化公司，Mazak 公司自 20 世纪 70 年代开始国际化运营，目前在全世界共有 10 处生产基地，分布于中国、美国、英国、新加坡和日本。此外，Mazak 公司还在全球设立了 80 多处技术中心和服务中心，技术、生产、服务辐射面积广。Mazak 公司虽然已经是一个年销售额高达几十亿美元的机床企业，却仍然是没有上市的家族企业。它担心成为上市公司后被股价、股东所左右，董事会做出的决议可能只顾及短期利润，如产品科技含量降低的批量生产、为降低价格甚至偷工减料等，而这些都是违背 Mazak 公司经营理念的。Mazak 公司拒绝了上市的“诱惑”，自己承担风险，这必然决定了它管理的严格性和人事的稳定性。同时，Mazak 公司高管目光长远，重视产品研发和人才培养。

Mazak 公司的“DONE IN ONE”，指的是一种从素材到完成品为止的整个加工过程仅仅通过一台机床来完成的崭新的生产思想，在设备费用的削减、机器设置空间的缩减、高精度化、从生产到交货时间的缩减、能源削减等多方面都可以获得所期待的效果。一把刀具，一台机床，完成全部加工，这台机床实际上变成了一个“智能化工厂”。

这种高科技含量的“一次完成”的机床远非普通的复合加工的加工中心可比。smooth process support（SPS）系统则是一款致力于为客户构建高度智能化工厂的管理系统。通过 SPS 系统的应用，智能化工厂可以通过软件将信息技术用于产品设计、制造及管理等全生命周期中，使得工艺、程序、计划等生产准备提前展开。作业者只需读懂信息配合机床即可完成任务，以达到提高制造效率和质量、降低制造成本、实现敏捷响应市场，是工业工程与信息技术的完美融合。

Mazak 公司的成功离不开日本工业化的大背景，但能有今天的成绩，更多的是其自身的因素。注重产品研发和人才培养，注重用户需求和承担社会责任，立足自身、脚踏实地，无一不是其成功的基石。

## 4.3　3D 打印设备

1986 年，美国科学家查尔斯·赫尔（Charles Hull）根据紫外线灯照射液态的树脂膜会使其固化的原理，开发了第一台商业 3D 打印机（3D Printer），是 3D 打印技术的起源。1989 年，美国人卡尔·罗伯特·德卡德（Carl Robert Deckard）发明了激光选区烧结（selective laser sintering，SLS）技术，选材范围进一步扩大，理论上几乎所有的粉末材料都可以进行打印，如尼龙、腊、ABS、金属和陶瓷粉末等都可以作为原材料。1995 年，美国麻省理工学院几名学生借用喷墨打印机的原理，通过将打印机墨盒里的墨水替换成胶水，用喷射出来的胶水来黏结粉末床上的粉末，从而可以打印出一些立体的物品。这种打印方法被称作 3D 打印。美国的 Z-corporation 公司从麻省理工学院获得唯一授权并开始开发 3D 打印机。

经过了 30 多年的快速发展，3D 打印技术越来越成熟，各种新型原材料、元器件正以惊人的速度不断涌现。3D 打印将从过去的主要用于原型制造逐步演化为用于规范化生活，在建筑、土木工程、医疗行业、汽车、航空航天、教育、地理信息、珠宝、鞋类等领域都取得了广泛的应用。美国《时代》周刊将 3D 打印行业列为“美国十大增长最快的工业”，英国《经济学》杂志表示未来生产与生活模式将受到 3D 打印技术的影响，这项技术可能改变制造商品的方式，并改变世界的经济格局，进而改变人类生活方式。

### 智造案例

**可重复使用的 3D 打印硅胶杯**

2024 年 4 月 29 日，为解决一次性杯子带来的塑料污染问题，英国设计师 KalinaGotseva 开发了一款“可重复使用”3D 打印杯子。这款创意杯子由耐用的食品级硅胶 3D 打印而成，可重复使用，不仅环保，而且适合日常使用。对于茶饮和咖啡爱好者来说，Reusable 提供了一种可持续的选择，让他们可以随时随地享用饮料。其可折叠设计使其可以轻松放入口袋或包中携带，确保您无论在工作、旅行还是享受户外活动时始终做好准备。

3D 打印硅胶杯子采用了可折叠和可重复使用的设计，具有安全性和便利性。Gotseva 照顾到了每一个细节，从使整个可折叠设计变得独立开始。为此，设计师确保杯身可以平折，然后可以牢固地装入杯盖中，以在口袋 / 包中保持完整且无尘。保护盖不仅仅是可重复使用的外壳，事实上，它在饮用孔上有一个经过测试的推拉滑块，提供防漏便利，因此您可以在方便时安全地携带和饮用饮料。

除了实用性之外，可重复使用还拥有时尚的美学和符合人体工程学的握把，增强了整体用户体验。提供三种诱人的颜色选择：深蓝色、浅海蓝宝石色和鲜艳的橙色，总有一款可重复使用的杯子适合各种风格偏好。凭借其创新的设计、耐用的结构和鲜艳的颜色选择，可重复使用的杯子提供了传统一次性杯子的时尚且环保的替代品。

## 4.3.1　3D 打印概述

3D 打印概述

### 1.　3D 打印技术概述

3D 打印技术是一种通过 CAD 和制造软件引导，设计数据逐层累加材料的方法制造实体的技术，是材料技术、黏结技术和打印技术融合创新的产物。3D 打印技术又称增材制造技术，是相对于传统的机加工等减材制造技术而言的，是基于离散 / 堆积原理，通过材料的“自下而上”逐渐积累来实现制造的技术，其基本原理是叠层制造。自 20 世纪 80 年代美国出现第一台商用光固化成型机后，3D 打印技术在多年的时间得到了快速发展，从前期主要用于原型制造以消除复杂形状对加工制造的限制，发展到如今越来越多地应用于零件和成品制造。期间也被称为“材料累加制造”（material increase manufacturing）、“快速原型”（rapid prototyping）、“分层制造”（layered manufacturing）、“实体自由制造”（solid free-form fabrication）等。名称各异的叫法分别从不同侧面表达了该技术的特点。

**知识链接**

**ASTM F42 国际委员会定义下的 3D 打印与增材制造**

美国材料与试验协会（American Society for Testing and Materials，ASTM）F42 国际委员会对增材制造和 3D 打印有明确的概念定义：“增材制造是依据三维 CAD 数据将材料连接制作物体的过程，相对于减材制造，它通常是逐层累加过程。3D 打印是指采用打印头、喷嘴或其他打印技术沉积材料来制造物体的技术，3D 打印也常用来表示增材制造技术，在特指设备时，3D 打印是指相对价格或总体功能相对低端的增材制造设备。”从广义的原理来看，以设计数据为基础，将材料（包括液体、粉材、线材或块材等）自动化地累加起来成为实体结构的制造方法，都可视为 3D 打印（增材制造）技术。

### 2. 3D 打印机工作原理

3D 打印机内部装有液体或粉末等“打印材料”，利用计算机将零件的 3D 模型切成一系列一定厚度的“薄片”，3D 打印设备自下而上地制造出每一层“薄片”，最后把计算机上的三维蓝图叠加成实物。3D 打印流程如图 4-11 所示。这种制造技术不需要传统的刀具、夹具及多道加工工序，利用三维设计数据在一台设备上可快速而精确地制造出几乎任意复杂形状的零件，从而实现“自由制造”。3D 打印技术可以实现许多过去难以加工的复杂结构零件的制造，并大大减少加工工序，缩短加工周期。而且越是复杂结构的产品，其制造的提速效果越显著。

### 3. 3D 打印的特点和优势

3D 打印的特点和优势如图 4-12 所示。

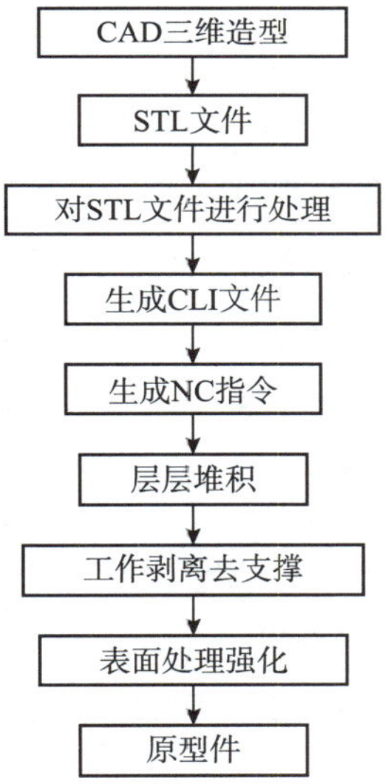


图 4-11　3D 打印流程

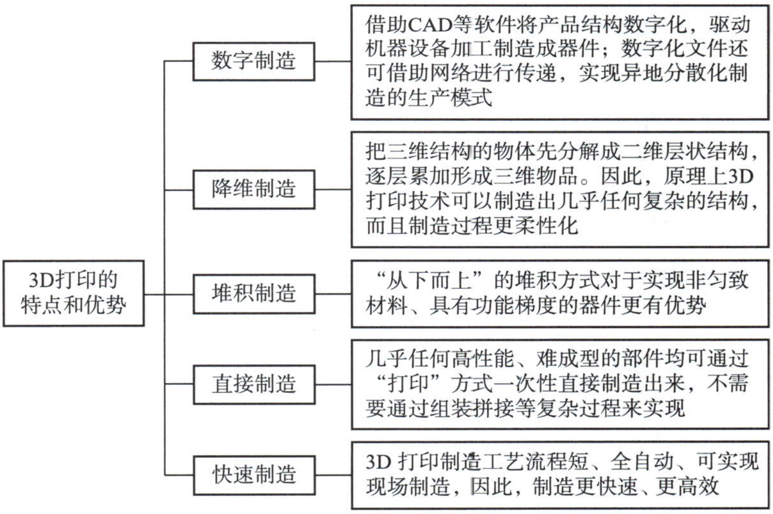


图 4-12　3D 打印的特点和优势

**智造案例**

#### 国内高校有关 3D 打印技术的研究

20 世纪 90 年代，西北工业大学、北京航空航天大学等高校就开始了有关激光快速成型技术的研究。西北工业大学建立了激光快速成型系统，针对多种金属材料开展了工艺实验，近年来西北工业大学团队采用 3D 打印技术打印了最大尺寸 3 m、重达 196 kg 的飞机钛合金左上缘条。北京航空航天大学同样在大尺寸钛合金零件的 3D 打印方面开展了深入的研究，在“十一五”期间，采用激光熔丝沉积方法制备出了大型钛合金主承力结构件。华中科技大学在激光选区熔化和激光选区烧结方面开展了很多工作，对金属材料及高分子材料的 3D 打印进行了研究，并且开发了拥有自主知识产权的 SLM 设备——HRPM 系列粉末熔化成型设备。西安交通大学在生物医学用内置物的 3D 打印及金属材料的激光熔丝沉积成型方面开展了工作，完成了多例骨科 3D 打印个性化修复结构的临床案例，通过激光熔丝沉积制备了发动机叶片原型，最薄处可达 0.8 mm，并具有定向晶组织结构。清华大学在国内也较早地开展了 3D 打印技术研究，研究领域主要是在电子束选区熔化（EBM）技术方面，并且研发了相关的 3D 打印设备。

## 4.3.2 常见的 3D 打印技术原理

根据 3D 打印所用材料的状态及成型方法，3D 打印常用技术及使用材料如表 4-2 所示。有代表性的 3D 打印技术主要有熔丝沉积成型（fused deposition modeling，FDM）、立体光固化成型（stereo lithography appearance，SLA）、电子束自由成型制造（electron beam freeform fabrication，EBF）、激光选区烧结（selective laser sintering，SLS）、分层实体制造（laminated object manufacturing，LOM）等。

表 4-2 3D 打印常用技术及使用材料

| 类型 | 累积技术 | 基本材料 |
|---|---|---|
| 挤压 | 熔丝沉积成型（FDM） | 热塑性塑料，共晶系统金属、可食用材料 |
| 线 | 电子束自由成型制造（EBF） | 几乎任何合金 |
| 粒状 | 直接金属激光烧结（DLMS） | 几乎任何合金 |
| | 电子束培化成型（EBM） | 钛合金 |
| | 选择性激光熔化成型（SLM） | 钛合金、钴铬合金、不锈钢、铝 |
| | 选择性热烧结（SHS） | 热塑性粉末 |
| | 激光选区烧结（SLS） | 热塑性粉末、金属粉末、陶瓷粉末 |
| 粉末层喷头 3D 打印 | 石膏 3D 打印（PP） | 石膏 |
| 层压 | 分层实体制造（LOM） | 纸、金属膜、塑料薄膜 |
| 光聚合 | 立体光固化成型（SLA） | 光硬化树脂 |
| | 数字光处理（DLP） | 光硬化树脂 |

### 1. 熔丝沉积成型

熔丝沉积又称熔融沉积，它是将丝状热熔性材料加热融化，通过带有一个微细喷嘴的喷头挤喷出来。热熔材料融化后从喷嘴喷出，沉积在制作面板或者前一层已固化的材料上，温度低于固化温度后开始固化，通过材料的层层堆积形成最终成品。熔丝沉积成型原理，如图 4-13 所示。其使用的材料一般是热塑性材料，如 ABS、蜡、尼龙等。

该技术的优点为：系统构造原理和操作简单、成本低、材料的利用率高、去支撑简单等，在 3D 打印技术中，FDM 的机械结构最简单，设计也最容易，制造成本、维护成本和材料成本也最低，因此也是在家用的桌面级 3D 打印机中使用最多的技术。其缺点是成型件的表面有明显的条纹、沿成型轴垂直方向的强度比较低、需要设计与制作支撑结构。目前随着技术的发展和产品的需要，出现了多喷头 FDM 和气压式 FDM，可以实现多种材料的混合打印。

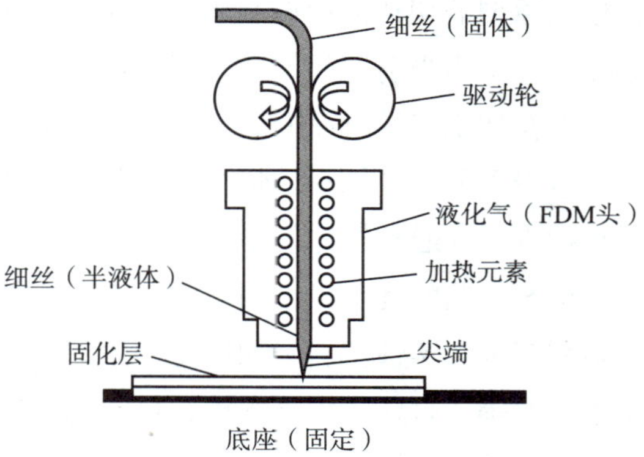


图 4-13　熔丝沉积成型原理

## 2. 立体光固化成型

立体光固化成型技术是使用特定波长与强度的激光聚焦到光固化材料表面，使之由点到线、由线到面按顺序凝固，完成一个层片的绘图作业，然后升降台在垂直方向移动一个层厚的高度，再固化另一个层片，从而层层叠加构成一个三维实体。SLA 技术最早由美国的查尔斯·赫尔博士提出，并在 1986 年申请获得专利，经过几十年的发展，立体光固化成型已成为目前众多的基于材料累加法 3D 打印中发展最成熟、在工业领域使用最为广泛的方式之一。

立体光固化成型技术是利用紫外激光逐层扫描液态的光敏聚合物（如丙烯酸树脂、环氧树脂等）实现液态材料的固化，逐渐堆积成型的技术。它的成型原理如图 4-14 所示，以液态光敏树脂为加工材料，计算机控制紫外激光束按加工零件的分层截面信息逐层对光敏树脂进行扫描，使其产生光聚合反应，每次固化形成零件的一个薄层截面；每一层固化完毕之后，工作平台移动一个层厚的高度，然后在原先固化好的树脂表面再涂敷一层新的液态树脂，以便进行下一层扫描固化；新固化的一层牢固地黏合在前一层上，如此重复直至零件原型制造完毕。这种技术可以制作结构复杂的零件，零件精度及材料的利用率高，原材料的利用率将近 100%，尺寸精度高（±0.1 mm），表面质量优良，可以制作结构十分复杂的模型。缺点是能用于成型的材料种类少，工艺成本高，制成品在光照下会逐渐解体。

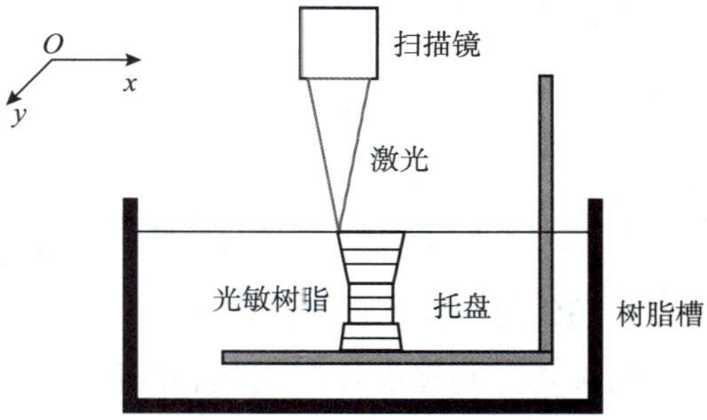


图 4-14　立体光固化成型原理

## 3. 激光选区烧结

激光选区烧结技术利用激光照射有选择地分层烧结固体粉末，由计算机控制层叠堆积成型。整个工艺装置由粉末缸和成型缸组成，一般的步骤是：在激光束开始扫描前，粉末缸活塞上升，由水平铺粉刮刀将金属粉末材料在成型缸的基板上均匀铺上一层，然后计算机根据原型的切片模型控制激光束在该层截面上扫描，使粉末温度升至熔点从而烧结形成黏接，加工出当前层的轮廓。粉末加工完成一层后，使工作活塞下降一个层厚的距离，铺粉刮刀在加工好的层面上铺上新的金属粉末，激光束再选择性地熔化粉末。

接着不断重复铺粉、烧结的过程，如此层层加工，直至使整个模型成型。整个加工过程在抽真空或通有气体保护的加工室中进行，以避免金属在高温下与其他气体发生反应。

SLS 工艺的优点是适用面广，不仅能制造陶瓷、石蜡等材料的零件，还可以打印金属材料和多种热塑性塑料，如尼龙、聚碳酸酯、聚丙烯酸酯类、聚苯乙烯、聚氯乙烯、高密度聚乙烯等。打印时无须支撑，打印的零件机械性能好、强度高；缺点是材料粉末比较松散，烧结后成型精度不高，且高功率的激光器价格昂贵。

#### 4. 分层实体制造

分层实体制造主要由计算机、材料存储及送进机构、热黏压机构、激光切割系统、可升降工作台、数控系统和机架等组成。其工作原理为：首先在工作台上制作基底，工作台下降，送纸滚筒送进一个步距的纸材，工作台回升，热压滚筒滚压背面涂有热熔胶的纸材，将当前叠层与原来制作好的叠层或基底粘贴在一起，切片软件根据模型当前层面的轮廓控制激光器进行层面切割，逐层制作，当全部叠层制作完毕后，再将多余废料去除。LOM 常用材料主要是硬纸、金属箔、塑料薄膜、陶瓷膜等薄层材料。此方法除了可以制造模具、模型外，还可以直接制造结构件或功能件。该技术具有原材料价格便宜、制作尺寸大、无须支撑结构、操作方便等优点，同时也具有工件表面有台阶纹、工件的抗拉强度和弹性差、易吸湿膨胀等缺点。

### 4.3.3 3D 打印技术发展的趋势与面临的挑战

#### 1. 3D 打印技术发展的趋势

随着智能制造的逐渐成熟和现代技术的不断发展，3D 打印已逐步应用于生活中的各个领域，可以说几乎任何需要模型和原型的行业都能应用到 3D 打印机。3D 打印技术面临着新的发展趋势，其未来的发展将使大规模的个性化生产成为必然，也可能会给全球制造业带来重大变革。

（1）向日常消费品制造方向发展

3D 打印设备可以直接将计算机中的三维图形输出为三维彩色物体，对杯子、桌椅、玩具、灯具、刀叉、吸尘器、衣柜、家电等家用日常生活用品均可以进行个性化设计并打印出来。3D 打印在产品创意、工艺美术、工业造型等方面有着广泛的应用前景和巨大商业价值，其发展面向高精度、低成本、高性能。

（2）向功能零件制造发展

采用激光或电子束直接熔化金属粉，逐层堆叠金属，形成金属直接成型技术。该技术可以直接制造复杂结构金属功能零件，制件力学性能足以达到锻件性能指标。进一步的发展方向是提高性能和精度，同时向陶瓷零件的增材制造技术和复合材料的增材制造技术发展。

（3）向智能化装备发展

目前，增材制造设备在软件功能和后处理方面还有许多问题需要优化，这些问题直接影响设备的使用和推广，设备智能化是其走向普及的保证。

（4）向组织与结构一体化制造发展。

3D 打印技术实现了从微观组织到宏观结构的可控制造。支撑生物组织制造、复合材料等复杂结构零件的制造给制造技术带来革命性发展。

### 2. 3D 打印技术面临的挑战

3D 打印技术已经取得显著的进展，但就目前而言，在技术和产业层面仍面临以下挑战。

（1）打印材料的强度、加工精度等性能指标不够理想

由于 3D 打印工艺发展还不完善，快速成型零件的精度和表面质量大多不能满足工程直接使用要求。如今，质量稳定性和工艺过程一致性是用金属材料进行 3D 打印所面临的最大挑战，外部电压不稳定、环境温度变化、装备精密程度不够等因素，都有可能导致产品的内部组织和结构产生缺陷。这种缺陷往往难以检测和修复，会导致零部件的机械性能降低，影响使用寿命，甚至造成安全隐患。正因为在质量稳定性方面缺乏可靠的监测手段和实用经验，3D 打印目前还不适用于高端装备核心零部件的直接生产。

而使用非金属材料进行 3D 打印则会带来产品尺寸精度不够和表面粗糙的问题。如采用熔丝沉积成型、粉末喷射等原理的 3D 打印机，往往加工精度相对较低，并且产品加工完成后还需手工打磨、清洗。另外，在加工一些特殊结构时，需要生成辅助支撑结构，加工完成后还需手动去除并打磨以保持表面干净整洁。

（2）时间、能源等方面的边际成本制约 3D 打印的产业规模

人们的需求正向“大规模个性化”不断靠近，需要在数量充足的前提下，尽可能丰富产品种类，满足多样化、个性化需求。但目前，3D 打印技术并不适用于大批量产品的制造，与传统制造方式相比消耗的时间、能源成本明显过高。因此，3D 打印技术将和传统制造方式分别占据两个不同层面的市场。在未来相当长的时间内，3D 打印技术在单件小批量、个性化定制和网络社区化生产方面具有优势，以满足多样化、个性化需求和某些时效性强、门类特殊的细分市场。而传统制造方式适用于批量生产制造，在规模化生产方面占据优势地位，市场份额较大。

（3）可用材料种类的有限性影响 3D 打印技术的推广

材料种类有限性是目前制约 3D 打印技术广泛应用的关键因素。虽然 3D 打印作为一种先进的生产方式，已在多个领域成功运用，但应用范围较有限，尚不能成为主要的生产

技术。目前已研发的材料主要有塑料、树脂和金属等，然而 3D 打印技术要实现更多领域的应用，就需要开发出更多的可打印材料，根据材料特点深入研究加工、结构与材料之间的关系，开发质量测试程序和方法，建立材料性能数据的规范性标准等。

（4）知识产权的保护不足，阻碍 3D 打印技术的创新发展

3D 打印技术是一种数字模型直接驱动的成型制造方式，而数字模型作为 3D 打印技术普及应用的关键因素，其构建需要聚集设计人员大量创新性思维与活动，代表了设计人员的创新和知识贡献，因此建立合理的产品数字模型的知识产权保护机制十分重要。3D 打印技术的出现使制造业的成功不再取决于生产规模，而更取决于创意。然而，模仿者和创新者都能轻而易举地在市场上快速推出新产品，极有可能面临盗版的威胁。目前在全球范围内，相关知识产权保护机制尚处于空白，需要建立知识产权保护机制，制定行业内普遍认可和遵守的标准协议，构成一定的强制约束力。

## 4.4 工业机器人

在智能制造领域，工业机器人作为集多种先进技术于一体的自动化装备，体现了现代工业技术的高效益、软硬件结合等特点，成为柔性制造系统、自动化工厂、智能工厂等现代化制造系统的重要组成部分。机器人技术的应用转变了传统的机械制造模式，提高了制造生产效率，为机械制造业的智能化发展提供了技术保障；优化了制造工艺流程，能够构建全自动智能生产线，为制造模块化作业生产提供了良好的环境条件，满足现代制造业的生产需要和发展需求。

### 4.4.1 工业机器人的概念与发展

工业机器人是面向工业领域的多关节机械手或多自由度的机器装置，具有柔性好、自动化程度高、可编程性好、通用性强等特点。在工业领域中，工业机器人的应用能够代替人进行单调重复的生产作业，或是在危险恶劣环境中的加工操作。

国际上，工业机器人的定义主要有两种。

#### 1. 国际标准化组织（ISO）的定义

工业机器人是一种具有自动控制的操作和移动功能，能完成各种作业的可编程操作机。

#### 2. 美国机器人协会（RIA）的定义

工业机器人是一种可以反复编程和多功能的，用来搬运材料、零件、工具的操作机；或者为了执行不同的任务而具有可改变的和可编程的动作的专门系统。

工业机器人的研究始于 20 世纪中期。最早在第二次世界大战之后，美国阿贡国家能源实验室为了解决核污染机械操作问题，首先研制出遥操作机械手用于处理放射性物

质。1959 年，德沃尔与美国发明家约瑟夫·英格伯格联手制造出第一台工业机器人样机 Unimate 并定型生产，标志着第一代示教再现型工业机器人的诞生。随着生产需求从大批量生产向小批量多品种生产的转变，美国麻省理工学院率先开始研究感知机器人技术，并于 1965 年开发出可以自动感知识别的第二代工业机器人。在 20 世纪 90 年代，计算机技术和人工智能技术的初步发展推动了第三代智能工业机器人的研究。第三代智能工业机器人是指在智能计算机控制下，通过多传感器感知机器人本体状态和作业环境状态并进行推理做出决断，进行多变量实时智能控制的机器人平台。目前，经过半个多世纪的发展，工业机器人在提高产品质量和生产效率、改善生产环境和提高生产自动化水平等方面的作用日益突出，被广泛应用到工业制造的各个方面。

## 4.4.2　工业机器人的结构与功能

工业机器人一般由三个部分、六个子系统组成，如图 4-15 所示。三个部分是控制部分、机械部分和传感部分；六个子系统是人 - 机交互系统、控制系统、驱动系统、机械结构系统、机器人 - 环境交互系统和感受系统。

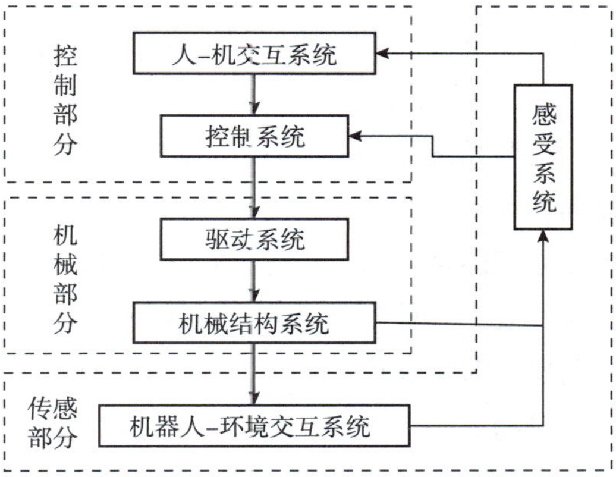


图 4-15　工业机器人结构

### 1. 控制部分

控制部分包括工业机器人的人 - 机交互系统和控制系统，是工业机器人的核心，决定了生产过程的加工质量和效率，便于操作人员及时准确地获取作业信息，按照加工需求对驱动系统和执行机构发出指令信号并进行控制。

（1）人 - 机交互系统

人 - 机交互系统是人与工业机器人进行信息交换的设备，主要包括指令给定装置和信息显示装置。人 - 机交互技术应用于工业机器人的示教、监控、仿真、离线编程和在线控制等方面，优化了操作人员的操作体验，提高了人 - 机交互效率。

（2）控制系统

控制系统是根据机器人的作业指令程序以及从传感器反馈回来的信号，支配工业机器人的执行机构完成规定动作的系统。控制系统可以根据是否具备信息反馈特征分为闭环控制系统和开环控制系统；根据控制原理可分为程序控制系统、适应性控制系统和人工智能控制系统；根据控制运动的形式可分为点位控制系统和连续轨迹控制系统。

### 2. 机械部分

机械部分包括工业机器人的机械结构系统和驱动系统，是工业机器人的基础，其结构决定了机器人的用途、性能和控制特性。

（1）机械结构系统

机械结构系统即工业机器人的本体结构，包括基座和执行机构，有些机器人还具有行走机构，是机器人的主要承载体。机械结构系统的强度、刚度及稳定性是机器人灵活运转和精确定位的重要保证。

（2）驱动系统

驱动系统包括工业机器人动力装置和传动机构，按动力源分为液压、气动、电动和混合动力驱动，其作用是提供机器人各部位、各关节动作的原动力，使执行机构产生相应的动作。驱动系统可以与机械系统直接相连，也可通过同步带、链条、齿轮、谐波传动装置等与机械系统间接相连。

### 3. 传感部分

传感部分包括工业机器人的感受系统和机器人 - 环境交互系统，是工业机器人的信息来源，能够获取有效的外部和内部信息来指导机器人的操作。

（1）感受系统

感受系统是工业机器人获取外界信息的主要窗口，机器人根据布置的各种传感元件获取周围环境状态信息，对结果进行分析处理后控制系统对执行元件下达相应的动作命令。感受系统通常由内部传感器模块和外部传感器模块组成：内部传感器模块用于检测机器人自身状态，如检测机器人机械执行机构的速度、姿态和空间位置等；外部传感器模块用于检测操作对象和作业环境，如机器人抓取物体的形状、物理性质，检测周围环境中是否存在障碍物等。

（2）机器人 - 环境交互系统

机器人 - 环境交互系统是工业机器人与外部环境中的设备进行相互联系和协调的系统。在实际生产环境中，工业机器人通常与外部设备集成为一个功能单元，如加工制造单元、焊接单元、装配单元等；或者多台机器人、多台机床或设备、多个零件存储装置等集成为一个执行复杂任务的功能单元。机器人 - 环境交互系统帮助工业机器人与外部设备建立良好的交互渠道，能够共同服务于生产需求。

工业机器人的组成结构是实现其功能的基础。

## 4.4.3 工业机器人的关键技术

工业机器人的关键技术是推动机器人系统不断发展和进步的重要支撑，其技术的研发和突破能够提高工业机器人系统的控制性能、人机交互性能和安全可靠性，提升工业机器人任务重构、偏差自适应调整的能力，实现工业机器人的系列化设计和批量化制造。在智能制造领域中，工业机器人有三类关键技术：整机技术、部件技术和集成应用技术，如图 4-16 所示。

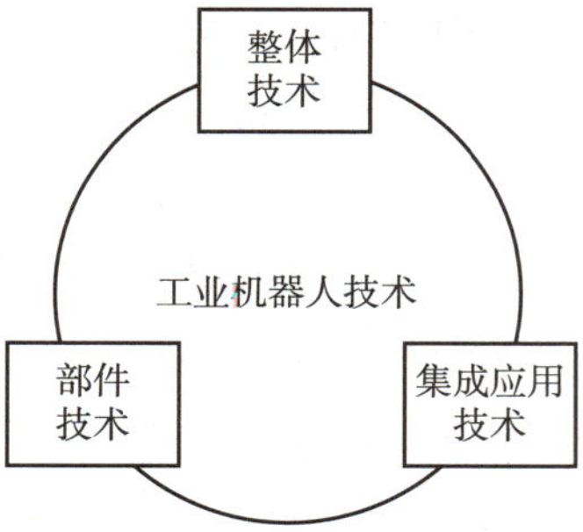


图 4-16　工业机器人技术

### 1. 整机技术

整机技术是指以提高工业机器人产品的可靠性和控制性能，提升工业机器人的负载/自重比，实现工业机器人的系列化设计和批量化制造为目标的机器人技术，主要有本体优化设计技术、机器人系列化标准化设计技术、机器人批量化生产制造技术、快速标定和误差修正技术、机器人系统软件平台等。本体优化设计技术是其中的代表性技术。

本体优化设计技术即对工业机器人的本体进行优化设计和性能评估的技术。在现代工业生产的一些高速、重载的应用场合下，需要保证工业机器人加工过程中的运动精度和运动平稳性，因此在工业机器人的本体结构设计开发时，必须对其惯性参数和结构参数进行不断优化，使机构的质量、刚度得到合理的分布，工业机器人整机具有良好的动态性能。基本流程是：首先根据生产需求设计工业机器人机械结构，利用三维软件建立本体结构模型，并进行虚拟装配，如图 4-17 所示；然后利用计算机仿真技术对机器人进行运动学和动力学仿真分析，分析机器人的各项性能；最后利用有限元技术等方法对结构进行优化，以实现机器人的轻量化，提高机器人的动态性能。

图 4-17　建立本体结构模型

在工业机器人本体设计过程中，应当考虑以下设计原则。

（1）最小运动惯量设计原则

工业机器人不同零部件之间的运动会在惯性的作用下对本身产生冲击，因此在进行机器人本体结构设计时，应尽量减小运动部件的质量，并注意运动部件对转轴的质心配置，提高机器人运动的平稳性，降低末端的误差。

（2）高强度高刚度设计原则

工业机器人本体的结构和材料影响着整体机构的强度与刚度，进一步影响着机器人的加工能力和运动精度。因此在机器人本体设计过程中，需要对各部分机构进行合理的设计，确保作用在机构上的力和力矩得到恰当的分配，满足整体机构的强度与刚度要求。

（3）可靠性设计原则

在工业机器人本体设计阶段需要对机器人的可靠性进行预估和测试，可以通过结构概率可靠度设计方法设计出可靠度满足要求的零件或结构，或者通过系统可靠性综合评测方法评定机器人系统的可靠性，保证机器人结构满足可靠性要求。

在本体结构轻量化设计方面，主要体现在新材料、新工艺和结构优化理论的应用上，例如从铸铁或铝合金转变到复合材料的选用，以及拓扑优化等相关技术的应用；在本体结构模块化设计方面，主要体现在各种机构的选用和组合上，例如，关节模块中伺服电机和减速器的集成，可提高机器人的可重构能力。

### 2. 部件技术

部件技术是指以研发高性能机器人零部件，满足工业机器人关键部件需求为目标的机器人技术，主要有高性能伺服电机设计制造技术、高性能 / 高精度机器人专用减速器设计制造技术、开放式 / 跨平台机器人专用控制（软件）技术、变负载高性能伺服控制技术等。高性能伺服电机设计制造技术和高性能 / 高精度机器人专用减速器设计制造技术是其中的代表性技术。

伺服电机是指在伺服系统中控制机械元件运转的发动机，能将电压信号转化为转矩和转速信号以驱动控制对象，是机器人的核心零部件之一，如图 4-18 所示。伺服电机作为工业机器人的关键执行部件，是驱动工业机器人运动的主要动力系统，其性能很大程度上决定了工业机器人整体的动力性能。工业机器人领域中应用的伺服电机应具有快速响应、高启动转矩、低惯量、宽广且平滑的调速范围等特性，目前应用较多的是交流伺服电机。设计高性能高功率密度伺服电机需要根据设计指标综合考虑电机结构参数、部件材料、磁路结构等要素，并通过有限元等方法综合分析电机性能。

减速器通常用作原动件与工作机之间的减速传动装置，起到匹配转速和传递转矩的作用，一般由封闭在刚性壳体内的齿轮传动、蜗杆传动、齿轮 - 蜗杆传动组成，是机器人传动机构的核心部件之一，如图 4-19 所示。

图 4-18　伺服电机

图 4-19　减速器

机器人领域常用的精密传动装置主要有轻载条件下的谐波减速器和重载条件下的 RV 减速器。谐波减速器具有轻量小型、无齿轮间隙、高转矩容量等优点，但其精度寿命较差，主要是由于在高度循环的交变应力情况下柔轮极易出现疲劳失效，通常应用在关节型机器人的末端执行器等轻载部位；RV 减速器主要包含行星齿轮与摆线针轮两级减速两个部分，具有减速范围宽、功率密度大、运行平稳等优点，已成为工业机器人最常用的精密减速器。设计高性能 / 高精度机器人专用减速器需综合考虑传动精度、齿廓修形、扭转刚度以及回差等技术指标。

当前，我国高性能伺服电机、减速器等关键零部件的设计制造技术与外国相比，在可靠性、精度、动态反应能力等方面存在一定差距，是制约我国工业机器人发展的瓶颈之一。

### 3. 集成应用技术

集成应用技术是指以提升工业机器人任务重构、偏差自适应调整能力，提高机器人人机交互性能为目标的机器人技术，主要有基于智能传感器的智能控制技术、远程故障诊断及维护技术、基于末端力检测的力控制及应用技术、快速编程和智能示教技术、生产线快速标定技术、视觉识别和定位技术等。视觉识别定位技术是其中的代表性技术。

视觉识别和定位技术是一项涉及人工智能、图像处理、传感器技术和计算机技术等多领域的综合技术，与工业机器人结合非常紧密，广泛地应用在工业生产中的缺陷检测、目标识别与定位和智能导航等方面。机器人能够通过视觉传感器获取环境的二维图像，传送给专用的图像处理系统，得到被摄目标的形态信息，然后根据像素分布和亮度、颜色等信息，转变成数字化信号，图像系统通过处理这些信号来抽取目标的特征进行分析决断，进而控制生产现场的机器人动作。典型的视觉应用系统如图 4-20 所示。

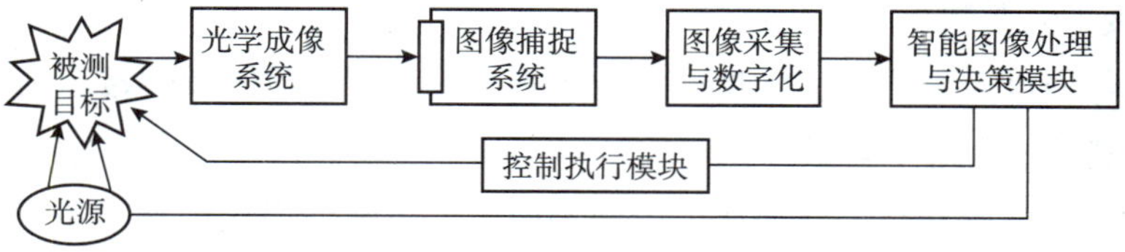


图 4-20　典型的视觉应用系统

视觉识别和定位技术在工业机器人领域的应用主要有以下三个方面。

（1）视觉测量

针对精度要求较高（毫米级甚至为微米级）的零部件，使用人的肉眼无法完成其精度测量，通过引入视觉非接触测量技术构成机器人柔性在线测量系统，能够有效获取零部件表面质量和基本尺寸信息。

（2）视觉引导

基于机器视觉技术能够快速准确地找到目标零件并确认其位置，采用模式识别的方式，在三维图像中获取目标点或目标轨迹，引导工业机器人进行抓取、加工等操作，提高生产智能化程度，实现自动化作业。

（3）视觉检测

通过机器视觉检测完成产品的制造工艺检测、自动化跟踪、追溯与控制等生产环节，识别零件的存在或缺失以保证部件装配的完整性，判别产品表面缺陷以保证生产质量。

视觉识别和定位技术的应用使得工业机器人能够适应复杂工业环境中的智能柔性化生产，大大提高了工业生产中的智能化和自动化水平。

工业机器人的关键技术推动了机器人产品的系列化设计和批量化制造。

### 4.4.4　工业机器人在智能制造中的应用

在智能制造领域，多关节工业机器人、并联机器人、移动机器人的本体开发及批量生产，使得机器人技术在焊接、搬运、喷涂、加工、装配、检测、清洁生产等领域得到规模化集成应用，极大地提高了生产效率和产品质量，降低了生产和劳动力成本。

### 1. 焊接机器人

在汽车、工程机械、船舶、农机等行业，焊接机器人的应用十分普遍。作为精细度需求较高、工作环境状况较差的生产步骤，焊接的劳动强度极大，对焊接工作人员的专业素养要求较高。由于机器人具备抗疲劳、高精准、抗干扰等特点，应用焊接机器人技术取代人工焊接，可保证焊接质量一致性，提高焊接作业效率，同时也能直观地反馈焊接作业的质量。示教型焊接机器人在焊接工序中的应用实现主要基于以下工作流程。

（1）确定示教轨迹

操作人员根据加工需求编制完整的示教程序，焊接机器人严格执行程序完成相应的动作轨迹，确保焊接操作的可行性和稳定性。

（2）焊接工艺参数设定和控制

根据零部件厚度及材质等实际情况，对焊接电流、焊接时间及焊接压力等参数进行设置，避免出现骑边、焊穿等焊接缺陷。

随着视觉、力觉感知技术在焊接生产中的应用，感知型焊接机器人还能进行引导路径编程，可实时感知 / 预测焊接过程中的非预期事件（如人体接触），并迅速规避，实现更加智能化的人机协作焊接。

目前，投放于焊接岗位的机器人的种类较多，根据使用场合的差异，选用的焊接机器人种类各有不同，其中多关节机器人的应用较为普遍，如图 4-21 所示。多关节机器人运动灵活、空间自由度较高，能够调整任意的焊接位置和姿态，有效地提升了制造中的生产效率与生产质量。

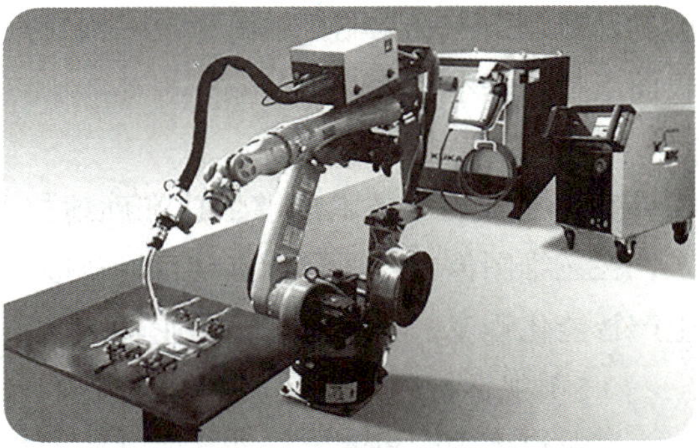

图 4-21　多关节焊接机器人

在汽车制造领域，奇瑞公司在奇瑞 A3 车型的生产中引入了自动化生产线焊接系统，以完成车身下部和车身总成的焊接任务。在汽车焊接工艺中，点焊占整车焊接的很大一部分，奇瑞 A3 车型自动化生产线焊接系统主要由点焊机器人系统组成，包括机器人本体、机器人控制器、点焊控制器、自动电极修磨机、自动工具交换装置、气动点焊钳和水气供应的水气控制盘等，机器人系统能够根据上位 PLC 的车型信号输入来调用对应的机器人焊接程序进行车身装配焊接。自动化生产线焊接系统的引入提高了生产线的自动化水平和加工效率，保证了车身的高质量焊接要求。

### 2. 搬运机器人

机器人技术同样能够应用到制造业的搬运作业中。借助人工程序的构架与编排，将搬运机器人投放到当今制造业生产之中，从而实现运输、存储、包装等一系列工作的自动化进行，不仅有效地解放了劳动力，而且提高了搬运工作的实际效率。通过安装不同功能的执行器，搬运机器人能够适应各类自动生产线的搬运任务，实现多形状或不规则的物料搬运作业。同时考虑到化工原料及成品的危险性，利用搬运机器人进行运输能降低安全隐患，减小危险品及辐射品对搬运人员的人体伤害。

目前，固定式串联搬运机器人在制造业中应用广泛，其优点是工作空间大、结构简单，但其负载较低、刚性较差，只能在固定工位上完成简单的搬运工作，具有一定的局限性。通过结合移动机器人技术和并联机器人技术，能有效地提高搬运机器人的承载能力和作业范围，在汽车、物流、食品、医药等行业具有广阔的应用前景，如图 4-22 所示。

图 4-22 搬运机器人

在物流领域，菜鸟网络海宁的实验仓引入了一套使用 ABB 机器人的智能分拣系统，实现了存储、拣选和分拨三个功能的全自动化操作，覆盖了库内作业 80% 以上的工作流程。这套智能分拣系统的最前端是料箱式自动化立体仓库，ABB 大型机器人 IRB 6700 能够根据不同的订单需求，将相应的周转箱取出，并推送到下一个工作站；然后配备了吸盘夹爪的两台 IRB 1200 通过抽真空原理，使用吸力把商品从周转箱中拣选出来，放置到流水线上，并根据订单数量进行拣选；最后两台 IRB 360 机器人根据每个订单的需求进行分拨，放入对应的订单箱中。这套智能分拣系统的使用完全实现了无人化操作，既节省了人力成本，还能有效避免工作中的差错，大大提高了物流分拣效率。

### 3. 加工机器人

随着生产制造向着智能化和信息化发展，机器人技术越来越多地应用到制造加工的打磨、抛光、钻削、铣削、钻孔等工序中。与进行加工作业的工人相比，加工机器人对工作环境的要求相对较低，具备持续加工的能力，同时加工产品质量稳定、生产效率高，能够加工多种材料类型的工件，如铝、不锈钢、铜、复合材料、树脂、木材和玻璃等，有能力完成各类高精度、大批量、高难度的复杂加工任务。

相比机床加工，工业机器人的缺点在于其自身的弱刚性。但是加工机器人具有较大的工作空间、较高的灵活性和较低的制造成本，对于小批量多品种工件的定制化加工，机器人在灵活性和成本方面显示出较大优势；同时，机器人更加适合与传感器技术、人工智能技术相结合，在航空、汽车、木制品、塑料制品、食品等领域具有广阔的应用前景，如图 4-23 所示。

图 4-23 加工机器人

在复杂曲面零件制造领域，AV&R 航空航天公司推出了一种用于航空发动机叶片抛光的新型机器人解决方案，能够提高叶片的气动效率。相比于手动抛光可能会因为用力不当造成叶片表面刮伤，影响航空发动机叶片的整体质量，机器人抛光能够保证叶片加工更高的一致性，满足叶片的公差要求。机器人抛光解决方案已经经过 3 年的 beta 测试，可以根据客户的公差和表面粗糙度要求，自动抛光航空发动机叶片的叶形、凸台和圆角半径。同时该解决方案还结合了自动化检测和验证功能，有效地节省了加工时间，并加强了质量保障。

此外，华中科技大学的丁汉院士团队研制了大叶片机器人“测量 - 操作 - 加工”（3M）一体化磨抛系统，通过建立复杂曲面宽行加工理论，揭示了刀具空间运动 - 包络成形 - 加工误差间的微分传递规律，突破了多轴联动高效加工等关键技术，与中车株洲所联合开发出一条国际先进的大型风电叶片机器人打磨生产线。这项技术的投入使用有效提升了产品质量和一致性，实现了测量、操作、加工一体化的基础研究 - 技术开发 - 产业化应用的贯通链。

### 4.4.5 工业机器人的发展趋势

在智能制造领域中，以机器人为主体的制造业体现了智能化、数字化和网络化的发展要求，现代工业生产中大规模应用工业机器人正成为企业重要的发展策略。现代工业机器人已从功能单一、仅可执行某些固定动作的机械臂，发展为多功能、多任务的可编程、高柔性智能机器人。尽管系统中工业机器人个体是柔性可编程的，但目前采用的大多数固定式自动化生产系统柔性较差，适用于长周期、单一产品的大批量生产，而难以适应柔性化、智能化、高度集成化的现代智能制造模式。为应对智能制造的发展需求，未来工业机器人系统有以下发展趋势。

#### 1. 一体化发展趋势

一体化是工业机器人未来的发展趋势。可以对工业机器人进行多功能一体化设计，使其具备进行多道工序加工的能力，对生产环节进行优化，实现测量、操作、加工一体化，能够减少生产过程中的累计误差，大大提升生产线的生产效率和自动化水平，降低制造中的时间成本和运输成本，适合集成化的智能制造模式。

#### 2. 智能信息化发展趋势

未来以“互联网 + 机器人”为核心的数字化工厂智能制造模式将成为制造业的发展方向，真正意义上实现了机器人、互联网、信息技术和智能设备在制造业的完美融合，涵盖了对工厂制造的生产、质量、物流等环节，是智能制造的典型代表。结合工业互联网技术、机器视觉技术、人机交互技术和智能控制算法等相关技术，工业机器人能够快速获取加工信息，精确识别和定位作业目标，排除工厂环境以及作业目标尺寸、形状多样性的干扰，实现多机器人智能协作生产，满足智能制造的多样化、精细化需求。

### 3. 柔性化发展趋势

现代智能制造模式对工业机器人系统提出了柔性化的要求。通过开发工业机器人开放式的控制系统，使其具有可拓展和可移植的特点；设计制造工业机器人模块化、可重构化的机械结构，例如，关节模块中实现伺服电机、减速器、检测系统三位一体化，使得生产车间能够根据生产制造的需求自行拓展或者组合系统的模块，提高生产线的柔性化程度，有能力完成各类小批量、定制化生产任务。

### 4. 人机 / 多机协作化发展趋势

针对目前工业机器人存在的操作灵活性不足、在线感知与实时作业能力弱等问题，人机 / 多机协作化是其未来的发展趋势。通过研发机器人多模态感知、环境建模、优化决策等关键技术，强化人机交互体验与人机协作效能，实现机器人和人在感知、理解、决策等不同层面上的优势互补，能够有效提高工业机器人的复杂作业能力。通过研发工业机器人多机协同技术，实现群体机器人的分布式协同控制，其协同工作能力提高了任务的执行效率，所具有的冗余特性提高了任务应用的鲁棒性，能完成单一系统无法完成的各种高难度、高精度和分布式的作业任务。

### 5. 大范围作业发展趋势

现代柔性制造系统对物流运输、生产作业等环节的效率、可靠性和适应性提出了较高的要求，在需要大范围作业的工作环境中，固定基座的工业机器人很难完成工作任务，通过引入移动机器人技术，有效地增大了工业机器人的工作空间，提高了机器人的灵巧性。例如，应用广泛的自动导引小车（AGV）等移动机器人系统是现代自动化工厂的关键组成部分，能够自动寻迹完成物流运输任务，或是与工业机械臂组成移动机器人 / 工业机械臂复合系统，大大提高机械臂的作业范围，能够实现低人力成本、高效的自动化生产作业。

## 拓展阅读

### 全球制造业机器人密度排名

国际机器人联合会主席米尔顿·格瑞（Milton Guerry）表示：“机器人密度是相对于工人数量的运作中工业机器人的数量。透过对这种水准的测算，可以比较一段时间内不同经济规模的国家在动态自动化竞赛中的表现。”根据国际机器人联合会发表的最新世界机器人统计资料得出的结果显示，制造业的机器人平均密度创下了每 1 万名员工 113 台的全球纪录。从地区角度来看，西欧（225 台）和北欧（204 台）的自动化程度最高，其次是北美（153 台）和东南亚（119 台）。

# 4.5 智能仪器仪表

智能仪器仪表是制造行业迈向智能建设的基础，是智能制造的“眼”和“手”，仪器仪表的智能化程度从某种程度也决定了智能制造的“智慧化”程度。当前，受国家鼓励政策和制造业竞争日趋激烈等因素影响，制造业智能化升级风潮渐起，这一趋势无疑将对智能仪器仪表的发展产生深远的影响，促进智能仪器仪表行业的快速发展。智能仪器仪表不仅能解决传统仪器仪表不易解决或不能解决的问题，还能简化仪器仪表电路，提高仪器仪表可靠性，更容易达到高精度、高性能、多功能的目的，因此迅速地在家用电器、科研单位和工业企业中得到广泛应用。

## 4.5.1 智能仪器仪表简介

纵观智能仪器仪表的发展历史，可以发现仪器仪表作为实现信息的获取、转换、存储、处理和揭示物质运动规律的必备工具，其每次进步与突破在很大程度上可以反映出一个国家生产力的发展情况。

### 1. 20 世纪 50 年代初期

20 世纪 50 年代初期，仪器仪表取得重大突破，数字技术的出现使各种数字仪器得以问世，把模拟仪器的精度、分辨力与测量速度提高了几个量级，为实现测试自动化打下了良好的基础。

### 2. 20 世纪 60 年代中期

20 世纪 60 年代中期，计算机的引入使仪器的功能发生了质的变化，测试技术又一次取得了重大进展：从个别电量的测试转变成整个系统的特征参数测试；从单纯的接收、显示转变为控制、分析、处理、计算与显示输出；从用单个仪器进行测量转变成用测量系统进行测量。

### 3. 20 世纪 70 年代

20 世纪 70 年代，计算机技术在仪器仪表中的进一步渗透，使现代电子仪器在传统的时域与频域之外，又出现了数据域测试。

### 4. 20 世纪 80 年代中期

20 世纪 80 年代中期，由于微处理器被用到仪器中，仪器前面板开始朝键盘化方向发展，过去直观的用于调节时基或幅度的旋转度盘，选择电压电流等量程或功能的滑动开关，通、断开关键已经消失。

### 5. 20 世纪 90 年代

20 世纪 90 年代，微电子技术与计算机科学技术巨大进步，智能仪器以及计算机系统本身的发展使其硬件结构及软件内涵复杂化。

### 6. 21 世纪

进入 21 世纪，智能仪器仪表最大的特点是嵌入式系统和网络技术的结合。嵌入式系统软硬件的快速发展带动智能仪器仪表进入更广阔的应用领域，使得仪器仪表向微型化、多功能化及高性能方向发展；网络技术的进步则为智能仪器仪表打开新天地，无线的、有线的网络仪器仪表在各个领域随处可见。

智能仪器仪表是计算机技术与测量仪器相结合的产物，是以计算机科学、微电子学、微机械学和材料科学等为理论基础，完成信息传感、信号检测、信号处理、信号通信及过程控制等任务，具有自学习、自校正、自适应等功能的装置与系统。智能仪器仪表含有微处理器，能进行数据的存储、计算、逻辑判断、自动化操作等，其结构原理如图 4-24 所示。

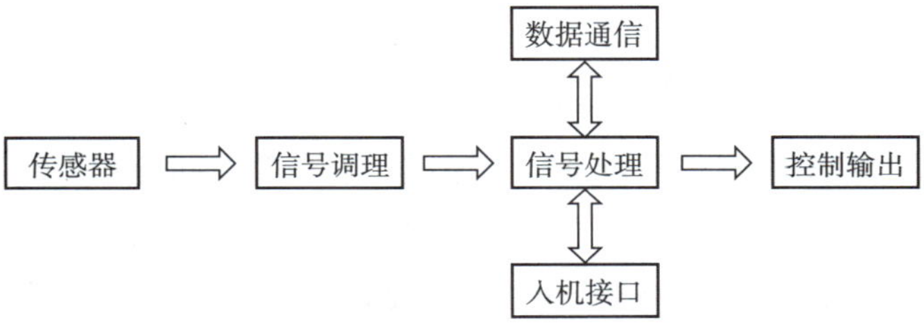


图 4-24　智能仪器仪表结构原理

**智造案例**

## 厦门宇电打造民族品牌——高端测控仪表

厦门宇电自动化科技有限公司是一家专业提供高端智能测控仪表产品的高新技术企业，产品包括云端智能控制器、智能温控器 / 调节器、导轨安装模块、电力仪表等多种倡导节能环保的工业自动化产品。这些产品适用于晶体生长、超导材料及精密实验设备等高端领域，广泛应用于制药、建材、冶金、热电、石化、食品机械等各类工业、科研及民用现场。

现如今智能化已经成为仪器仪表发展中不可逆转的趋势，仪器仪表的性能和精度也随之提升，向着高可靠、高精度、高稳定、低功耗的特点迈进。厦门宇电自动化科技有限公司技术总监粟晓立表示：“伴随智能制造、新基建等国家战略的落地，宇电紧抓市场发展机遇，坚持以客户为中心，通过深耕仪表行业，发挥自主创新优势，驱动产品研发创新，不断提高产品质量、营销服务和品牌推广等能力，大力开拓新兴行业市场，提高市场响应速度，强化内部管理能力，努力打造高端测控仪表民族品牌。”

据粟晓立介绍，作为高端智能测控仪表的专业供应商，顺应智能时代对于仪器仪表产品的需求，宇电经过多年的自主创新发展，在技术、规模、质量和服务等方面具有明显的竞争优势。在技术创新方面，宇电深耕测控仪表行业，拥有自主开发的人工智能调节算法、模块化和平台化等先进技术；在生产规模方面，宇电在湖里火炬园自行建设的现代化厂房，拥有全自动高速贴片机、无铅双波峰焊机、红外回流焊机、自动涂覆生产线等先进生产设备，以及电磁兼容、精密基准信号源、温湿度环境等测试设备，具有生产高质量、高精度、高可靠性及低温漂的工业自动化仪表系列产品的能力；在质量管理方面，一直以来，宇电立足于客户需求，对质量管理精益求精；在服务保障方面，宇电坚持并践行"以客户为中心"的服务理念，通过多样化的服务手段，为客户提供售前、售中、售后的个性化整体解决方案，还提供快速交货服务，客户订单交货期可实现小于2个工作日。

粟晓立表示："未来，在聚焦行业客户需求的基础上，宇电将不断进行自主创新，持续打造核心竞争力，努力为客户提供更优质的产品方案和服务。"

## 4.5.2 智能仪器仪表功能特点

智能仪器仪表的基本功能包括可进行多通道、多参数巡回检测；能进行数据分析和处理；能提供多种形式的数据输出，可方便地与网络、外设及其他设备进行数据交换；可作为自动控制的信息反馈环节，把检测与控制结合起来；可通过改变程序或采用可编程的方法增减仪器功能和规模来适应不同的环境和对象；具备自校准、自诊断、触发电平自动调整、量程自动调整和各种报警功能等。智能仪器仪表主要具备以下几个特点。

### 1. 开发性强，可靠性高

仪器仪表采用多样化的通用接口，编制各种各样的软件进行匹配，这可有效地拓展仪器仪表的用途，提高仪器仪表的使用效率。数字信号处理技术的发展极大增强了仪器的信号处理能力，软件的高速处理可以很快地实现很多硬件难以处理的问题，同时编程软件技术的不断修改升级，又可以在不更新硬件系统的环境中，轻松地以软件实现仪器仪表的升级换代。在不增加硬件设备的情况下，以软件代替硬件，通过开发不同的应用软件使检测系统实现不同的功能，使得智能仪器仪表的研制开发费用低、周期短。硬件功能软件化可简化硬件电路，减少元器件，减少故障发生率，提高仪器仪表的可靠性。

### 2. 性能好，精度高

利用微处理器的运算和逻辑判断功能，按照一定的算法可以消除漂移、增益变化、干扰等因素引起的误差，提高仪器的测量精度。同时还有利于传感器的非线性校正和动态特性补偿，改善仪器的性能。

### 3. 智能化

智能仪器仪表不仅可以对被测信号进行测量、存储和运算，还具有自校准、自动调零、量程自动转换、故障自诊断等功能，大大地改善了仪器的自动化水平。智能仪器仪表设备具有的自测功能可以进行故障的自动检测、自动校准及诊断等。对于仪器的自动检测，主要是在仪器的启动运行时，并且这种启动还可以在仪器的工作中运行，在很大程度上方便了仪器的维护。有些仪器采用专家系统技术，可根据控制指令和外部信息自动地改变工作状态，并进行复杂的计算、推理。

#### 4. 友好的人机对话能力

智能仪器可以利用键盘代替传统仪器的开关，工作人员可以通过键盘输入命令，控制仪器完成测量和处理功能。智能仪器还可以通过显示屏将仪器运行状况、工作状态及数据的处理结果显示出来，帮助工作人员随时对仪器进行全面了解，同时对于测量的数据也比较直观。

#### 5. 可程控操作的能力

大部分的智能仪器都配有标准的通信接口，可以很方便地与计算机联系，接收计算机的命令，使其具有可程控操作的功能。可以与其他的一些仪器组成自动测量系统，从而完成一些更复杂的任务。

### 4.5.3 智能仪器仪表发展趋势

仪器仪表历来是改造传统工业、提高产业能级、增强企业竞争力的重要基础，是科学技术发展和科技创新的重要支柱。随着微电子技术、计算机技术、精密机械技术、网络技术、纳米技术等高新技术的迅猛发展，各行业对智能化仪器仪表提出了更高的要求。为满足制造业用户的智能制造需求，仪器仪表行业正在从自动化向智能化方向高速迈进，微型化、多功能化、智能化、网络化等趋势正日益凸显。

#### 1. 微型化

微型化主要是指将电子技术、微机械技术、信息技术等综合应用在仪器的生产中，从而使得仪器的体积更小、功能更齐全。微型化的智能仪器能够有效完成信息采集、线性化处理、数字信号处理、控制信号的输出和放大、与其他仪器的接口交互、与人交互等功能。随着机械技术的不断发展，微型智能仪器技术不断革新，并且逐渐趋于成熟，成本也在不断降低，应用领域更为广泛。它不但具有传统仪器的功能，而且其低成本、高性能的优势使其在自动化技术、航空航天、生物技术、医疗领域起到独特的作用，从而开辟更广阔的市场。

#### 2. 多功能化

智能仪器仪表本身的一大特点就是多功能化，一些厂家在进行智能仪器的生产时，在其中设计了具有脉冲发生器、频率合成器和任意波形发生器等功能的函数发生器，这样可在很大的程度上提高智能产品的性能，并且在各种测试功能上都有很强大的解决方案。

#### 3. 智能化

人工智能是计算机发展应用的一个全新方向，利用计算机模拟、延伸和扩展人的智能，可以应用于智能控制、专家系统、定理证明等各方面，节省更多的人力、财力及物力，减轻工作人员繁重的任务。因此，智能仪器仪表在进一步的发展中将会含有很大成分的人工智能化，以代替人类的大脑进行相应的劳动。这样，智能仪器仪表无须人们进行操作而自主地完成检测或控制工作，能在很大程度上节约人力及物力。

#### 4. 网络化

随着科学技术的迅猛发展，互联网技术正在逐渐向工业控制和智能仪器仪表系统设计领域渗透。互联网技术能帮助人们实现智能仪器仪表的智能化信号传输、分析功能，以及对设计好的智能仪器仪表进行远程升级、功能重置和系统维护。

虚拟仪器是智能仪器发展的新阶段。

测量仪器的主要功能有三个方面：数据采集、数据分析和数据显示。在虚拟的系统中，数据分析及显示都是由 PC 来完成的，只要有相应的数据采集硬件，将其与 PC 进行组合会形成测量仪器，这种基于 PC 的测量仪器便称为虚拟仪器。并且，虚拟仪器具有一个很大的优点，就是在虚拟仪器中，利用同一个硬件系统，只要对软件系统进行不同程度的编程，将会得到不同的测量仪器，因此软件系统是虚拟仪器的核心。

### 智造案例

#### 格力智能装备闪耀第三届中国制造高峰论坛

“五星红旗迎风飘扬，胜利歌声多么响亮！歌唱我们亲爱的祖国，从今走向繁荣富强……”一首《歌唱祖国》，揭开了论坛的序幕。一段熟悉而优美的旋律，背后的弹奏者来头“不一般”。作为此次论坛的“重磅嘉宾”——由格力智能装备公司自主研发的工业机器人组成的乐队“闪亮”登场。这些造型精美的“工业机器人”用灵巧的“双臂”在电子琴、钢琴、吉他、爵士鼓等乐器上演奏乐曲，伴随着小女孩的歌声，机器与人细腻而默契的配合让在场观众“大开眼界”。

这一场层次丰富的乐章演奏一共使用了 3 种型号的格力工业机器人，悠扬琴声来源于格力 GRS405 水平多关节机器人的弹奏，架子鼓大鼓由格力 GRS401 水平多关节机器人演奏，其余乐器皆由格力 GR606 工业机器人演奏。格力 GR606 机器人采用经典外观风格，结构轻巧紧凑，运动速度快，定位精度高达 0.05 mm，是一款多用途的通用型工业机器人，可广泛应用于电子工业如机器人装配、焊接、搬运、上下料及机器人教学等领域。格力 GRS405 和 GRS401 水平多关节机器人具有运动速度快、重复定位精度高的优势，可应用于 3C 行业零部件装配、涂胶、搬运、分拣等领域。

在智能制造业，工业机器人组成乐队进行现场表演本是创新之举，而与人声协奏难度更大，对控制精度和节奏要求极高。格力电器方面表示，精准控制多台工业机器人实现同曲协奏，体现了格力工业机器人在控制技术上的突出优势。

事实上，作为“新制造力量”的代表，格力经过几年来积极布局工业装备及制品领域，取得了不俗的成绩。据介绍，目前格力智能装备产品已覆盖数控机床、工业机器人、伺服机械手、智能仓储装备、智能检测等十多个领域，超百种规格。公司机床产品涵盖卧式加工中心、五轴加工中心、龙门加工中心、车铣复合加工中心、石墨加工中心、立式加工中心等主要机型，并为客户提供加工工艺、自动化加工等全套生产解决方案，在模具及 3C 加工领域得到广泛应用。在工业机器人技术领域，公司通过工业机器人本体优化设计方法研究、齿轮传动关键技术研究、实效转矩控制技术、机器人精度校准算法研究等，使格力机器人达到行业一流水平。在机床领域技术创新方面，公司攻克了无级变频调节技术，实现机床冷却机组的温控精度最高可达 0.1 ℃，解决了行业冷却机制冷速度慢、控温精度低的难题，同时机组具有高效节能、高可靠性、强适应性、安装维护便捷的特点。

在助力国家能源结构转型，推动绿色能源普及方面，格力不断通过自主创造核心科技贡献力量。正式对外发布的格力车用尿素智能机，则首创六位一体功能，为车用尿素提供一站式解决方案，解决了以往“白色污染、长途运输、仓储投资”三大问题，打破了全球车用尿素的“游戏规则”，具有重大的社会价值和环境价值。

格力电器有关负责人表示，亮眼的成绩背后，是格力自主创新基因不断超越与突破追求的成果，助力推进供给侧改革，让人民生活更美好的理念，也与格力一直以来推崇让消费者生活得到不断改善的企业价值观不谋而合。

## 本章小结

本章主要介绍了智能制造领域的关键装备和设备。通过本章的学习，帮助读者了解各种装备在智能制造中的作用和应用，为相关领域的学习和实践提供理论支持和参考依据。

## 思考练习

1. 简述智能制造装备的技术特征。
2. 简述 3D 打印的基本流程。
3. 简述智能仪器仪表的未来发展趋势。

# 第5章　智能工厂

## 本章导读

新一代人工智能技术和先进制造技术的融合，将使得生产线、车间、工厂发生革命性大变革，提升到历史性的新高度，将从根本上提高制造业质量、效率和企业竞争力。在今后相当一段时间里面，生产线、车间、工厂的智能升级将成为推进智能制造的一个主要战场。

## 学习目标

◎知识目标

1. 掌握数字化工厂与智能工厂的基本概念

2. 掌握 CPS 与 CPPS 的基本概念及系统构架。

3. 熟悉智能工厂的集成、特征及基本架构。

4. 了解智能工厂的建设模式及在企业中的应用实例。

◎能力目标

1. 理解数字化工厂与智能工厂的概念和区别，能够评估企业数字化转型的需求并制定相应的智能工厂建设方案。

2. 掌握 CPS 与 CPPS 的原理和实践应用，能够设计和管理智能工厂中的物理与生产系统。

3. 具备智能工厂的三项集成能力。

4. 理解智能工厂的特征，在工厂设计和生产运营中能够实现相应的策略和实践。

5. 掌握智能工厂的架构和建设模式，包括相关技术在智能工厂中的应用与整合。

◎素质目标

1. 具备未来洞察力，能够关注智能工厂领域的新技术、新趋势和新模式，并将其应用于实践中，不断推动智能工厂的发展。

2. 具备持续学习与自我更新的能力，能够关注智能工厂领域的最新发展，不断提升自身的专业素养和技能水平。

## 本章任务

1. 到企业调研或查阅网上资料，了解智能物流技术的发展历程及在各行业领域的应用情况，并完成调研报告或应用案例，以图片、微视频及文字等形式展示智能物流在企业中的应用。

2. 到一家数字化工厂进行参观，分析数字化工厂的优越性。

## 思维导图

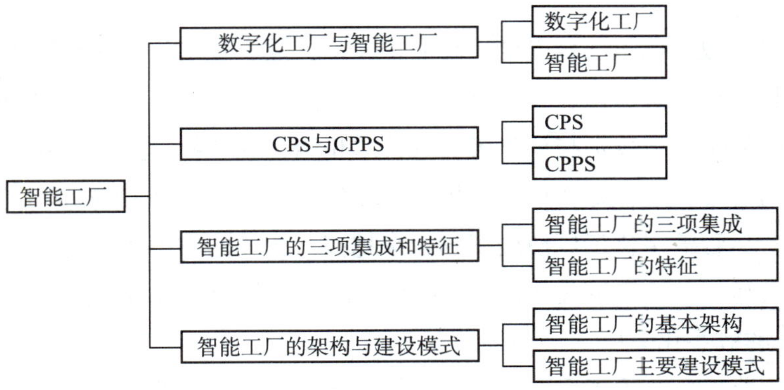

## 5.1 数字化工厂与智能工厂

数字化本身其实就是智能的一部分，是一个入口。智能工厂在数字化工厂的基础上附加了物联网技术和各种智能系统等新兴技术于一体，提高生产过程可控性，减少生产线人工干预。数字化工厂是智能工厂的落脚点，而智能工厂又是工业 4.0 的基础和落脚点。只有实现了数字化工厂，才有可能实现工业 4.0。

### 5.1.1 数字化工厂

#### 1. 数字化工厂的定义

数字化工厂是一种全新的生产组织方式，它以虚拟制造技术为基础，以所有存在于产品生命周期中的相关数据为依据，在计算机虚拟环境中通过对产品生产制造全过程的模拟、仿真和重组，来实现优化工业生产的目的。

对于数字化工厂，德国工程师协会的定义是：数字化工厂（digital factory，DF）是由数字化模型、方法和工具构成的综合网络，包含仿真和 3D/ 虚拟现实可视化，通过连续的没有中断的数据管理集成在一起。数字化工厂集成了产品、过程和工厂模型数据库，通过先进的可视化、仿真和文档管理，来提高产品的质量和生产过程所涉及的质量和动态性能。

在国内，对于数字化工厂接受度较高的定义是：数字化工厂是在计算机虚拟环境中，对整个生产过程进行仿真、评估和优化，并进一步扩展到整个产品生命周期的新型生产组织方式；是现代数字制造技术与计算机仿真技术相结合的产物，主要作为沟通产品设计和产品制造之间的桥梁。从定义中可以得出一个结论，数字化工厂的本质是实现信息的集成。

迄今为止，尽管数字化工厂使用案例越来越多，相关的应用研究也日渐深入，但是国内外对其的定义却一直没能达成共识。目前被广泛接受的定义有以下两种。

（1）广义的数字化工厂

广义的数字化工厂侧重于企业管理，是指由众多企业组成的动态系统，包括生产产品的核心企业以及与核心企业相关联的上下游合作企业或组织，如图 5-1 所示。在产品的整个生产制造、运输销售过程中，所有产品相关的信息都能在系统中各个企业之间快速流通、彼此共享，便于该系统中的各成员及时进行高度协调配合，实现相互间利益的最大化。

（2）狭义的数字化工厂

狭义的数字化工厂侧重于产品制造过程控制，它以原始材料、成形产品和制造过程为核心，利用产品的数字化信息，在真实生产环境对应的虚拟空间中对产品生产制造全过程进行模拟仿真，实现对生产制造过程的预演，通过对产品生命周期中各个阶段的功能测试，优化生产制造过程，达到缩短研发周期、降低设计成本、保证顺利生产的目的。数字化工厂的本质是现实环境下的生产制造系统在计算机上的一种虚拟映射，其组织方式如图 5-2 所示。

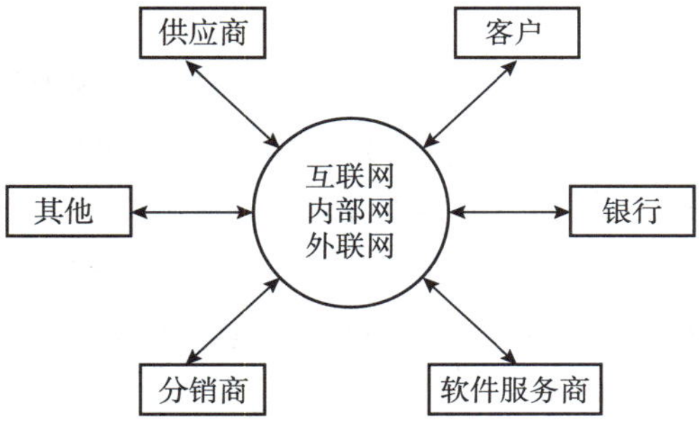


图 5-1 广义数字化工厂

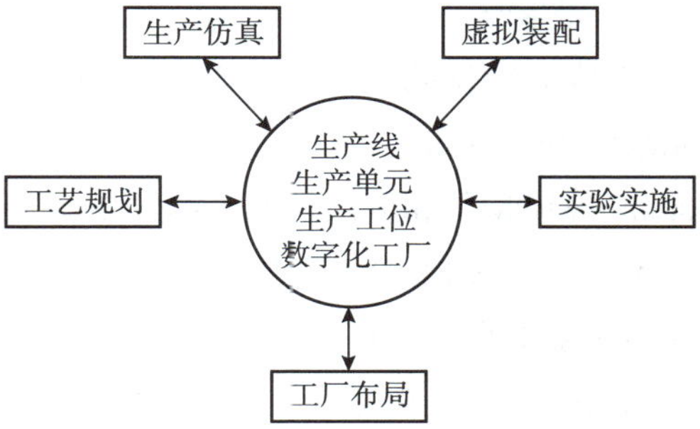


图 5-2 狭义数字化工厂

### 2. 数字化工厂的主要环节

数字化工厂主要涉及产品设计、生产规划与生产执行三大环节。

（1）产品设计环节——三维建模是基础

在产品研发设计环节利用数字化建模技术为产品构建三维模型，能够有效减少物理实体样机制造和人员重复劳动所产生的成本。同时，三维模型涵盖了产品所有的几何信息与非几何制造信息，这些属性信息会通过 PDM/CPDM（产品数据管理 / 协同产品定义管理）这种统一的数据平台，伴随产品整个生命周期，是实现产品协同研制、产品从设计端到制造端一体化的重要保证。

经历了三十余年的发展，数字化建模技术已经相当成熟，至今使用三维 CAD 设计软件的全三维建模技术在制造业的应用已经相当普及。数字化建模技术的应用始于航空航天领域，由于对产品和零部件的精度、质量、加工工艺有着比其他行业更加苛刻的要求，航空航天工业让数字化建模技术的效用得以充分发挥。

（2）生产规划环节——工艺仿真是关键

在生产规划环节，基于 PDM/CPDM 中所同步的产品设计环节的数据，利用虚拟仿真技术，可以对于工厂的生产线布局、设备配置、生产制造工艺路径、物流等进行预规划，并在仿真模型“预演”的基础之上，进行分析、评估、验证，迅速发现系统运行中存在的问题和有待改进之处，并及时进行调整与优化，减少后续生产执行环节对于实体系统的更改与返工次数，从而有效降低成本、缩短工期、提高效率。

（3）生产执行环节——数据采集实时通

早期的数字化工厂，其实并不包含生产执行环节，但随着制造业企业具体实践与应用的发展，数字化工厂的概念开始向覆盖产品整个生命周期的全价值链拓展与延伸。作为将产品从设计意图转化为实体产品的关键环节，生产执行环节无疑应该是数字化工厂的关键一环。

这个环节的数字化，体现在制造执行系统（MES）与其他系统之间的互联互通上。MES 与 ERP、PDM/CPDM 之间的集成，能够保证所有相关产品属性信息从始至终保持同步，并实现实时更新。

### 3. 数字化工厂的核心系统

产品全生命周期管理（PLM）、企业资源计划（ERP）、仓储管理系统（warehouse management system，WMS）、制造运营管理系统（manufacturing operation management system，MOM）和分散控制系统（DCS）是数字化工厂的五大核心系统。

MOM 是 MES 的进阶版，即 MES 是用于解决具体问题的标准软件产品，而 MOM 是多种 MES 软件组成的制造管理集成平台。五大核心系统的应用对象各异。PLM 与 ERP 属于企业层，WMS 和 MOM 属于管理层，DCS 属于操作层。

SCM、APS、QMS 和 CRM 是除五大核心系统外构成数字化工厂的重要信息系统，其管理对象各不相同，例如，SCM 和 CRM 分别管理供应链和客户关系。

### 4. 数字化工厂的总体技术构架

数字化工厂涉及的技术类型包含云计算、物联网、人工智能和移动互联网。工厂通过物联网实现生产要素全连接，在互联互通的基础上应用人工智能技术和云计算技术实现生产自动化、管理平台化、应用服务化和决策无人化，支撑工厂实现可视化和协同化的高效运维管理，满足日益个性化、动态化和定制化发展的市场需求。

PLM、DCS、WMS、ERP、MOM 是管理核心生产要素的信息系统。PLM 覆盖产品全生命周期，DCS 提升工艺流程管理的便捷性，WMS 提升仓储物流效率，ERP 辅助决策从而提升工厂精细化管理能力，MOM 通过集成功能性软件实现工厂高效运维。其总体技术构架如图 5-3 所示。

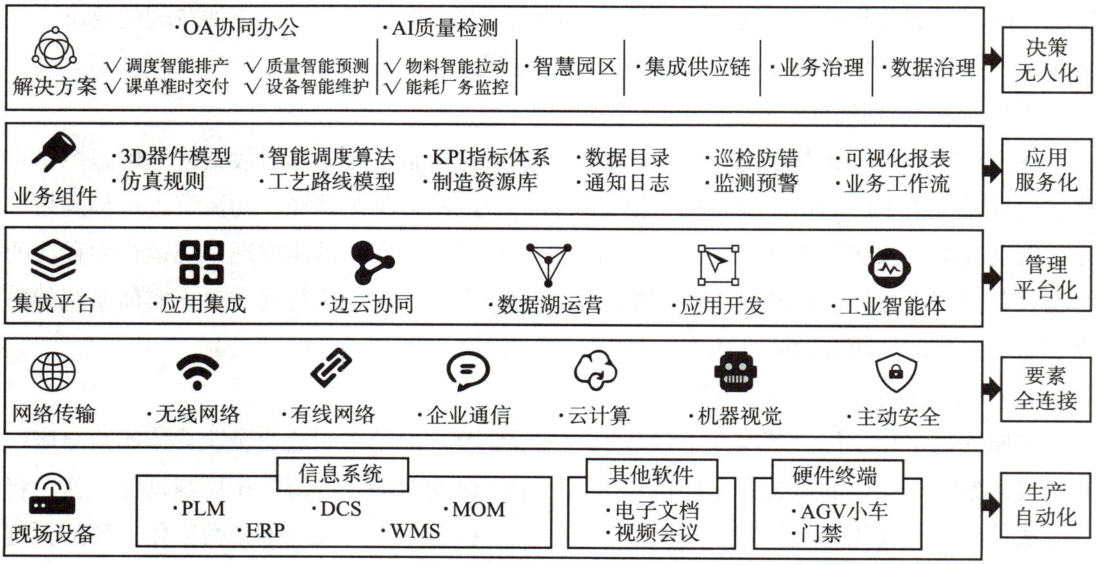


图 5-3 数字化工厂的总体技术架构

数字化工厂技术带来的益处如下。

（1）缩短新产品的上市周期。

（2）减少新产品的开发成本和风险。

（3）优化产品设计以利于加工。

（4）优化生产线配置和布局，减少生产线准备和停机时间。

（5）增加生产线设备生产力，大大提高生产率。

（6）改善工人的劳动环境，提高产品质量。

## 5.1.2 智能工厂

智能工厂

### 1. 智能工厂的概念

智能工厂是实现智能制造的重要载体，主要通过构建智能化生产系统、网络化分布生产设施，实现生产过程的智能化。

智能工厂是在数字化工厂的基础上，利用物联网技术和监控技术加强信息管理服务，提高生产过程可控性，减少生产线人工干预，以及合理计划排程。同时，智能工厂是集初步智能手段和智能系统等新兴技术于一体，构建高效、节能、绿色、环保、舒适的人性化工厂，其本质是人机交互。

智能工厂概念首先由美国 ARC 顾问集团提出，实现了数字化产品设计、数字化产品制造、数字化管理生产过程和业务流程，以及综合集成优化的过程，可以用工程技术、生产制造、供应链三个维度描述智能工厂模型。

### 2. 数字化工厂与智能工厂的区别

（1）概念上的不同

数字化工厂是由数字化模型、方法和工具构成的综合网络，包含仿真和 3D/ 虚拟现实可视化，通过连续的没有中断的数据管理集成在一起，是现代数字制造技术与计算机仿真技术相结合的产物，同时具有其鲜明的特征。它的出现给基础制造业注入了新的活力，主要作为沟通产品设计和产品制造之间的桥梁。

智能工厂是现代工厂信息化发展的新阶段，是在数字化工厂的基础上，利用物联网技术、设备监控技术加强信息管理和服务，实现工厂的办公、管理及生产自动化，达到加强及规范企业管理、减少工作失误、堵塞各种漏洞、提高工作效率、进行安全生产、提供决策参考、加强外界联系、拓宽国际市场的目的。

（2）关系的不同

数字化工厂是实现各种信息的集成。智能制造系统不只是人工智能系统，还是人机一体化智能系统，是混合智能。

智能工厂是在数字化工厂基础上的升级版，是实现智能制造的重要载体。智能制造不仅包括工厂的智能化，更包括各种制造业企业的分析推理、管理决策和发展判断的智能化。

（3）本质的不同

数字化工厂是在计算机虚拟环境中，对整个生产过程进行仿真、评估和优化，并进一步扩展到整个产品生命周期的新型组织方式；是数字化技术与计算机仿真技术结合的产物，主要用作沟通产品设计和产品制造的一个桥梁。数字化工厂的本质是实现信息的集成。

智能工厂已经具有了一定的自主能力，可采集、分析、判断、规划；通过整体可视技术进行推理预测，利用仿真及多媒体技术，将实景扩增展示设计与制造过程。系统中各部分可自行组成最佳系统结构，具备协调、重组等特点。

## 智造案例

### 海尔的离散型智能制造工厂

海尔作为我国首批智能制造综合试点示范企业，从2008年开始改造传统的制造系统，到目前建立起以沈阳冰箱生产工厂为代表的智能工厂。分析海尔智能工厂可以发现，其主要从以下四个方面来进行离散型智能制造。

第一，通过系统集成实现柔性制造。针对消费需求呈现个性化、多样化的趋势，海尔主动适应需求，对生产工厂进行数字化改造，深化PLM、ERP、iMES、iWMS、SCADA五大系统集成，打通人机互联、机物互联、机机互联、人人互联的信息通道，实现人、机器、生产线的随需交互，实现互联网和物联网融合相通，对产品全生命周期实现全数字化的管理，通过数字化的排产，变传统的长生产线为高度自动化短生产线，实现了柔性生产。

第二，增强生产模块提高装配效率。为了降低产品零部件多带来的生产复杂性，解决柔性生产面临的瓶颈，海尔搭建了模块商资源平台：海达源。模块商注册、用户需求提出、解决方案竞选、评价结果等过程都记录在平台上，实现了供应商、用户和海尔多方透明化协作。

第三，优化资源平台推进协同创新。平台是互联网时代协作创新的技术支撑，是资源汇聚与分享的重要载体。海尔通过深度整合企业内外部资源，构建了七大资源平台，包括交互用户定制平台、零距离虚实营销平台、智联U＋服务平台、开发创新平台、模块商资源平台、智能制造平台、智慧物流平台，涵盖从用户交互到研发设计、物流、智能服务七大流程。

第四，提升产品和技术智能化水平。产品智能互联是电器产品未来发展的趋势。海尔在产品中嵌入温度、湿度、压力等传感器，不断提高产品的智能化水平。

## 5.2　CPS 与 CPPS

CPS 和 CPPS 都是数字化转型和智能制造领域的重要概念，它们强调物理系统与计算机系统之间的集成和协同，以提高生产效率、质量和灵活性。CPS 更加强调物理系统和计算机系统的整体集成，而 CPPS 则更加专注于物理生产系统的数字化转型和智能化发展。它们都为实现智能制造提供了重要的理论框架和技术支持。

### 5.2.1　CPS

#### 1. CPS 的基本概念

信息物理系统（又称为赛博物理系统，CPS）是实现智能制造的主要途径之一，将信息物理系统与传统工业深度结合起来，最终可以实现传统工业的智能化和自动化。信息物理系统就是将环境感知与计算、通信和控制等信息技术进行深度融合，最终实现监测、控制物理实体。CPS 的终极目标就是构建一个可控、可信、可扩展并且安全高效的 CPS 网络，实现信息世界和物理世界的完全融合，并最终从根本上改变人类构建工程物理系统的方式。

在智能工厂中，承担大脑和指挥系统作用信息系统就是 CPS。CPS 由于正处于发展阶段，整体技术尚未成熟，所以其具体概念目前还没有统一的明确定义，但其主要是指物理世界和信息世界高度融合的智能化系统。其中高度融合是指外部设备环境与数据信息之间更深层次的交互，设备环境也会拥有计算、通信、决策能力。而通过处理后的信息又将反作用于物理环境，最终形成一个网络化的物理设备系统。表 5-1 总结了各国主要机构和专家对 CPS 的观点。

表 5-1　各国主要机构及专家对 CPS 的观点

| 机构或学者 | 观点认识 |
| --- | --- |
| 中国科学院何积丰院士 | CPS 从广义上理解，就是一个在环境感知的基础上，深度融合了计算、通信和控制能力的可控可信可扩展的网络化物理设备系统，它通过计算进程和物理进程相互影响的反馈循环实现深度融合和实时交互来增加或扩展新的功能，以安全、可靠、高效和实时的方式监测或者控制一个物理实体 |
| 美国国家科学基金会（NSF） | CPS 是通过计算核心（嵌入式系统）实现感知、控制、集成的物理、生物和工程系统。在系统中，计算被“深深嵌入”到每一个相互连通的物理组件中，甚至可能嵌入到物料中。CPS 的功能由计算和物理过程交互实现 |
| 美国国家标准与技术研究院 CPS 公共工作组（NIST CPS PWG） | CPS 将计算、通信、感知和驱动与物理系统结合，并通过与环境（含人）进行不同程度的交互，来实现有时间要求的功能 |

续表

| 机构或学者 | 观点认识 |
|---|---|
| Smart America | CPS 是物联网与系统控制相结合的名称。因此，CPS 不仅仅是能够“感知”某物在哪里，还增加了“控制”某物并与其周围物理世界互动的能力 |
| 欧盟第七框架计划 | CPS 包含计算、通信和控制，它们紧密地与不同物理过程，如机械、电子和化学，融合在一起 |
| 加利福尼亚大学伯克利分校 Edward A.Lee | CPS 是计算过程和物理过程的集成系统，利用嵌入式计算机和网络对物理过程进行监测和控制，并通过反馈环实现计算和物理过程的相互影响 |

### 2. CPS 的体系结构

CPS 是信息世界与物理世界的融合体，因此有部分学者从 CPS 名字的含义和特点进行分析，提出了“3C”的概念，即“计算（computation）、控制（control）、通信（communication）”，对应于“cyber”“physics”和“system”。由这三种核心要素两两相连形成三角形的抽象结构，如图 5-4 所示。

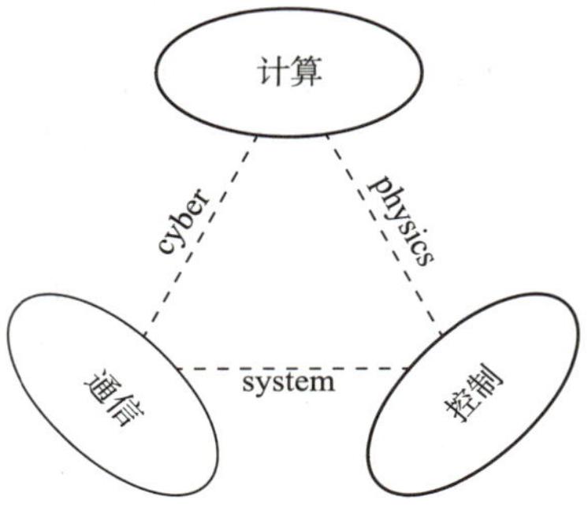


图 5-4　三元式 CPS 抽象结构模型图

2017 年 3 月 1 日，中国电子技术标准化研究院发表了《信息物理系统白皮书》，白皮书中提出了将 CPS 划分为单元级 CPS、系统级 CPS、SoS 级（system of systems，系统之系统级）CPS 三个层次。单元级 CPS 可以通过 CPS 总线结合和集成，形成更高水平的 CPS，即系统级 CPS；系统级 CPS 可以通过云平台或者大数据相互结合，多个系统级 CPS 可以组成 SoS 级的 CPS，从而达到企业层次的数字化经营和管理。CPS 的层次演进，如图 5-5 所示。

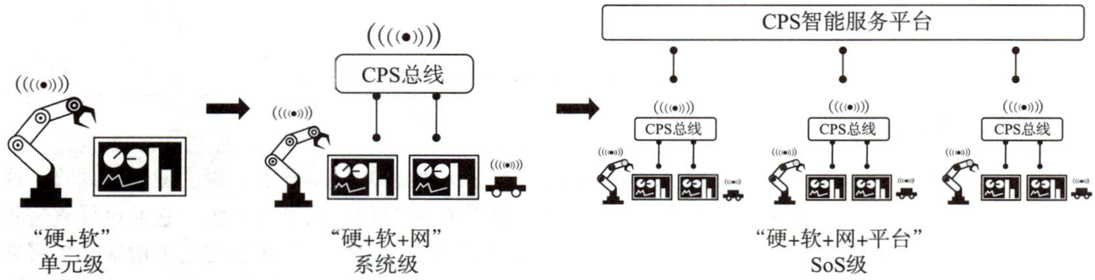


图 5-5　CPS 的层次演进

（1）单元级 CPS

CPS 最小单元，称为单元级 CPS，它可由部件（如一个智能轴承），或者由一台设备（如关节机器人）构成。单元级 CPS 可看作一个整体，具有不可分割和拆解性，其内部不能再细分出更小的 CPS 单元。单元级 CPS 能够通过物理硬件（如一个轴承、一个机械手臂、一个电源设备）、嵌入式系统及网络通信等几个部分构成，组成具有“可靠感知—数据分析—

快速决策—精准执行”的闭环功能体系，以达到系统在有限的资源范围内能够高效完成任务的目的，如生产过程中优化机械手臂的执行效率，物料运输中优化 AGV 的行驶路径等。因此，在 CPS 单元中它的最大功能就是利用主动感知、网络通信、制定决策来使设备能够智能化运行。

（2）系统级 CPS

比单元级 CPS 更高一层级的是系统级 CPS，它是由多个单元级 CPS 和非 CPS 单元设备组成。系统级 CPS 是以单元级 CPS 为基础，将通信网络引入系统中，就能达到系统级 CPS 之间相互合作、智能调配的目标。它就像制造企业的智能生产装配线一样，多个单元级 CPS 聚合到统一的网络（如 CPS 总线）后，系统级 CPS 可以对系统内部的多个单元级 CPS 进行统一指挥，实体管理（如根据机械设备的运行状态，随时优化调度整个智能生产装配线的生产计划），以达到提高各设备间协作效率，实现产线范围内的资源最优化配置的目的。因而，在这一层级中，网络连接（CPS 总线）显得尤为重要，它的功能是确保多个单元级 CPS 能够相互协调，分工协作。

（3）SoS 级 CPS

比系统级 CPS 更高层级的是 CPS 智能服务平台。CPS 智能服务平台由多个系统级 CPS 共同构成，简称为 SoS 级 CPS。CPS 智能服务平台可以实现系统级 CPS 之间的深度协作。这一层级上，SoS 级 CPS 就像多条生产流水线或多个工厂之间的相互通信、相互联系，达到对产品生命周期全流程及企业全系统进行整合的目的，在实现相互通信的同时，还能对各个工厂的生产线进行统一监控，集中管理，从而利用异构数据融合、分布式网络计算、大数据平台分析技术对多个系统级 CPS 的生产计划、运行状态、寿命估计统一监管，实现企业级远程监控诊断、供应链相互协调、预防性维护决策，从而实现企业中更大范围内的资源优化配置，避免资源浪费。

### 3. CPS 的基本特征

综合三个层次的 CPS 特点所体现出来的集合，总结发现 CPS 区别于其他系统或技术的六大典型特征：数据驱动、软件定义、泛在连接、虚实映射、异构集成、系统自治。

（1）数据驱动

CPS 通过构建“状态感知、实时分析、科学决策、精准执行”数据自动流动的闭环赋能体系，能够将数据源源不断地从物理空间中的隐性形态转化为信息空间的显性形态，并不断迭代优化形成知识库。在这一过程中状态感知的结果是数据；实时分析的对象是数据；科学决策的基础是数据；精准执行的输出还是数据。因此，数据是 CPS 的灵魂所在。

（2）软件定义

软件正和芯片、传感器与控制设备等一起对传统的网络、存储、设备等进行定义，并正在从 IT 领域向工业领域延伸。工业软件是对各类工业生产环节规律的代码化，支撑了绝大多数的生产制造过程。作为面向制造业的 CPS，软件就成为了实现 CPS 功能的核心载体之一。

（3）泛在连接

CPS 能够实现任何时间、任何地点、任何人、任何物之间顺畅通信，必须有强大的泛在网络连接。泛在连接通过对物理世界状态的实时采集、传输，以及信息世界控制指令的实时反馈下达，提供无处不在的优化决策和智能服务。

（4）虚实映射

CPS 构筑信息空间与物理空间数据交互的闭环通道，能够实现信息虚体与物理实体之间的交互联动。在这一过程中，物理实体与信息虚体之间交互联动、虚实映射、共同作用，提升资源优化配置效率。

（5）异构集成

CPS 能够将大量的异构硬件、软件、数据、网络集成起来实现数据在信息空间与物理空间不同环节的自动流动，实现信息技术与工业技术的深度融合。因此，CPS 必定是一个对多方异构环节集成的综合体。

（6）系统自治

更高层次的 CPS 能够实现在多个层面上的自组织、自配置、自优化。在这一过程中，大量现场运行数据及控制参数被固化在系统中，形成知识库、模型库、资源库，使得系统能够不断自我演进与学习提升，提高应对复杂环境变化的能力。

CPS 系统的特点可以针对性地解决未来智能工厂中大数据、高复杂性、高自动化等需求，这是现有的工业控制系统都无法达到的。因此采用 CPS 模块是研究智能工厂的首选，在未来应用中也有很大发展空间。

### 5.2.2 CPPS

CPS 的发展是从嵌入系统开始的，最初把计算机芯片嵌入各种机械、电气装置，以提高其性能，进一步与传感器连接，使其具有数据采集功能，成为智能传感器。智能传感器与执行器集成后，数据就可以控制装置的运作，成为智能系统或产品（如智能空调）。当智能系统具有通信功能，可以互联互通，同时有数字模型可以仿真，就成为信息物理系统。把 CPS 应用于生产制造领域就称为信息物理生产系统（又可称为赛博物理生产系统，CPPS）。

#### 1. CPPS 的基本概念

信息物理生产系统（cyber physical production system，CPPS）是信息物理系统（CPS）在生产领域的应用，是多维度的智能制造技术体系。CPPS 以大数据、网络和云计算为依托，通过智能感知、分析、预测、优化及协同等技术手段，使计算、通信和控制三者有机融合与协作，将所获取的各种信息与对象的物理性能特征相结合，实现虚拟空间与实体空间深度融合、实时交互、互相耦合、及时更新，在虚拟空间中构建实体生产系统的虚拟镜像，通过自感知、自记忆、自认知、自决策、自重构的运算和分析，实现生产系统的智能化和网络化。

### 2. CPPS 的基本结构

CPPS 的基本结构与原理，如图 5-6 所示。在赛博空间中，包含了产品全生命周期中所有对象及其活动的模型与知识，通过这些模型与知识，制造过程中的所有环节将能够在赛博空间中得到基于全资源的仿真与优化，进而发现并避免生产过程中存在的问题及风险。这有赖于对物理系统及其行为的建模与仿真技术，以及基于这些模型对物理系统可能发生的紧急情况的预测与处理等技术。

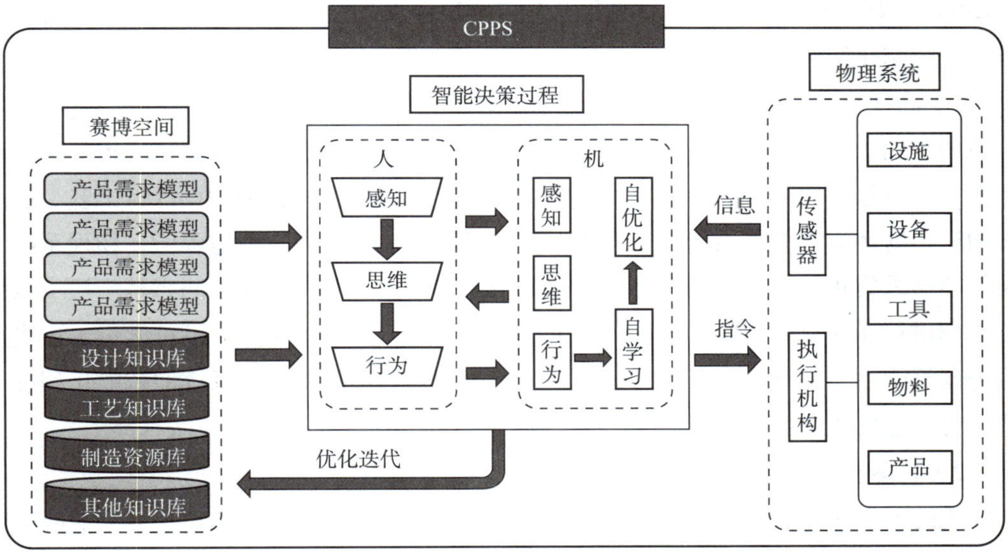


图 5-6　CPPS 的基本结构与原理

物理系统中包含了大量能够自主运行并相互合作的元器件或子系统，如智能制造设备、智能物流系统、智能产品等。赛博空间与物理系统之间的组织模式、过程控制、信息传递等方式将更加多样化，并可能根据需求实时发生动态变化，这与传统的自动化生产中的“金字塔模型”之间存在显著不同，如图 5-7 所示。

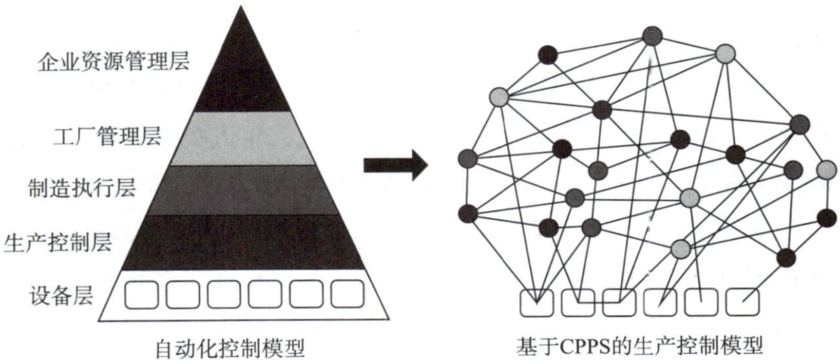


图 5-7　生产控制模型的转变

此外，作为系统中最重要的决策者，人与具有部分智能的机器共同构成决策主体，并在 CPPS 中也将发挥重要的作用。在 CPPS 中，人工智能将广泛应用于制造过程的各阶段、各环节，并构成具有不同程度智能行为的智能执行单元。每一个智能执行单元均包含人与“机器”，两者之间实现交互，共同构成决策主体。人进行基于知识与经验的思维，形成正向和主导的决策与指令；具有智能行为的机器通过自检测、自分析，形成自适应的决策调整，反馈到系统的前端，构成新一轮的决策指令，并丰富知识与积累经验。多个智能执行单元共同组成特定的智能制造系统，其中，赛博系统与物理系统互为支撑、深度融合。

### 3. CPPS 的基本特征

CPPS 的基本特征有：高度自主化、赛博物理深度融合、人机交叉融合、制造系统灵活可控、定制化生产。

（1）高度自主化

赛博空间中具有整个制造系统与制造过程的完整模型，能够对物理系统中的实际制造过程进行全过程的仿真。同时，赛博空间中具有支持生产过程决策的设计、工艺、制造等相关知识，这些知识能够用于支持系统对制造过程的决策。在生产过程中，物理系统中的元器件能够采集相关制造数据并将这些数据传递到赛博空间，赛博空间将基于历史数据及实时数据进行系统优化。通过这一闭环过程的不断迭代，CPPS 拥有了自学习、自决策、自主控制等能力，并且随着系统的运行，系统中的知识不断积累，系统的智能化程度不断提升，自主性也随之逐步完善。

（2）赛博物理深度融合

传统的自动化生产系统中重点关注生产过程的实时控制。而在 CPPS 中，赛博空间与物理系统进行深入交互与融合，并实现对制造活动的先验预判、实时控制以及后置优化。在制造过程开始之前，赛博空间首先对制造过程进行全资源的仿真，验证制造方案的正确性；在制造过程中，赛博空间与物理系统之间进行实时控制与数据传递，并实时优化制造过程；在制造过程完毕之后，赛博空间将通过对本次制造过程的分析，进一步抽取其中的数据，通过分析形成制造知识，并服务于后续的制造过程。

（3）人机交叉融合

如前所述，与自动化制造中所强调的“无人制造”不同，人在 CPS 中占有非常重要的地位，人与机器共同组成决策主体且人机分工的方式发生了显著变化。从劳动量的角度来看，基于 CPPS，人类大量的体力劳动将被机器取代，且人类的少部分脑力劳动也将被机器取代。从劳动的复杂度来看，烦琐复杂的人类体力劳动将逐渐减少，人类将更加专注于复杂度较高的脑力劳动，而机器能够从事的辅助性智能劳动将明显增多。

随着 CPS 的灵活性与可依赖性程度不断提升，人类与机器之间的信息交互内容与交互方式也正在逐渐丰富，协作过程更加安全顺畅。目前，大量的先进技术手段也将改变人类的劳动方式，例如，增强现实技术目前已在制造领域中得到广泛应用。

（4）制造系统灵活可控

计算机技术、通信技术突飞猛进地发展，近年来正在逐渐与制造业发生融合，并推动制造业的不断进步。在 CPS 中，具有自主性、可自我调节的生产资源形成一个循环网络，通过大量智能技术的运用，制造系统的自动化、柔性化水平逐步提高，系统单元之间能够根据需求实现灵活的组织重构，与传统自动化制造相比，企业可以根据形势与环境来控制、调节智能制造资源网络与生产过程，制造系统的灵活性更为显著。

（5）定制化、众创生产

由于制造系统具有非常高的灵活性，企业面对客户定制化需求，可以高效、快速且成本低廉地实现制造系统的重组，即便是生产很小批量的产品也能够获利。同时，通过全价值链的集成，具有特殊需求的用户可以直接或间接地参与生产过程，可以更好地支持产品的定制化生产。随着 CPPS 的不断延拓，制造企业将在全社会领域内形成全新的制造生态环境，制造过程中的各个环节将会交由更加专业化的人员或单位专门负责，专业分工将更加细致和灵活。这些制造技术与模式的变革将使制造业形成定制化、众创化的生态环境，极大地满足了未来社会对制造的复杂需求。

## 5.3　智能工厂的三项集成和特征

工业 4.0 通过 CPS，将生产设备、传感器、嵌入式系统、生产管理系统等融合成一个智能网络，使得设备与设备以及服务与服务之间能够互联，从而实现横向、纵向和端对端的高度集成。

### 5.3.1　智能工厂的三项集成

#### 1. 横向集成

横向集成是指网络协同制造的企业间通过价值链，以及信息网络所实现的一种资源信息共享与资源整合。其确保了各企业间的无缝合作，提供实时产品与服务。横向集成主要体现在空间跨度上，主要是指从企业的集成到企业间的集成，再到企业间产业链、企业集团甚至跨国集团这种基于企业业务管理系统的集成，产生新的价值链和商业模式的创新。

#### 2. 纵向集成

纵向集成是指基于智能工厂中网络化的制造体系，实现分散式生产，替代传统的集中式中央控制的生产流程。纵向集成主要体现在时间跨度上，从侧重于产品的设计和制造过程，到产品全生命周期的集成过程，建立有效的纵向的生产体系。

#### 3. 端对端集成

端对端集成是指贯穿整个价值链的工程化信息系统集成，以保障大规模个性化定制的实施。端对端集成以价值链为导向，实现端到端的生产流程，实现信息世界和物理世界的有效整合。端对端集成将会由单元技术产品通过集成平台，形成企业的集成平台系统，并向着工厂综合能力平台发展。

智能工厂的三项集成，从多年来以信息共享为集成的重点，走到了过程集成的阶段，并不断向智能发展的集成阶段迈进。工业 4.0 推动在现有高端水平上的纵向、横向以及端到端的集成，包括企业内部、企业与网络协同合作企业之间以及企业和顾客之间的全方位的整合。

## 5.3.2 智能工厂的特征

### 1. 设备互联

互联互通是通过 CPS 系统将人、物、机器与系统进行连接，以物联网作为基础，通过传感器、RFID、二维码和无线局域网等实现信息的采集，通过 PLC 和本地及远程服务器实现人机界面的交互，在本地服务器和云存储服务器实现数据读写，在 ERP、PLM、MES 和 SCADA 等平台实现无缝对接，从而达到信息的畅通、人机的智能。一方面，通过这些技术实现智能工厂内部订单、采购、生产与设计等信息的实时处理与通畅，另一方面相关设计供应商、采购供应商、服务商和客户等与智能工厂实现互联互通，确保生产信息、服务信息等的同步，采购供应商随时可以提取生产订单信息，客户随时可以提交自己的个性化订单且可以查询自己订单的生产进展，服务商随时保持与客户等的沟通，处理相关事务。

### 2. 数字化

数字化包含两方面内容。一方面是指智能工厂在工厂规划设计、工艺装备开发及物流等过程中全部应用三维设计与仿真，通过仿真分析，消除设计中的问题，将问题提前进行识别，减少后期改进改善的投入，从而达到优化设计成本与质量，实现数字化制造，进而实现真正的精益。通过仿真，运营成本降低 10% ～ 30%，劳动生产率提高 15% ～ 30%。

另一方面，在传感器、定位识别、数据库分析等物联网基础数字化技术的帮助下，数字化贯穿产品创造价值链和智能工厂制造价值网络，从研发 BOM 到采购 BOM 和制造 BOM，甚至到营销服务的 BOM 准确性与及时性直接影响是否能实现智能化，从研发到运营，乃至商业模式也需要数字化的贯通，从某种程度而言数字化的实现程度也成为智能制造战略成功的关键。

**智造案例**

**“智”量管理助力海立“智”胜未来**

作为世界最大的压缩机制造商之一，上海海立（集团）股份有限公司（以下简称“海立”），身处市场竞争激烈的空调压缩机行业中，用 12 年时间摸索出了一套离散型大量定制生产的智能制造系统，通过数字化转型“智”胜未来，满足客户个性化定制。

在海立，每个产品以数字化的形式贯穿着产品生命周期，从原材料、产品生产、装配到成品装箱出厂实施全过程质量追溯。通过参数化设计，为客户实现快速化产品定制。通过产供销一体化计划，精准管控从“客户需求”“销售订单”“采购”“制造”到“发货”整个价值链流程。通过供应链管理，实时协同全球化的采购资源，为海立四地五厂制造基地提供跨区域的统筹协同。通过 AVG 和立体仓库，高效地进行生产资料的物流调度和资源配置。通过质量大数据互联互通，对工序质量进行实时监测，实现主动防错。

自 1993 年进入空调压缩机行业，海立就积极推行“精益生产”以及“全面质量管理”，在生产、设计及运营方面都积累了大量的经验。这些宝贵的经验，对于处在转型发展期的海立来说，可以转化成数据，进而转化为竞争力，通过竞争力为企业创造更大的价值。

### 3. 广泛应用工业软件

广泛应用制造执行系统（MES）、先进生产排程（advanced production scheduling，APS）、能源管理、质量管理等工业软件，实现生产现场的可视化和透明化。在新建工厂时，可以通过数字化工厂仿真软件，进行设备和生产线布局、工厂物流、人机工程等仿真，确保工厂结构合理。在推进数字化转型的过程中，必须确保工厂的数据安全、设备和自动化系统安全。在通过专业检测设备检出次品时，智能工厂不仅要能够自动将次品与合格品分流，而且要能够通过统计过程控制（statistical process control，SPC）等软件，分析出现质量问题的原因。

### 4. 充分结合精益生产理念

智能工厂充分体现工业工程和精益生产的理念，能够实现按订单驱动，拉动式生产，尽量减少在制品库存，消除浪费。推进智能工厂建设要充分结合企业产品和工艺特点。在研发阶段也需要大力推进标准化、模块化和系列化，奠定推进精益生产的基础。

### 5. 实现柔性自动化

结合企业的产品和生产特点，持续提升生产、检测和工厂物流的自动化程度。产品品种少、生产批量大的企业可以实现高度自动化，乃至建立黑灯工厂；小批量、多品种的企业则应当注重少人化、人机结合，不要盲目推进自动化，应当特别注重建立智能制造单元。工厂的自动化生产线和装配线应当适当考虑冗余，避免由于关键设备故障而停线；同时，应当充分考虑如何快速换模，以适应多品种的混线生产。物流自动化对于实现智能工厂至关重要，企业可以通过 AGV、桁架式机械手、悬挂式输送链等物流设备实现工序之间的物料传递，并配置物料超市，尽量将物料配送到线边。质量检测的自动化也非常重要，机器视觉在智能工厂的应用将会越来越广泛。此外，还需要仔细考虑如何使用助力设备，减轻工人劳动强度。

### 6. 注重环境友好，实现绿色制造

及时采集设备和生产线的能源消耗信息，实现能源高效利用。在危险和存在污染的环节，优先用机器人替代人工，能够实现废料的回收和再利用。

### 7. 可以实现实时洞察

智能工厂中从生产排产指令的下达到完工信息的反馈，实现闭环。智能工厂通过建立生产指挥系统，实时洞察工厂的生产、质量、能耗和设备状态信息，避免非计划性停机；通过建立工厂的数字映射（digital twin，DT），方便洞察生产现场的状态，辅助各级管理人员做出正确决策。

仅有自动化生产线和工业机器人的工厂，还不能称为智能工厂。智能工厂不仅生产过程实现自动化、透明化、可视化、精益化，而且，在产品检测、质量检验和分析、生产物流等环节也应当与生产过程实现闭环集成。一个工厂的多个车间之间也要实现信息共享、准时配送和协同作业。智能工厂的建设充分融合了信息技术、先进制造技术、自动化技术、通信技术和人工智能技术。每个企业在建设智能工厂时，都应该考虑如何能够有效融合这五大领域的新兴技术，与企业的产品特点和制造工艺紧密结合，确定自身的智能工厂推进方案。

# 5.4 智能工厂的架构与建设模式

智能工厂的架构与建设模式包括多个方面，主要涉及物联网技术、大数据分析、人工智能、数字化制造等多个领域的集成应用。

## 5.4.1 智能工厂的基本架构

从不同的角度来看，智能工厂的架构也不尽相同。

### 1. 智能工厂的三层架构

智能工厂包含三项流程，分别为顶层的计划层、中间层的执行层以及底层的控制层。可再细分为五个层面，层与层之间相互联系，形成闭环，如图 5-8 所示。

（1）计划层

① 协同层：在商业生态环境中，企业与其他参与者进行互动，将各自的实时数据上传至共享平台，形成数据库。

② 企业层：企业内部的生产管理软件从共享平台获取数据并进行分析，展开预测性分析，制定工作计划并排产，向下传达至执行部门。

（2）执行层

① 工厂层：接收派发的生产任务，同时从企业内部平台获取数据进行分析，根据实时生产能力调整流程、分配任务。

② 车间层：根据流程执行生产任务。

（3）控制层

设备层：对生产设备进行实时监控与中期检测，保证产品质量，协助必要维修工作。

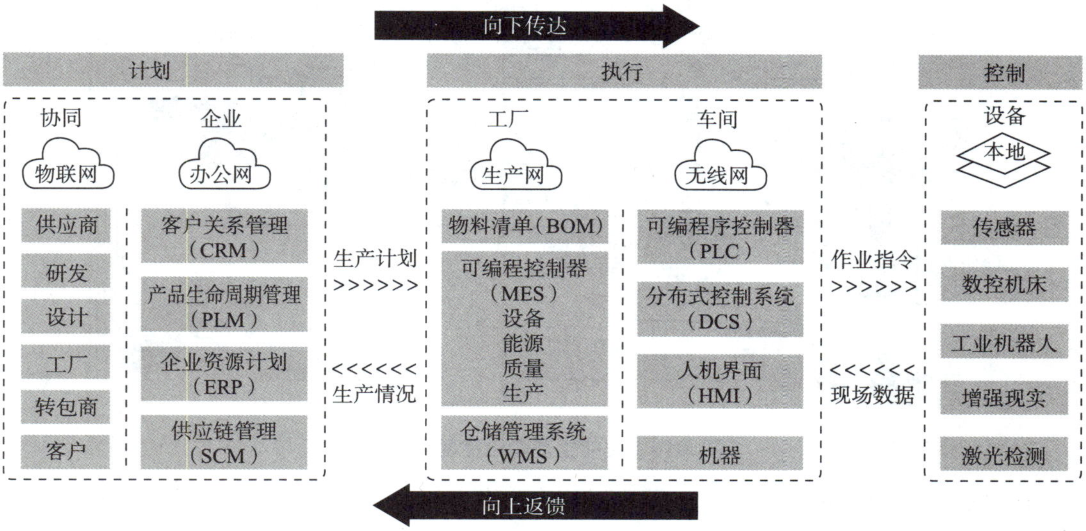


**图 5-8 智能工厂基本架构**

## 2. 智能工厂的“人、机、料、法、环”体系构架

智能工厂实现了人与机器的相互协调合作，其本质是人机交互，如图 5-9 所示。

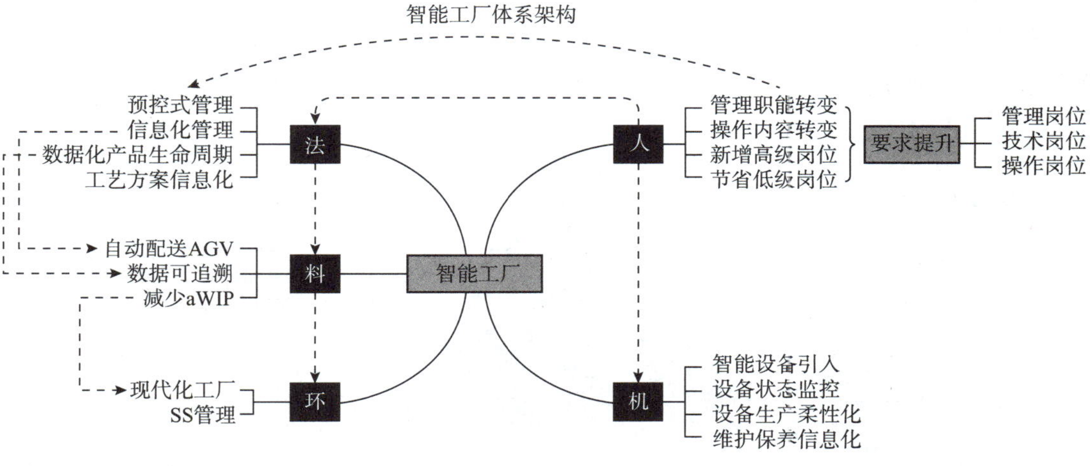


**图 5-9 “人、机、料、法、环”体系构架**

“人、机、料、法、环”是对全面质量管理理论中的五个影响产品质量的主要因素的简称。人，指制造产品的人员；机，指制造产品所用的设备；料，指制造产品所使用的原材料；法，指制造产品所使用的方法；环，指产品制造过程中所处的环境。而智能生产就是以智能工厂为核心，将“人、机、料、法、环”连接起来，多维度融合的过程，如图 5-10 所示。

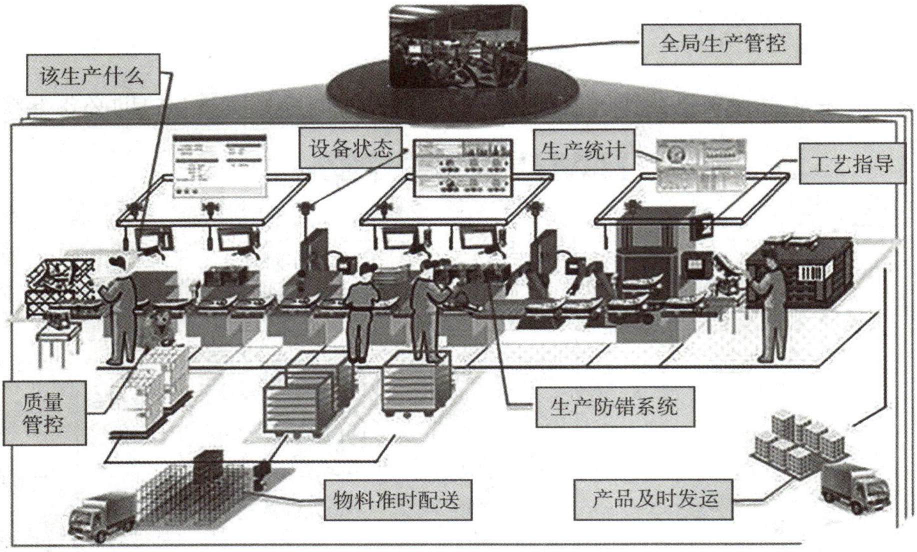


图 5-10　智能生产多维度融合过程

在智能工厂的体系架构中，质量管理的五要素也相应发生变化，因为在未来智能工厂中，人员、机器和资源能够互相通信。智能产品“知道”它们被制造出来的细节，也知道它们的用途。它们将主动地对制造流程回答如“我什么时候被制造的”“对我进行处理应该使用哪种参数”“我应该被传送到何处”等问题。

### 3. 智能工厂的五层级架构

按照德国的 Scheer 教授提出的智能工厂架构理论，可以将智能工厂分为基础设施层、智能装备层、智能产线层、智能车间层和工厂管控层五个层级，如图 5-11 所示。

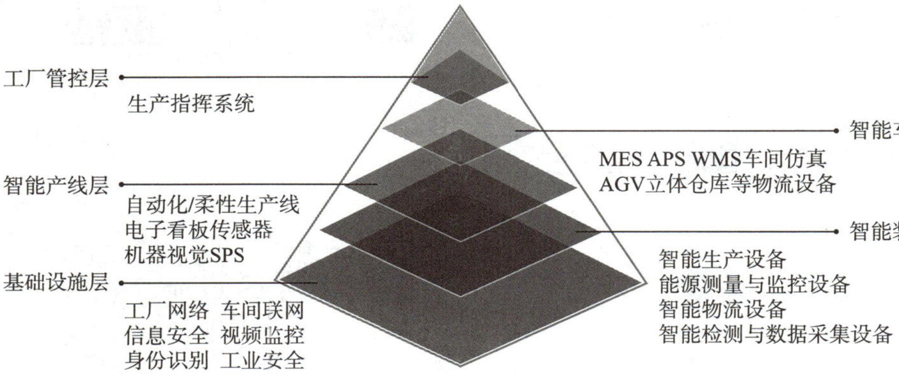


图 5-11　智能工厂五层级架构

（1）基础设施层

企业首先应当建立有线或者无线的工厂网络，实现生产指令的自动下达和设备与生产线信息的自动采集；形成集成化的车间联网环境，解决不同通信协议的设备之间，以及 PLC、CNC、机器人、仪表 / 传感器和工控 /IT 系统之间的联网问题；利用视频监控系统对车间的环境、人员行为进行监控、识别与报警。此外，工厂应当在温度、湿度、洁净度的控制和工业安全（包括工业自动化系统的安全、生产环境的安全和人员安全）等方面达到智能化水平。

（2）智能装备层

智能装备是智能工厂运作的重要手段和工具。智能装备主要包含智能生产设备、智能检测设备和智能物流设备。制造装备在经历了机械装备到数控装备后，目前正在逐步向智能装备发展。智能化的加工中心具有误差补偿、温度补偿等功能，能够实现边检测、边加工。工业机器人通过集成视觉、力觉等传感器，能够准确识别工件，自主进行装配，自动避让人，实现人机协作。金属增材制造设备可以直接制造零件，DMG MORI 已开发出能够同时实现增材制造和切削加工的混合制造加工中心。智能物流设备则包括自动化立体仓库、智能夹具、AGV、桁架式机械手、悬挂式输送链等。

（3）智能产线层

智能产线的特点是，在生产和装配的过程中，能够通过传感器、数控系统或 RFID 自动进行生产、质量、能耗、设备绩效（OEE）等数据的采集，并通过电子看板显示实时的生产状态；通过安灯系统实现工序之间的协作；生产线能够实现快速换模，实现柔性自动化；能够支持多种相似产品的混线生产和装配，灵活调整工艺，适应小批量、多品种的生产模式；具有一定冗余，如果生产线上有设备出现故障，能够调整到其他设备生产；针对人工操作，能够给予智能的提示。

（4）智能车间层

要实现对生产过程进行有效管控，需要在设备联网的基础上，利用制造执行系统（MES）、先进生产排产（APS）、劳动力管理等软件进行高效的生产排产和合理的人员排班，提高设备利用率（OEE），实现生产过程的追溯，减少在制品库存，应用人机界面（HMI）以及工业平板等移动终端，实现生产过程的无纸化。另外，还可以利用数字映射（digital twin，DT）技术将 MES 系统采集到的数据在虚拟的三维车间模型中实时地展现出来，不仅提供车间的 VR（虚拟现实）环境，而且还可以显示设备的实际状态，实现虚实融合。

车间物流的智能化对于实现智能工厂至关重要。企业需要充分利用智能物流装备实现生产过程中所需物料的及时配送。企业可以用摘取式拣货系统（digital picking system，DPS）实现物料拣选的自动化。

（5）工厂管控层

工厂管控层主要是实现对生产过程的监控，通过生产指挥系统实时洞察工厂的运营，实现多个车间之间的协作和资源的调度。流程制造企业已广泛应用 DCS 或 PLC 控制系统进行生产管控，近年来，离散制造企业也开始建立中央控制室，实时显示工厂的运营数据和图表，展示设备的运行状态，并可以通过图像识别技术对视频监控中发现的问题进行自动报警。

### 5.4.2 智能工厂主要建设模式

由于各个行业生产流程不同，加上各个行业智能化情况不同，智能工厂有以下几个不同的建设模式。

**1. 从生产过程数字化到智能工厂**

在石化、钢铁、冶金、建材、纺织、造纸、医药、食品等流程制造领域，企业发展智能制造的内在动力在于产品品质可控，侧重从生产数字化建设起步，基于品控需求从产品末端控制向全流程控制转变。

其智能工厂建设模式为：一是推进生产过程数字化，在生产制造、过程管理等单个环节信息化系统建设的基础上，构建覆盖全流程的动态透明可追溯体系，基于统一的可视化平台实现产品生产全过程跨部门协同控制；二是推进生产管理一体化，搭建企业 CPS 系统，深化生产制造与运营管理、采购销售等核心业务系统集成，促进企业内部资源和信息的整合和共享；三是推进供应链协同化，基于原材料采购和配送需求，将 CPS 系统拓展至供应商和物流企业，横向集成供应商和物料配送协同资源和网络，实现外部原材料供应和内部生产配送的系统化、流程化，提高工厂内外供应链运行效率；四是整体打造大数据化智慧工厂，推进端到端集成，开展个性化定制业务。

**2. 从智能制造生产单元（装备和产品）到智能工厂**

在机械、汽车、航空、船舶、轻工、家用电器和电子信息等离散制造领域，企业发展智能制造的核心目的是拓展产品价值空间，侧重从单台设备自动化和产品智能化入手，基于生产效率和产品效能的提升实现价值增长。

其智能工厂建设模式为：一是推进生产设备（生产线）智能化，通过引进各类符合生产所需的智能装备，建立基于 CPS 系统的车间级智能生产单元，提高精准制造、敏捷制造能力：二是拓展基于产品智能化的增值服务，利用产品的智能装置实现与 CPS 系统的互联互通，支持产品的远程故障诊断和实时诊断等服务；三是推进车间级与企业级系统集成，实现生产和经营的无缝集成和上下游企业间的信息共享，开展基于横向价值网络的协同创新；四是推进生产与服务的集成，基于智慧工厂实现服务化转型，提高产业效率和核心竞争力。

例如，广州数控通过工业以太网将单元级的传感器、工业机器人、数控机床，以及各类机械设备与车间级的柔性生产线总控制台相连，利用以太网将总控台与企业管理级的各类服务器相连，再通过互联网将企业管理系统与产业链上下游企业相连，打通了产品全生命周期各环节的数据通道，实现了生产过程的远程数据采集分析和故障监测诊断。

三一重工的 18 号厂房是总装车间，有混凝土机械、路面机械、港口机械等多条装配线，通过在生产车间建立“部件工作中心岛”，即单元化生产，将每一类部件从生产到下线所有工艺集中在一个区域内，犹如在一个独立的“岛屿”内完成全部生产。这种组织方式，打破了传统流程化生产线呈直线布置的弊端，在保证结构件制造工艺不改变、生产人员不增加的情况下，实现了减少占地面积、提高生产效率、降低运行成本的目的。目前，三一重工已建成车间智能监控网络和刀具管理系统，公共制造资源定位与物料跟踪管理系统，计划、物流、质量管控系统，生产控制中心（production contral center，PCC）中央控制系统等智能系统，还与其他单位共同研发了智能上下料机械手、基于 DNC 系统的车间设备智能监控网络、智能化立体仓库与 AGV 运输软硬件系统、基于 RFID 设备及无线传感网络的物料和资源跟踪定位系统、高级计划排程系统（APS）、制造执行系统（MES）、物流执行系统（lcgistics execution system，LES）、在线质量检测系统（Statistical Process Control，SPC）、生产控制中心管理决策系统等关键核心智能装置，实现了制造资源跟踪，生产过程监控，计划、物流、质量集成化管控下的均衡化混流生产。

### 3. 从个性化定制到互联工厂

在家电、服装、家居等距离用户最近的消费品制造领域，企业发展智能制造的重点在于充分满足消费者多元化需求的同时实现规模经济生产，侧重通过互联网平台开展大规模个性定制模式创新。

其智能工厂建设模式为：一是推进个性化定制生产，引入柔性化生产线，搭建互联网平台，促进企业与用户深度交互、广泛征集需求，基于需求数据模型开展精益生产；二是推进设计虚拟化，依托互联网逆向整合设计环节，打通设计、生产、服务数据链，采用虚拟仿真技术优化生产工艺；三是推进制造网络协同化，变革传统垂直组织模式，以扁平化、虚拟化新型制造平台为纽带集聚产业链上下游资源，发展远程定制、异地设计、当地生产的网络协同制造新模式。

## 本章小结

本章主要介绍了数字化工厂与智能工厂的相关知识。通过本章的学习，帮助读者了解智能工厂的概念、特点和建设模式，为实践中智能工厂的规划和建设提供指导和参考。

## 思考练习

1. 数字化工厂的核心系统有哪些?
2. CPPS 的基本特征有哪些?
3. 智能工厂的特征有哪些?
4. 智能工厂主要建设模式有哪些?

# 第 6 章　互联网智能制造服务

## 本章导读

随着计算机和通信技术的迅猛发展，制造业也由传统的手工制造，逐渐迈入以新型传感器、智能控制系统、工业机器人、自动化成套设备为代表的智能制造时代，智能制造服务因而也越来越受到重视。近年来，随着人工成本的提高和高科技的快速发展，产品服务所产生的利润已经远远超过制造产品本身。通过融合产品和服务，引导客户全程参与产品研发等方式，智能制造服务能够实现制造价值链的价值增值，并对分散的制造资源进行整合，从而提高企业的核心竞争力。

## 学习目标

### ◎知识目标

1. 掌握智能制造服务的定义、架构，了解相关技术。
2. 掌握智能制造服务信息提取、知识获取及知识工程的方法。
3. 熟悉工业互联网平台的技术体系，掌握其关键技术。
4. 了解云制造的内涵、发展、技术、体系以及运行模式。

### ◎能力目标

1. 掌握工业互联网的原理和应用。
2. 掌握云制造的概念、体系结构及应用。

### ◎素质目标

1. 能够将互联网技术与传统制造业结合，提出创新的互联网智能制造服务方案。
2. 能够关注互联网智能制造服务领域的新技术、新方法，不断提升自身专业素质。

## 本章任务

查阅网上资料，了解国内外优秀的企业在大数据时代下工业互联网的产业模式。

## 思维导图

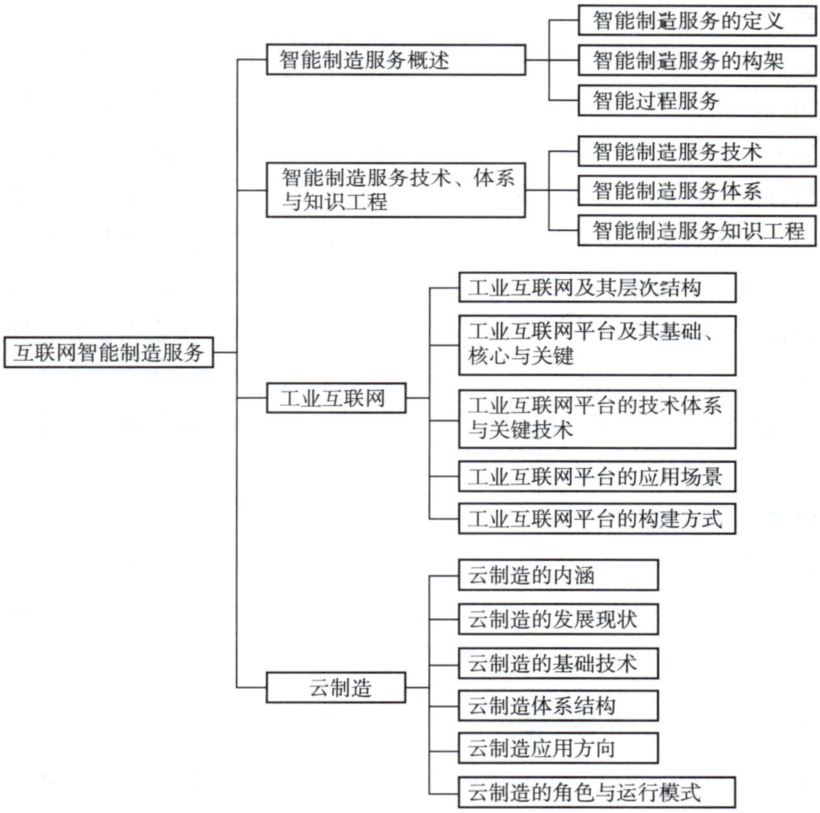

# 6.1 智能制造服务概述

随着互联网的飞速发展，传统的制造服务不再满足用户个性化的需求，人们急需将新时代的新科技融入整个产品生命周期中，以此实现对产品的全方位管控，因此智能制造服务应运而生。本小节将从定义、构架和过程服务这三方面对智能制造服务进行介绍。

## 6.1.1 智能制造服务的定义

### 1. 智能制造服务的概念和意义

智能制造服务是智能制造的核心内容之一，越来越多的制造型企业已经意识到从生产型制造向生产服务型制造转型的重要性。智能制造服务是面向产品全生命周期的，依托于产品创造高附加值的服务。产品全生命周期远远不止加工制造环节，它是为满足客户需求而高效生产优质的产品及提供服务，用以满足客户需求的过程，优质产品和优质服务在满足客户预期目标中同样重要。智能制造服务结合信息技术，能够从根本上改变传统制造业产品研发、制造、运输、销售和售后服务等环节的运营模式。由智能制造服务环节得到的反馈数据，可以优化制造行业的全部业务和作业流程，实现生产力可持续增长与经济效益稳步提高的目标。企业可以通过捕捉客户的原始信息，在后台积累丰富的数据，以此构建需求结构模型，并进行数据挖掘和商业智能分析，除了可以分析客户的习惯、喜好等显性需求外，企业还能进一步挖掘与客户时空、身份、工作生活状态关联的隐性需求，从而主动为客户提供精准、高效的服务。

### 2. 常见智能制造服务

常见的智能制造服务包括：产品跟踪追溯、智能物流、远程服务管理、预测性维护等。智能制造服务实现的是一种按需和主动的智能，不仅要传递、反馈数据，更要系统地进行多维度、多层次的感知以及主动、深入地辨识。

## 6.1.2 智能制造服务的构架

近些年来，人们的生活已经慢慢被智能产品所充斥，如智能手机、智能手表、智能家居。产品的制造也发生了模式上的重大变革，智能制造的巨大浪潮与产业互联网的融合不断酝酿出崭新的商业模式，带来用户需求的颠覆。企业最终提供给用户的是一种服务，所以智能制造飞速发展的今天，对于服务的智能化发展更应得到重视。

### 1. 装备制造业服务系统的设计构架

在服务智能化的推进过程中，有两股力量同时存在：一股力量是传统制造企业不断拓展服务业务，另一股力量则是企业从消费互联网进入产业互联网，并实现人和设备、设备和设备、服务和服务、人和服务的广泛连接。这两股力量彼此之间并不是此消彼长的关系，而是同时进步、促进需求并更好满足需求的关系。图 6-1 所示的装备制造业服务系统的设计构架是在服务智能化模式不断探索过程中总结获得的，随着信息技术等关键技术的发展，该构架也会不断更新。

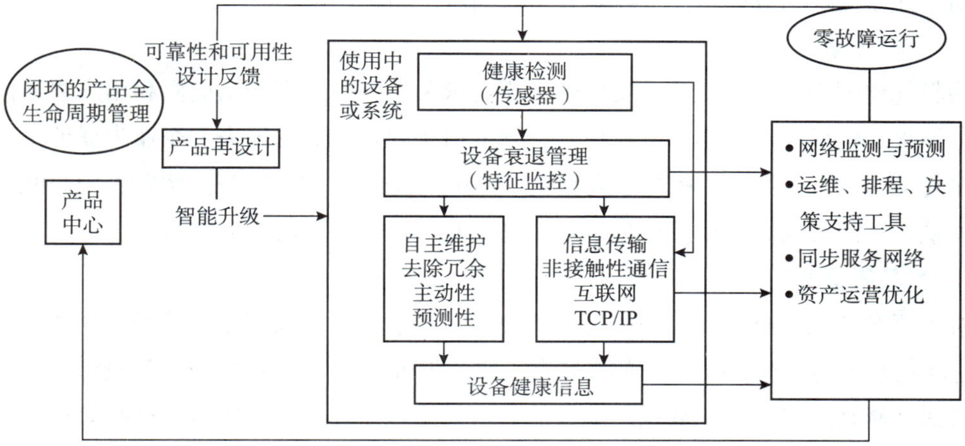


图 6-1　装备制造业服务系统的设计构架

### 2. 实现智能制造服务的步骤

随着科学技术发展，产品价值最终将会被服务价值所代替，每一个企业都应借助网络和信息技术日益完善其服务功能，在提升效率获取可观收益之后，借鉴共享的服务模式，不断探索具有自身特色的服务模式，为服务模式的创新奠定坚实的实践经验和数据基础。对传统制造企业来说，实现智能制造服务分三步开展：一是整合原有业务，拓展生产型服务业，允许产品个性化定制，形成新的业务增长点；二是从提供实物产品向提供服务及成套解决方案发展，例如，面向行业的社会化、专业化服务，具有金融机构形式的相关服务，大型制造设备、生产线等融资租赁服务，数据评估、分析与预测服务；三是利用网络资源和互联网技术建立多种服务平台，包括公共服务平台、企业间协作平台和供应链管理平台等，为制造业专业服务的发展提供支撑，例如，全生命周期管理、网络精准营销与在线支持服务，系统集成总承包服务与整体解决方案等。

## 6.1.3　智能过程服务

### 1. 制造资源实时监控

在大数据技术的支持下，车间的误报警发生率大大下降，人们在工厂中安装越来越多的传感器，捕获更多的数据，通过数据分析传送报警信号，使制造过程中能够做到实时且准确地报警，相当程度地减少了值班人员的人工检测和排除误报警带来的不必要的劳动。制造工厂内存在多种信息系统，MES、ERP、质量系统、实验室信息管理系统（LIMS）等，今天的技术可以通过软件使企业能够筛选数据，运行计算，并发出实时分析报警。

### 2. 生产任务动态调度

制造业面对多品种小批量的产品模式，数据的精细化及采集的便利化使得数据巨量增加，再加上以往累计的数据，数据量的庞大使得快速响应成为挑战。大数据可以给予更详细的信息，考虑产能节约、人员技能水平、物料采集等约束，通过智能优化算法，制定排产计划，并监控现场数据与排产计划数据的偏差，动态调整。

### 3. 物料优化配送

物料优化配送首先要从建立良好的供应需求关系开始，实现供应商和用户双方信息的交互，消灭不信任成本，建立运作机制，降低由于缺货造成的损失。企业为保证生产过程的有序与均匀，为达到最佳物料供应和生产订单的拆分，需要综合平衡库存、订单、调度、产能关系，还需要大量模型及优化技术为复杂的问题得出优化解决方案。

### 4. 产品质量控制

对于复杂的工艺过程，每一步都必须进行苛刻的检测，以判断其是否达到物理特性要求。自动化水平的提高，减轻了人的检测劳动，准确性也大大提高。随着信息技术的发展，企业将累计越来越多的检测数据。庞大的数据如知识储存，若干年后，这些海量的数据将成为企业的包袱。如果利用大数据网络分析平台，就可以得到单一指标的过程能力分析报表，同时可以分析不同指标间的影响规律，从而分析出质量优化的方案，达到对质量的提前控制。

### 5. 生产运行可视化

通过图像、三维动画以及计算机程控技术与实体模型相结合，实现设备可视化表达，使管理者、平台运营者甚至客户都可以对这个生产的全貌或细节了如指掌。通过可视化技术可以看到的不仅是机械的外形、材质、零部件和内部构造，还包括机械设计原理、工作过程、性能特征、使用方式等。

## 人物介绍

**踏准智能制造节拍**

进入海尔青岛洗衣机互联工厂，仿佛踏入了“未来世界”，处处涌动着生机勃发的“智造”热潮：在“科技灰”的底色下，亮橘色的机械臂有节奏地挥舞着臂膀；空中物流链条输送零部件自动滑入规定区域……近日，在世界经济论坛公布的第 11 批全球“灯塔工厂”名单中，海尔青岛洗衣机互联工厂、海尔合肥空调互联工厂成功入选。

“‘灯塔工厂’的评选标准严格，要求参选工厂持续创新，并在业内保持领先水平。”海尔洗涤电器有限公司总经理王自强说，“海尔青岛洗衣机互联工厂不断迭代升级，应用了 5.5G 高频定位、数字孪生等先进技术，打造了多条智能化生产线，持续提高产品竞争力，推动公司实现新的发展与突破。”

1. 提高制造效率

海尔青岛洗衣机互联工厂洗衣机内筒生产车间内，只用了短短 3 min，一张张钢卷就在机械臂手中完成了裁切、冲孔、激光焊接、涨型、翻边等 18 道工序，变身成一个个洗衣机内筒。随后，这些内筒又排着队进入悬挂式空中轨道滑向另一个生产车间，与一个个洗衣机外壳精准对接。

“虽然各零部件的生产节拍不一样，但它们却能精准地在生产线上‘相遇’，这都要归功于数字智能技术的应用。”海尔青岛洗衣机互联工厂制造部长张彬彬介绍。这时，一旁传来了“嘀嘀”声，他解释道，“这是洗衣机智慧检测台发出的声音，以往洗衣机在下线前都要经过人工检测，现在只需要通过智慧检测台将信号链接到洗衣机上，检测指令就可以直接下发并实现自动检测”。

智慧检测台是海尔自主研发的洗涤检测集成平台，研发人员通过建模技术搭建起自动检测模型，使其具有数据实时上传系统、系统实时控制闸口等功能，做到了不良品不流出、检测数据可追溯。

2. 推动转型升级

为减少产品库存，降低企业运营成本，海尔 2012 年开始从大规模制造向大规模定制转型，提出了“互联工厂”的概念，此后经过 10 余年探索，逐渐形成了相对成熟的运营经验。

“‘互联工厂’形成了以订单为导向的生产体系，使生产线上的每一台产品都有对应的订单。因此，在每天满负荷生产的情况下，海尔青岛洗衣机互联工厂的成品暂存区却没有库存，整个工厂的产品不入库率达到了 85%。”王自强说，大规模定制使得产品在下单前就已“名花有主”，下线后会直接送给客户。

随着“灯塔工厂”理念的提出，海尔开始着力打造“灯塔工厂”。“从愿景规划到功能区设计，再到实施落地、运营，我们将‘灯塔工厂’建设拆分成 100 多个步骤，形成了较为完善的‘灯塔工厂’建设体系。”海尔智家集成供应链平台智造技术负责人刘玉平说。

基于订单模式的变化，海尔青岛洗衣机互联工厂积极推进转型升级，打造了全新的制造体系，联通订单流、生产流、工艺流，并不断提升数字化、智能化水平。如今，与传统工厂相比，海尔青岛洗衣机互联工厂生产成本降低了 30%，产品质量水平提升了 90%。

3. 持续研发创新

持续推进研发创新，是海尔青岛洗衣机互联工厂成为‘灯塔工厂’的重要原因。

海尔青岛洗衣机互联工厂创新运用了 5.5G 高频定位技术。“在工厂里，5.5G 高频定位技术就如同一条无缝链接的纽带，让所有元素达到了‘万物互联’。”海尔青岛洗衣机互联工厂数字化负责人李浩冉介绍，过去工厂需要用无线射频识别技术（RFID）去识别物体的定位，每 10 m 到 15 m 就要布置一个基站用于识别信号。即便如此，在使用 RFID 时还常常会遇到能源制约、信号识别精度差、信号相互干扰等问题。而有着低延时、高带宽、多终端特点的 5.5G 高频定位技术使一个基站可同时感应几万个标签，实现精准定位，让工厂拥有了实时洞察生产运营状态的能力，提高了生产效率。

海尔青岛洗衣机互联工厂还运用了数字孪生技术。“洗衣机生产工序的前面部分都是由机械臂操作完成的，但到了后面总装部分就需要人工来执行，我们通过数字孪生技术可以有效捕捉工人的操作轨迹，当出现异常操作时，系统就会将相关信息传输到智能诊断平台，通过分析判断后，即可知晓出现异常的具体原因。有了数字孪生技术的帮助，工人的工作效率提高了 35% 左右。”石均说。

在提高生产效率的同时，海尔青岛洗衣机互联工厂还创新性地利用数字化能源管理方式，使能源消耗比传统工厂降低了 20%，碳排放降低了 30%。“为做好能源管理工作，早在 2016 年，我们就建设了能源管理数字化平台——海尔能源总控平台，通过上传能源数据、生产数据，直接量化了工厂的单位产值能耗和单产品能耗。”卡奥斯智慧能源产品总监杨子江说。在海尔青岛洗衣机互联工厂所在的园区里，还铺设了 10 兆瓦光伏，一年可发电 1 000 万千瓦时，为工厂补充了四分之一的电能消耗。

伴随着人工智能、大数据等新技术的应用，互联工厂不仅能实现大规模定制，对用户需求的响应速度也将大大提升。

（来源：海尔官网，有删减）

## 6.2 智能制造服务技术、体系与知识工程

智能制造服务借助服务感知技术、网络安全技术和协同服务为代表的基础共性技术，基于物联网技术、大数据、知识图谱等新一代信息技术充分满足市场和用户动态、多样的服务需求。本节首先介绍智能制造服务技术和体系，再介绍智能制造服务知识工程。

### 6.2.1 智能制造服务技术

智能制造服务是世界范围内信息化与工业化深度融合的大势所趋，并逐渐成为衡量一个国家和地区科技创新和高端制造业水平的标志。而要实现完整的生产系统智能制造服务，关键是突破智能制造服务的基础共性技术，主要包括服务状态感知技术、信息安全技术和协同服务技术。在这些技术的基础上，智能制造服务可形成其技术体系。

（1）服务状态感知技术

服务状态感知技术是智能制造服务的关键环节，产品追溯管理、预测性维护等服务都

是以产品的状态感知为基础的。服务状态感知技术包括识别技术和实时定位系统。

① 识别技术。识别技术主要包括射频识别技术、深度三维图像识别技术，以及物体缺陷自动识别技术等。深度三维图像物体识别技术可以识别图像中有什么类型的物体，并给出物体在图像中所反映的位置的方向，是对三维世界的感知理解。结合人工智能科学、计算机科学和信息科学之后，三维物体识别技术成为智能制造服务系统中识别物体几何情况的关键技术。

② 实时定位系统。实时定位系统可以对多种材料、零件、工具、设备等资产进行实时跟踪管理，例如，生产过程中需要监视在制品的位置以及材料、零件、工具的存放位置等。这样，在智能制造服务系统中就需要建立一个实时定位的网络系统，以实现目标在生产全过程中的实时位置跟踪。

（2）信息安全技术

数字化技术之所以能够推动制造业的发展，很大程度上得益于计算机网络技术的广泛应用，但这也对制造工厂的信息安全构成了威胁，如图 6-2 所示。

在制造企业内部，工人越来越依赖于计算机网络、自动化机器和无处不在的传感器，而技术人员的工作就是把数字数据转换成物理部件和组件。制造过程的数字化技术支撑着产品设计、制造和服务的全过程，必须加以保护。不仅如此，在智能制造体系中，制造业企业从顾客需求开始，到接受产品订单、寻求合作生产、采购原材料或零部件、产品协同设计到生产组装，整个流程都通过互联网连接起来，信息安全问题将更加突出。

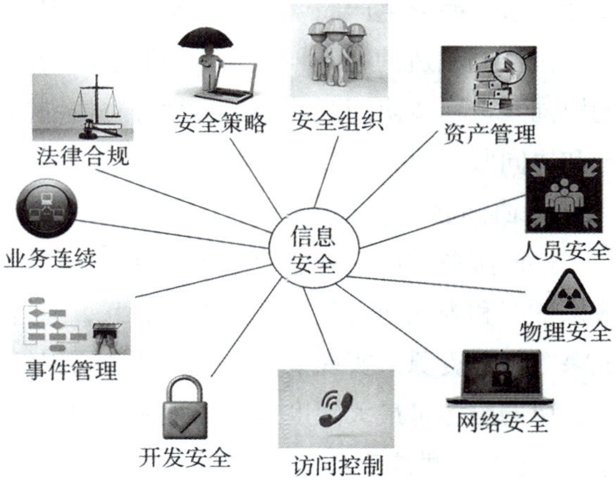

图 6-2　信息安全关联

智能互联装备、工业控制系统、移动应用服务商、政府机构零售企业、金融机构等都有可能被网络犯罪分子攻击，从而造成个人隐私泄露、支付信息泄露或者系统瘫痪等问题，带来重大的损失。在这种情形下，互联网应用于制造业等传统行业，在产生更多新机遇的同时，也带来了严重的安全隐患。

想要解决信息安全问题，需要从两个方面入手。

① 确保服务器的自主可控。服务器作为国家政治、经济、信息安全的核心，其自主化是确保行业信息化应用安全的关键，也是构筑我国信息安全长城不可或缺的基石。只有确保服务器的自主可控，满足金融、电信、能源等对服务器安全性、可扩展性及可靠性有严苛标准行业的数据中心和远程企业环境的应用要求，才能建立安全可靠的信息产业体系。

② 确保 IT 核心设备安全可靠。目前，我国 IT 核心产品仍严重依赖国外企业，信息化核心技术和设备受制于人。只有实现核心电子元器件、高端通用芯片及基础软件产品的国产化，确保核心设备安全可靠，才能不断把 IT 安全保障体系做大做强。

（3）协同服务技术

要了解协同服务技术，首先要了解什么是协同制造。

① 协同制造

协同制造，是充分利用网络技术和信息技术，实现供应链内及跨供应链的企业产品设计、制造、管理和商务合作的技术。协同制造通过改变业务经营模式与方式，实现资源的充分利用。协同制造是基于敏捷制造、虚拟制造、网络制造、前期化制造的现代制造模式，它打破了时间和空间的约束，通过互联网使整个供应链上的企业、合作伙伴共享客户、设计和生产经营信息。协同制造技术使传统的生产方式转变成并行的工作方式，从而最大限度地缩短产品的生产周期，快速响应客户需求，提高设计、生产的柔性。

按协同制造的组织划分，协同制造分为企业内的协同制造（又称纵向集成）和企业间的协同制造；按协同制造的内容划分，协同制造又可分为协同设计、协同供应链、协同生产和协同服务。

② 协同服务

协同服务是协同制造的重要内容之一。协同服务包括设备协作、资源共享、技术转移、成果推广和委托加工等模式的协作交互，通过调动不同企业的人才、技术、设备、信息和成果等优势资源，实现集群内企业的协同创新、技术交流和资源共享。

协同服务可最大限度地减少地域对智能制造服务的影响。通过企业内和企业间的协同服务，客户、供应商和企业都参与到产品设计中，可大大提高产品的设计水平和可制造性，有利于降低生产经营成本，提高质量和客户满意度。

## 6.2.2 智能制造服务体系

智能制造服务的运营模式是指基于智能制造服务平台随时随地地运作智能制造服务的商业模式，在此运营模式下，智能制造服务理论与技术的基本概念体系如下。

### 1. 智能制造服务知识

智能制造服务知识是在智能制造服务活动过程中涉及的生产性服务知识、制造服务化知识、服务型制造知识，以及支持智能制造服务主体的各种领域知识等，它是通过历史数据挖掘与大数据分析实时数据获得，在制造服务活动中进行积累和淘汰的。

### 2. 智能制造服务运作

智能制造服务运作是以智能制造服务为运营商品，在工业 4.0 环境下组织产品生产、服务设计、产品服务系统集成，并销售产品服务系统实现价值创造的过程，它是以智能工厂实现运作环境，以智能生产实现运作方式的。

### 3. 智能制造服务模块

智能制造服务模块是基于快速配置智能制造服务系统的目标，而创建的模块化的智能制造服务。这种模块是按照智能制造服务主体的核心产品或服务构建的，它可在工业互联网环境中动态调度，具有可配置等特性。

### 4. 智能制造服务系统

智能制造服务系统是考虑智能制造服务主体的智能制造服务需求，设计出智能制造服务方案，再根据方案将若干智能制造服务模块集成演化的系统。智能制造服务系统是智能制造服务运营的核心商品。

智能制造服务体系框架如图 6-3 所示。各个层次的具体说明如下。

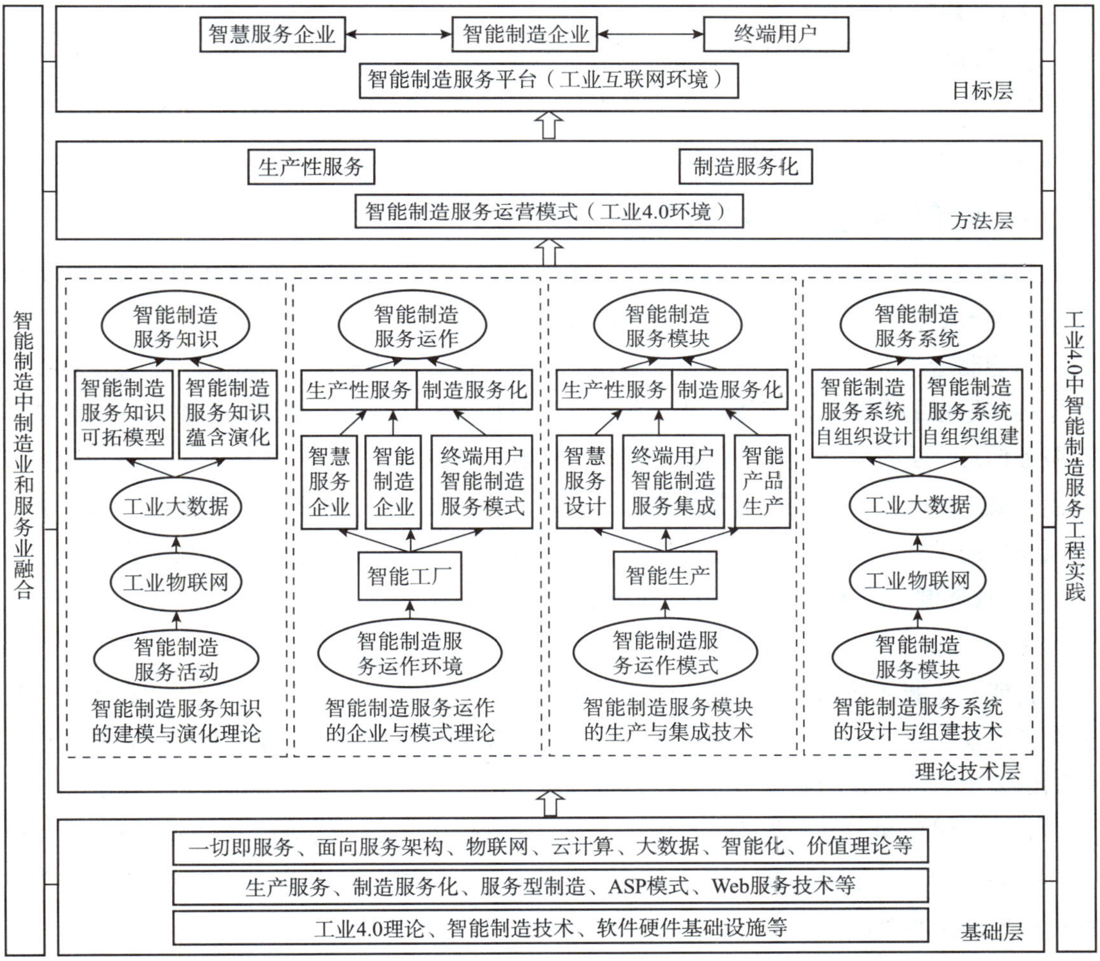


图 6-3　智能制造服务体系框架

（1）目标层

在目标层提出智能制造服务的研究目的。为了实现制造与服务的融合总目标，研究技术体系实施方案，利用工业互联网技术，使得智慧服务企业、智能制造企业和终端用户的需求最大限度获得满足。

（2）方法层

在方法层提出智能制造服务研究思路方法，主要是智能制造服务的运营模式，特别是针对生产性服务和制造服务化。生产性服务突出价值链形成行业特点，制造服务化突出产业链达到区域优势。

（3）理论技术层

在理论技术层提出实现目标的关键理论技术。关键理论技术是智能制造服务知识的建模与演化理论、智能制造服务运作的企业与模式理论、智能制造服务模块的生产与集成技术、智能制造服务系统的设计与组建技术。

（4）基础层

在基础层主要提供智能制造服务研究的理论基础以及技术基础，包括工业 4.0 理论、智能制造技术、一切即服务、面向服务架构、云计算、物联网、大数据、ASP 模式、Web 服务技术、生产服务、制造服务化等。

### 6.2.3 智能制造服务知识工程

与智能制造过程相比，智能制造服务更加注重对知识的利用，这些知识在制造服务活动中起到重要作用，其来源基础是智能制造服务过程产生的大数据。

智能制造服务活动产生的数据是客观存在的，这些数据蕴含的知识需要通过信息技术来挖掘。挖掘的方法是对智能制造服务活动进行抽象，从智能制造服务数据中提取智能制造服务信息，从智能制造服务信息中获取智能制造服务知识，再对智能制造服务知识进行建模，最终将有限的智能制造服务知识进一步演化生成更丰富的智能制造服务知识。如此不断积累的过程，为智能制造服务提供支撑技术，保障智能制造服务的顺利运作。

#### 1. 智能制造服务的信息提取和知识获取

（1）智能制造服务的信息提取

智能制造服务活动涉及制造企业、服务企业和终端用户三方面的主体活动和相互之间的业务活动，对于产生的大数据，需要运用知识发现理论进行信息提取和知识获取。首先用知识表示方法对智能制造服务知识进行规范化编码。智能制造服务知识规范化编码是确定智能制造服务知识符号化的一种描述法则，这种描述法则可以把知识方便、有效地变成计算机能够处理的某种数据结构。编码方法有基于产生式规则的编码、基于实例的编码、面向对象的编码等。

将知识编码后，可从原始数据库中提取智能制造服务信息。智能制造服务信息是关于制造服务活动产生的各类相关数据的集合，在制造服务活动中产生的大数据，通过物联网和云计算等技术手段采集和处理后存入数据库或者数据仓库。通过对应的智能制造服务知识规范编码，对智能制造服务信息进行分类，就是智能制造服务信息提取，因此智能制造服务信息提取是智能制造服务知识获取的基础。

可拓学是用形式化模型研究事物拓展的可能性和开拓创新的规律与方法，并用于解决矛盾问题的科学。从可拓学角度分析，采集和处理后存入数据库中的数据作为提取的原始数据库；用可拓学的逻辑细胞——基元来表示制造服务的数据；经过可拓变换方法得到变换前后制造服务基元数据元库；再选取制造服务评价特征，经过可拓传导方法得到变换前后制造服务评价数据元库；综合关联度、关联积和关联差放入可拓分析器中，回溯至基础数据元库。基础数据元库将制造服务信息提取至制造服务信息元库中，结合支持度和可信度最终得到制造服务信息库，流程如图 6-4 所示。

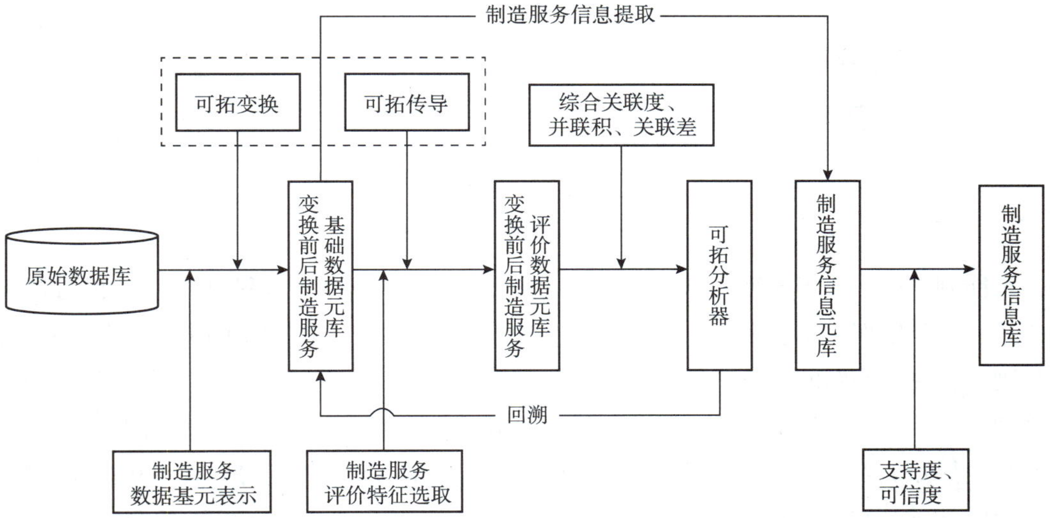


**图 6-4　智能制造服务信息提取的一般流程**

（2）智能制造服务信息的知识获取

从业务活动产生的大数据中提取出智能制造服务信息后，接着就可以获取智能制造服务信息的知识。由于智能制造服务信息之间存在各种各样的联系，智能制造服务信息的知识具有传导性。如果对某一个智能制造服务信息的变换会导致其相关智能制造服务信息的变化，或对某一个智能制造服务信息特征量值的变换会导致智能制造服务信息其他某些特征量值的改变，这些变化记录在智能制造服务信息库中，从智能制造服务信息库中挖掘这些具有传导作用的知识就能够获取智能制造服务知识。在获取过程中，需要考虑“变换”对其智能制造服务的作用，因此变换前后的制造服务基础信息元库需要计算制造服务变换前后的量值差和制造服务传导信息元，区分不同的传导度对信息造成的影响，再回溯至智能制造服务信息库中，如此循环往复地不断获取智能制造服务信息的知识。从智能制造服务信息中获取智能制造服务知识的过程就是从数据库中挖掘传导知识的过程，类比图 6-4 从可拓学角度分析，获取的一般流程如图 6-5 所示。

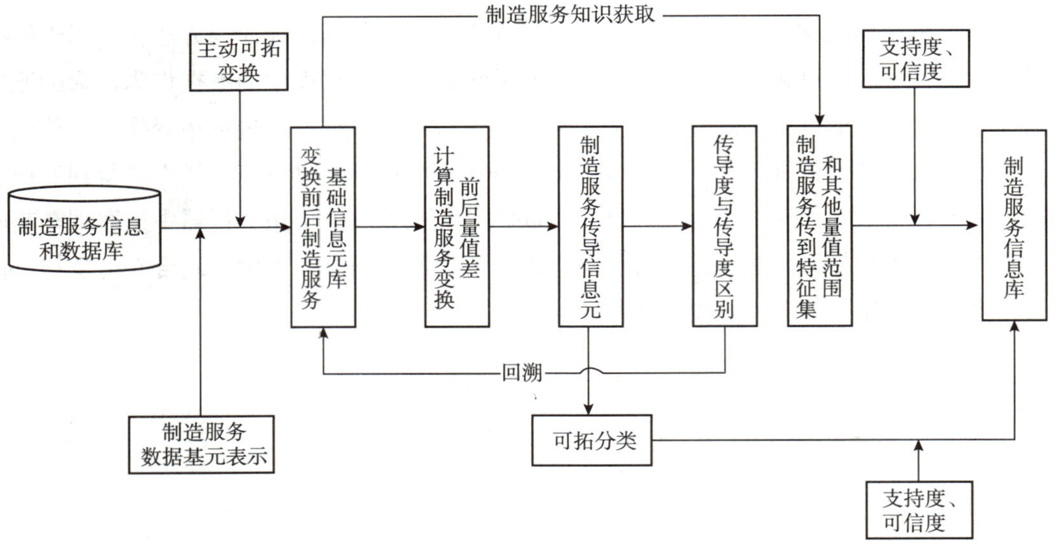


图 6-5　智能制造服务知识获取的一般流程

智能制造服务属于典型的知识密集型服务，如何将制造服务过程中海量的知识进行有序表达、高效推理并系统存储，是解决制造服务领域中知识高效利用的关键问题，而知识工程则是解决该问题的有效途径之一。知识工程是一门以知识为研究对象的学科，研究如何将知识以计算机能识别的方式存储，并在此基础上对问题进行自动推理求解。知识工程的研究包括知识表示、知识存储、知识推理、知识重用、知识繁衍等，其中知识表示是知识工程的基础。知识工程最早是由美国斯坦福大学的教授在 1977 年第五届国际人工智能会议上提出的，他将知识工程定义为一种采用人工智能原理和方法，求解这些需要领域专家知识才能解决的应用难题的手段。近年来，知识图谱（knowvledge graph，KG）作为现代人工智能技术中的重要组成部分，能够在制造服务数据的存储、管理以及在此基础上的搜索、智能问答、情报分析等领域中发挥重要作用。其中，知识图谱构建技术方面主要有专家构建方式、众包构建方式和自动构建方式等。

### 2. 知识工程的方法

（1）全生命周期制造服务经验的知识化

知识是制造过程的智能化的载体，通过在制造过程中应用知识工程，可以快速实现制造过程的信息化、智能化。知识表示则是将知识以某种形式符号化的过程，便于计算机进行存储和管理，以及结合具体问题进行推理应用。同时，一种好的知识表示方法是知识库易于维护和知识推理高效的前提，更是知识系统能有效解决问题的决定性因素。因此，知识表示一直以来都是知识工程领域研究的热点与核心。目前，国内外学者已经提出多种知识表示方法，包括一阶谓词逻辑、语义网络、产生式规则、框架、实例、本体等。

一阶谓词逻辑是一种采用经典谓词逻辑形式来表示知识的方法。语义网络是一种采用带有标记的有向图来表示知识的方法。产生式规则是一种采用“If A Then B”的形式来表示知识的方法，意思是如果前提部分 A 的条件满足，则执行 B 中规定的动作。框架实际上是对象、属性和属性值的集合，包含若干个槽或侧面，它们分别描述对象某个方面的属性。实例是对以往解决问题的客观描述，它将问题求解的初始条件、方法过程和求解结果存储起来，隐含求解过程中所运用的知识和经验。本体表示法的目标是统一人类对某领域知识的共同理解，实现人和计算机某种程度上对知识资源的共享和重用。这几种知识表示方法的优缺点如表 6-1 所示。

表 6-1　几种知识表示方法的优缺点

| 知识表示法 | 优点 | 缺点 |
| --- | --- | --- |
| 一阶谓词逻辑 | 接近人类语言，易于接受 | 事实较多时推理易出现组合爆炸 |
| 语义网络 | 反映人类思维联想过程，自然清晰 | 形式多样导致处理复杂性大大提高 |
| 产生式规则 | 善于表示过程性知识和因果性知识 | 不便于表示结构性和层次性知识 |
| 框架 | 善于表示结构性和层次性知识 | 不便于表示过程性知识和因果性知识 |
| 实例 | 便于存储问题求解时的隐含经验 | 具体表示形式和标准不统一 |
| 本体 | 便于描述事物之间的复杂联系 | 关系描述过多时导致推理过程复杂 |

智能制造服务过程中所蕴含的知识的形式和结构各不相同，不便于统一描述、组织和管理。因此，为了对这些不同类型的知识进行统一表达，还需建立支持多种知识共存的智能制造服务的混合知识表示模型，采用思维导图来实现。

思维导图最初是由 20 世纪 60 年代英国人提出的，其充分运用源自大脑的神经生理学习互动模式和多感官学习特性，可极大地展现个人智力潜能，提升思考技巧，提高记忆力、组织力与创造力等。目前，思维导图已被广泛应用于文化、教育、商业、行政等领域，但是这些领域中思维导图往往只是被当作一种静态的、常识性的知识描述工具，很少体现出其在动态知识推理方面的价值。如果将某领域的知识在思维导图中以一定的结构表示和组织起来，那么在求解该领域具体问题时通过调用相关的知识推理算法对思维导图中的节点进行遍历和匹配，即可找出该问题的解。由此可见，思维导图不仅能静态地表示知识，还能通过动态的知识推理来解决实际问题。基于思维导图的知识表示模型，如图 6-6 所示，基于思维导图的知识表示具有以下特点。

① 知识主题被置于思维导图的中心。

② 由知识主题开始呈放射状向四周发散形成由一级知识节点构成的主分支。

③ 一级知识节点继续向外辐射形成不同层次的各级知识节点构成的若干子分支。

④ 整个基于思维导图的知识表示模型呈多叉树结构。

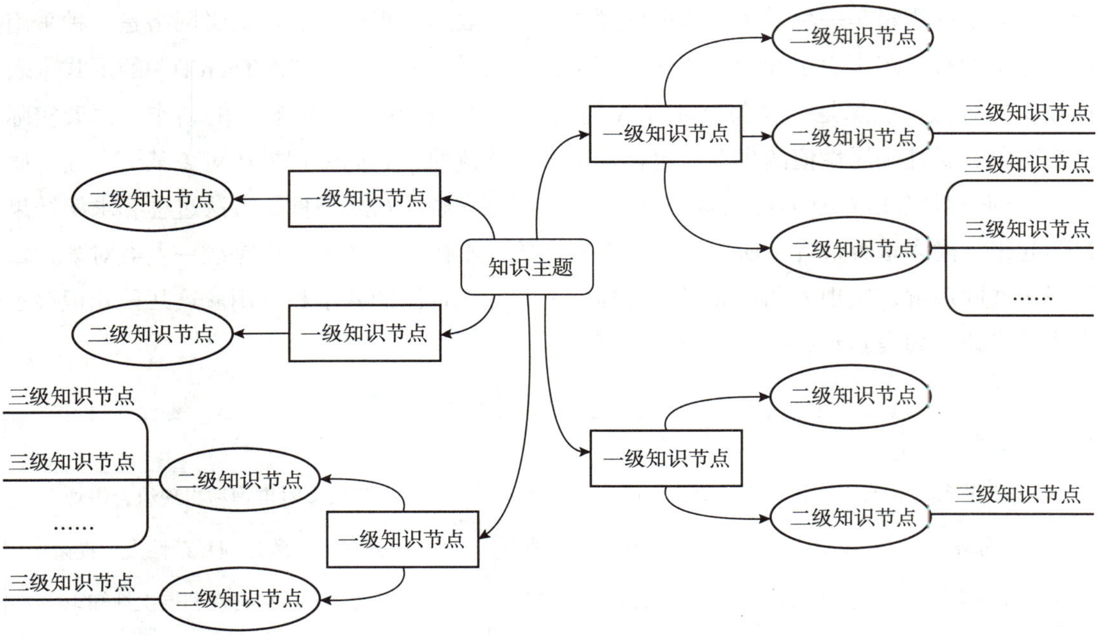


图 6-6　基于思维导图的知识表示模型

（2）智能制造服务的知识工程

在完成全生命周期制造服务经验的知识化后，需要借用知识工程工具解决实际制造服务问题。智能制造服务的知识工程主要分为知识存储和知识推理两部分，下面分别进行论述。

① 智能制造服务的知识存储

知识库是为了满足某领域问题的求解需要，而将相互联系的知识集合以某种表示方式存储在计算机中，以方便知识的组织、管理及推理应用的一种手段。知识库是知识工程和数据库技术发展相交融的重要产物，它使得基于知识的系统具有智能性，其核心在于面向某些领域问题，通过知识的共享和重用，来完成知识的推理应用。

◆知识库和数据库的侧重点不同。数据库用于企业的数据管理，存储类型不同、形式各样的数据，而知识库面向的是知识工程领域问题的智能求解，存储的是多样化、易于使用以及全面有组织的知识集群，且这些知识表现形式和逻辑结构各不相同。但知识库和数据库的联系又非常紧密。知识库的构建离不开数据库的支撑，知识库是用来存放知识的实体，不同表示方式的知识最终都将转化为合适的数据结构存入计算机中，目前通常采用关系数据库来实现。随着知识工程的发展，从知识库中存取知识如同从数据库中存取数据一样方便，知识存储已经成为当前知识库研究的主要趋势。

◆知识库是否易于维护、知识存取是否快捷是衡量一个知识系统效率高低的关键性因素。智能制造服务的计算与决策中包括框架、实例、产生式规则以及本体不同类型的知识。若将这些知识全部存放在一个知识库中，不仅会直接增加知识管理的难度，更会导致知识库的存取效率下降。针对智能制造服务的计算与决策的混合知识表示模型，知识库逻辑结构如图 6-7 所示。

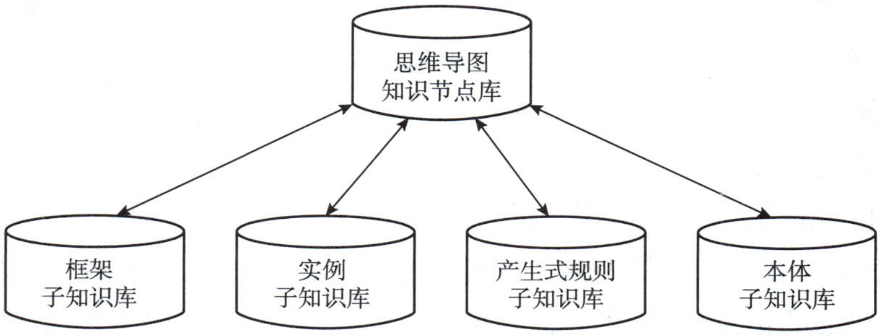


图 6-7　智能制造服务的计算与决策知识库的逻辑结构

在图 6-7 中，整个智能制造服务的计算与决策知识库以思维导图知识节点库作为统领，按照知识节点内容的不同，分别将不同类型的知识节点与对应的框架、实例、产生式规则、本体子知识库相关联，从而形成以思维导图为导引的知识库。这种逻辑结构可以有效地提高智能制造服务的计算与决策知识库的知识存取效率，通过对不同类型知识进行分类存储，有利于对知识的组织，更可为推理过程中知识的高效提取创造条件，同时也使得对不同类型知识的维护更加便利。此外，思维导图具有极好的延伸性和拓展性，也可为知识库的继续扩充留下余地。

② 智能制造服务的知识推理

广义上的推理是指人类根据既定的事实进行思维拓展、演绎推理出结论的过程，它是人类高级思维的一种重要体现。知识推理是指利用计算机模拟人类的思考推理方式，根据一定的求解策略，在已经建立的知识集合中自动推理搜寻问题解的过程。知识推理按照知识形式不同，相关方法也有所不同。

◆采用框架推理来求解问题时，首先需要建立待求解问题的初始描述框架；然后将完成填充后的初始描述框架与框架库中已有的框架进行部分槽或侧面的匹配，从而找到满足某些条件的预选框架；最后通过预选框架中其他槽或侧面的内容以及框架系统间的联系，得到进一步的启发，使得问题的求解不断向前推进。

◆实例推理的基本思想是，将以往求解问题时的条件、方法和结果以实例的形式存储起来放入实例库中，当下次要解决类似的问题时，首先对当前问题进行描述，然后在实例库中寻找与当前问题最为相似的实例，并根据需要对搜索出来的实例进行修改以满足新的问题求解要求，最后对修改完成后的实例进行保存。

◆产生式规则推理包括正向推理、反向推理和混合推理三种。正向推理是一种从已有的事实出发，通过遍历规则库中的产生式规则来逐步推断出新结论的推理方法。反向推理是一种从问题的求解目标出发，通过不断地提出结论来逐步寻找前提证据的推理方法。混合推理是正向推理与反向推理同时进行的推理方法。

由于本体描述语言无法描述复合属性，因此语义网规则语言（semantic web rule-language，SWRL）往往与其结合起来被用于本体推理中。通常本体推理采用 OWL+SWRL+Jess 的结构，其中网络本体语言（web ontology language，OWL）对本体概念类及其关系进行表述，SWRL 进一步对本体内因果过程关系进行说明，Java 专家系统外壳（java expert shell system，JESS）将 OWL 和 SWRL 转换为 Jess 支持的事实库和规则库，并在此基础上推理出隐含事实。

（3）智能制造服务中的知识图谱技术

基于领域知识图谱的服务数据空间，可实现大规模的查询与自动推理。其利用语义本体对服务流为中心的相关概念进行形式化描述，并对涉及的服务约束知识进行建模，最终实现服务数据空间模式层的建模。同时，结合 Datalog（数据库查询语言）和 R2RML（一种描述关系数据库到 RDF 映射语言），可把在领域知识图谱上的 SPARQL 查询转换为关系数据库的 SQL 查询，以构建基于查询重写的映射规则，实现服务数据空间实例层的映射。

基于领域 KG 的 SD 模型，一方面方便了多类型服务交互以统一的方式获取各类制造与服务数据，辅助生产决策；另一方面为多层级交互与协作提供了统一的数据接口，实现多服务主体节点间的数据交换与共享。基于领域 KG 的 SD 模型并非像传统数据仓库那样需要额外提供一个固化的存储空间来存储各个数据源的数据，而是提供一种中间映射结构，将数据源与领域 KG 进行映射。因此领域专家可借助映射关系（RDB）快速高效地写出语义查询语句，避免因缺乏 IT 知识不能写出复杂的 SQL 查询语句的问题。

SD 模型由三个部分构成，形式化描述如（式 6-1）所示。

$$\text{DataSpace}(D, K, M) \qquad (式 6\text{-}1)$$

式中　$D$——SD 模型的数据源，通常为关系数据库，包括数据库根式和实例数据，其中关系数据库模式包含数据表和数据列的定义、主键和外键等一致性约束；

$K$——知识库，这里为领域本体，为 SD 模型提供高层面的数据概念视图、数据查询词汇和推理所需的本体公理。目前，描述本体模型的标准语言为 W3C 最新标准 OWL2，这里使用其子语言 OWL2QL 构建领域 KG 的模式层；

$M$——语义映射规则集合，描述数据源中的数据如何填充到本体中的类和属性中，每一个映射规则形如 $m$：SQL（$X$）→ Triple（$X$），SQL（$X$）表示在 RDB 上的 SQL 查询，Triple（X）是构建在领域 KG 上的 RDF 三元组模板，表示如何将从 RDB 中获取到的值赋给 RDF 项，从而实例化本体类与属性。描述语义映射规则的标准语言为 W3C 标准 R2RML，通过 R2RML 可构建 RDB 和 RDF 图之间的映射关系。

RDB 转换为领域 KG 的模型与方法，是针对当前制造服务数据杂乱无章和关系复杂背景下的制造服务数据统一集成与管理的思路，这套方法包括以静态服务资源和动态服务流为中心的 SD 模式层构建及利用本体公理进行知识约束建模方法：RDB 与领域 KG 的映射方法，即利用 Datalog 和 R2RML 集成的方式实现 SPARQL 到 SQL 的映射。

# 6.3　工业互联网

工业互联网是全球工业系统与高级计算、分析、感应技术以及互联网连接融合的一种结果。工业互联网的本质是通过开放的、全球化的工业级网络平台把设备、生产线、工厂、供应商、产品和客户紧密地连接和融合起来，高效共享工业经济中的各种要素资源，从而通过自动化、智能化的生产方式降低成本、增加效率，帮助制造业延长产业链，推动制造业转型发展。

随着制造业数字化水平的逐步提高，智能制造得到了快速发展，使得工业互联网平台在全世界范围内迅速兴起。目前，全球制造业龙头企业、ICT 领先企业、互联网主导企业基于各自优势，从不同层面与角度搭建了工业互联网平台。工业互联网平台虽发展时间不长，但均有迅速扩张的趋势，正积极探索技术、管理、商业模式等方面规律，并取得了一些进展。

工业互联网平台是智能制造的核心技术之一，对智能制造的发展起着至关重要的作用。各国政府都将工业互联网平台建设作为战略发展的重中之重。美国在先进制造国家战略中，将工业互联网和工业互联网平台作为重点发展方向，德国工业 4.0 战略也将推进网络化制造作为核心。GE、西门子、达索、PTC 等国际巨头也纷纷布局工业互联网平台。

与此同时，2018 年 7 月，工业和信息化部印发了《工业互联网平台建设及推广指南》和《工业互联网平台评价方法》，并于 2019 年 1 月 18 日印发了《工业互联网网络建设及推广指南》。2019 年 3 月，“工业互联网”成为“热词”并写入《2019 年国务院政府工作报告》。发展工业互联网平台，已经成为实现智能制造的必然要求。

## 6.3.1　工业互联网及其层次结构

### 1. 工业互联网的概念和意义

工业互联网

工业互联网（industrial internet）的概念最初由美国通用公司提出，它集成了大数据技术和各类分析工具，并通过无线网络将工业设备连接起来。工业互联网将能快速适应不同任务的人工智能模型应用于分布式系统，通过云计算优化控制过程，实现更高程度的自动化，其核心含义与德国提出的“工业 4.0”、中国提出的“中国制造 2025”相同，即借助飞速发展的信息技术，在更高的层次将生产所涉及的离散信息联结起来，利用大数据分析技术，优化生产过程，提高智能制造水平。

工业革命以来，机器生产取代人力，大规模工厂化生产取代个体工厂手工生产。传统手工生产时，人通过视觉、听觉、触觉等方式感知生产要素信息，在大脑中对信息进行整合、分析，以生产需求为驱动，对生产要素进行配置，从而满足生产要求。进入机器大生产时代以来，生产分工越来越细致，一种产品往往是多家工厂共同协作生产。生产设备的大幅增加，导致生产涉及大量的生产要素。同时，生产设备朝着精密化、智能化的方向发展，描述单一设备的状态需要大量的信息，因此，传统的通过人的知觉感知全部生产要素十分困难。此外，生产要素之间通常是跨越空间和时间的，人们感知到的信息通常具有局限性和延迟性，基于感知到的信息制定的决策，通常不是全局最优的策略。

#### 2. 工业互联网平台的架构

随着智能传感器的广泛应用，人们可以实时感知离散的生产要素信息。而物联网时代，能将这类信息在云平台上进行整合、分析，来优化制造过程，实现智能化生产，工业互联网平台也就应运而生。工业互联网通过智能传感器，实时感知生产要素信息，并通过无线网络传输到工业互联网平台，工业互联网平台对信息进行分析、优化，然后对生产要素进行最优化配置，从而实现智能制造。

工业互联网层次结构可以分为四层（图 6-8），即边缘层、平台层（工业 PaaS 层）、应用层以及 IaaS 层。

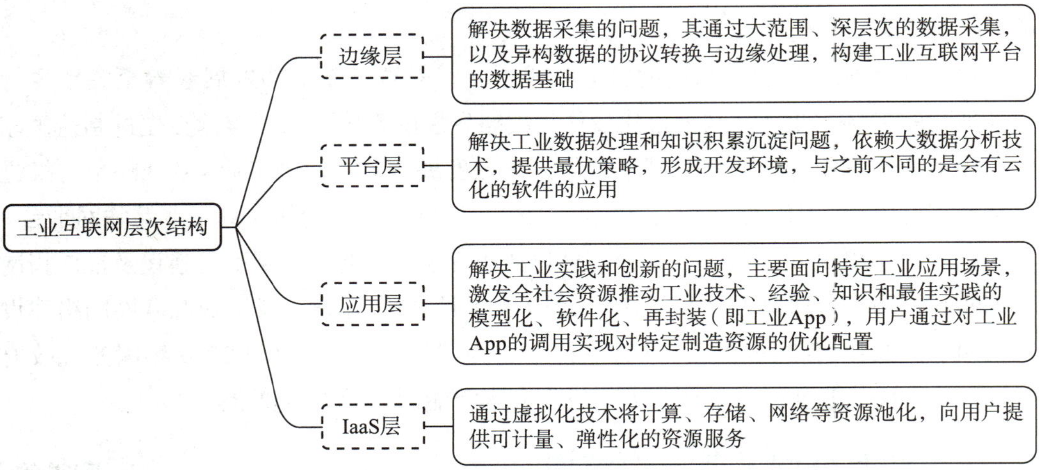


图 6-8　工业互联网层次结构

### 6.3.2　工业互联网平台及其基础、核心与关键

工业互联网平台是工业互联网在智能制造中应用的具体形式。通过工业互联网平台，不仅能将原材料、产品、智能加工设备、生产线、工厂、工人、供应商和用户紧密联系起来，而且能利用跨部门、跨层级、跨地域的互联信息，以更高的层次给出最优的资源配置方案和加工过程，提升制造过程的智能化程度。

#### 1. 工业互联网平台的基础是数据采集

一方面，随着加工过程和生产线精益化、智能化水平的提高，必须从多角度、多维度、多层级来感知生产要素信息，因此，需要广泛部署智能传感器，来对生产要素进行实时感知。另一方面，人脑可以实时高效地处理相关联的多源异构数据，并迅速生成生产要素的属性信息，工业互联网平台也需要进行高效的海量、高维、多源异构数据融合，形成单一生产要素的准确描述，并进一步实现跨部门、跨层级、跨地域生产要素之间的关联和互通。

### 2. 工业互联网平台的核心是平台

传统的工业生产中，通常是人基于感知到的信息，通过数学原理、物理约束、历史经验等总结、推理，最终形成一系列的决策规则和方法，用来指导生产过程。而进入物联网时代以来，极大地扩展了生产要素分布的层次和广度，生产要素之间的联系纷繁复杂，难以用简单的数学或者物理模型进行描述，而对于新模式的生产场景和个性化的生产需求，难以显性、直接地从历史经验中总结出决策规则。因此，工业互联网平台的核心是利用大数据、人工智能等方法，从海量高维、互联互通的工业数据中，挖掘出隐藏的决策规则，从而指导生产。工业互联网平台在通用 PaaS 架构上进行二次开发，实现工业 PaaS 层的构建，为工业用户提供海量工业数据的管理和分析服务，并能够积累沉淀不同行业、不同领域内技术、知识、经验等资源，实现封装、固化和复用，在开放的开发环境中以工业微服务的形式提供给开发者，快速构建定制化工业 App，打造完整、开放的工业操作系统。

### 3. 工业互联网平台的关键是应用

工业互联网平台是以需求驱动的、面向用户的平台。一方面，工业互联网平台的使用对象是人，其最终推送的决策，必须是人可以直观接收和理解的；另一方面，对于用户不同的要求，工业互联网平台需要基于新模式的生产场景和个性化的生产需求，利用数据分析方法，推送定制化的决策方案。工业互联网平台通过自主研发或者是引入第三方开发者的方式，以云化软件或工业 App 形式为用户提供设计、生产、管理、服务等一系列创新性应用服务，实现价值的挖掘和提升。

## 6.3.3　工业互联网平台的技术体系与关键技术

工业互联网平台能感知与生产相关的原材料、产品、智能加工设备、生产线、工厂、工人、供应商和用户信息，通过互联网将信息关联起来，并利用数据分析技术，为智能制造提供决策支持，最终利用工业 App 推送给用户和各智能设备。因此，工业互联网技术体系包括以下四个部分。

### 1. 全面互联的工业系统信息感知技术

工业互联网平台需要实现跨部门、跨层次、跨地域、跨领域的工业系统信息全面感知，因此，数据采集要以自感知技术为主，同时需要研究多源异构数据融合技术，将多来源、多形式的数据整合，来准确描述生产要素状态。然而，边缘层数据采集困难重重。首先，工厂里有许多性能参差不齐的老旧设备没有配置传感器，如何将老旧设备联网，采集到聋哑设备的数据非常关键；其次，随着加工过程和生产线精益化、智能化水平的提高，必须从多角度、多维度、多层级来感知生产要素信息，因此，需要广泛部署智能传感器，对生产要素进行实时感知。而传感器、仪表或 PLC 控制器往往来自不同厂商，所支持的通信协议也不同，如何将不同传感器信息进行整合同样非常重要。此外，车间面积广、设备量多，传统人员巡检模式效率低、速度慢，如何对设备及人员进行远程管理也是边缘层需要解决的问题。因此，可以理解边缘层的三个要点如下。

（1）设备接入，即对海量设备进行连接和管理。

（2）协议解析，即利用协议转换实现海量工业数据的互联互通和互操作。

（3）边缘数据处理，即通过运用边缘计算技术，实现错误数据剔除、数据缓存等预处理以及边缘实时分析，降低网络传输负载和云端计算压力。

### 2. 信息传输技术

工业互联网平台需要完成工业数据集成、实时存储与传输。物联网的传输层主要负责传递和处理感知层获取的信息，分为有线传输和无线传输两大类，其中无线传输是物联网的主要应用。无线传输技术按传输距离可划分为两类：一类是以 Zigbee、WiFi、蓝牙等为代表的短距离传输技术，即局域网通信技术；另一类则是 LPWAN（低功耗广域网），即广域网通信技术。

传感器和设备信息需要通过各种不同的协议实现数据接入。协议转换分为两个方面：一方面运用协议解析、中间件等技术兼容 ModBus、OPC、CAN、Profibus 等各类工业通信协议和软件通信接口，实现数字格式转换和统一；另一方面利用 HTTP、MQTT 等方式从边缘层将采集的数据传输到云端，实现数据的远程接入。

在转换协议中，主要有即用于短距离设备连接的本地协议 Modbus，以及支持物联网进行远程全局通信的可扩展互联网协议 MQTT。

### 3. 数据分析平台

工业互联网平台需要实时高效处理不断产生的工业数据，从中挖掘出对工业生产有价值的决策方案。工业互联网平台需要借助大数据分析技术、人工智能方法等，基于专家经验，结合物理、数学等基础学科知识，从工业大数据中获得有价值的经验。

与其他领域大数据相比，工业大数据有“3B”挑战。

（1）Broken

工业对于数据的要求并不仅在于量的大小，更在于数据的全面性。在利用数据建模的手段解决某一个问题时，需要获取与被分析对象相关的全面参数，而一些关键参数的缺失会使分析过程碎片化。举例而言，当分析地铁发动机性能时需要温度、空气密度、功率等多个参数，而当其中任意一个参数缺失时都无法建立完整的性能评估和预测模型。

因此对于企业来说，在进行数据收集前要对分析的对象和目的有清楚的规划，这样才能够确保所获取数据的全面性，以免斥巨资积累了大量数据后发现并不能解决所关心的问题。

（2）Badquality

在工业大数据中，数据质量问题一直是许多企业所面临的挑战。这主要受制于工业环境中数据获取手段的限制，包括传感器、数采硬件模块、通信协议、组态软件等。对数据质量的管理技术是一个企业必须要下的硬功夫。

（3）Background

数据受到设备参数设定、工况、环境等背景信息的影响，除了应对数据所反映出来的表面统计特征进行分析以外，还应该关注数据中所隐藏的背景相关性。对这些隐藏在表面以下的相关性进行分析和挖掘时，需要一些具有参考性的数据进行对照，也就是数据科学中所称的“贴标签”过程。这一类数据包括工况设定、维护记录、任务信息等，虽然数据的量不大，但在数据分析中却起到至关重要的作用。

因此，工业互联网平台大数据分析，不仅需要利用常用的大数据分析技术，还需要研究数据清洗、数据融合，并且要将各学科、各领域、不同背景的知识抽象、固化，形成规则，与大数据分析技术结合，以提供更准确的分析结果。

#### 4. 工业 App 开发技术

工业互联网平台需要将分析出的结果实时推送给用户，同时也需要接口将决策传输到智能设备。工业互联网平台需要根据用户需求和实际生产需要，定制化 App 推送消息，因此，需要工业互联网平台开发面向新模式场景、个性化需求的 App。

工业 App 的构建是工业互联网平台协作模式转换的核心，通过对工业知识的提炼与抽象，将数据模型、提炼与抽象的知识结果通过形式化封装与固化形成 App。封装了工业知识的工业 App，对人和机器快速高效赋能，突破了知识应用对人脑和人体所在时空的限制，最终直接驱动工业设备及工业业务。

工业 App 开发运用互联网技术性优点，打破传统式运营模式的时空局限性，在智能制造系统中很好地将手机互联的易用性、便携性与易传播性利用起来，不仅大大地拉近了生产商、供应商、经销商与顾客的距离，也提高了制造行业销售市场的敏感度与信任感。

### 6.3.4 工业互联网平台的应用场景

工业互联网平台有三大应用场景。

#### 1. 加工过程优化

工业互联网平台能够实时感知加工过程中的设备运行数据和加工工艺参数，同时将其与原材料信息、人员配置、设备状态、质量检测数据等信息关联起来，因此，工业互联网平台可以实现工艺参数优化和提供设备维护决策支持。

工业互联网平台可以利用大数据分析技术，挖掘产品质量与加工工艺参数之间的关联关系，通过建立产品质量与工艺参数之间的映射，获取能提高产品质量的工艺参数。例如，美的集团基于工业互联网平台（M.IoT）对工艺参数进行优化，使产品品质一次合格率从 94.1% 提升到 96.3%。

同时，工业互联网平台可以基于设备历史运行数据和历史状态，分析监测参数与设备状态之间的关系，进而推理出设备状态的演化规律，为智能设备的预防性维护、远程寿命预测及状态监测提供决策支持。例如，基于普奥 ProudThink 平台搭建的制冷设备远程运维平台（图 6-9），可以实现远程调试参数，并监测设备状态，发生故障时及时切断设备，并发出预警以便及时得到维护。

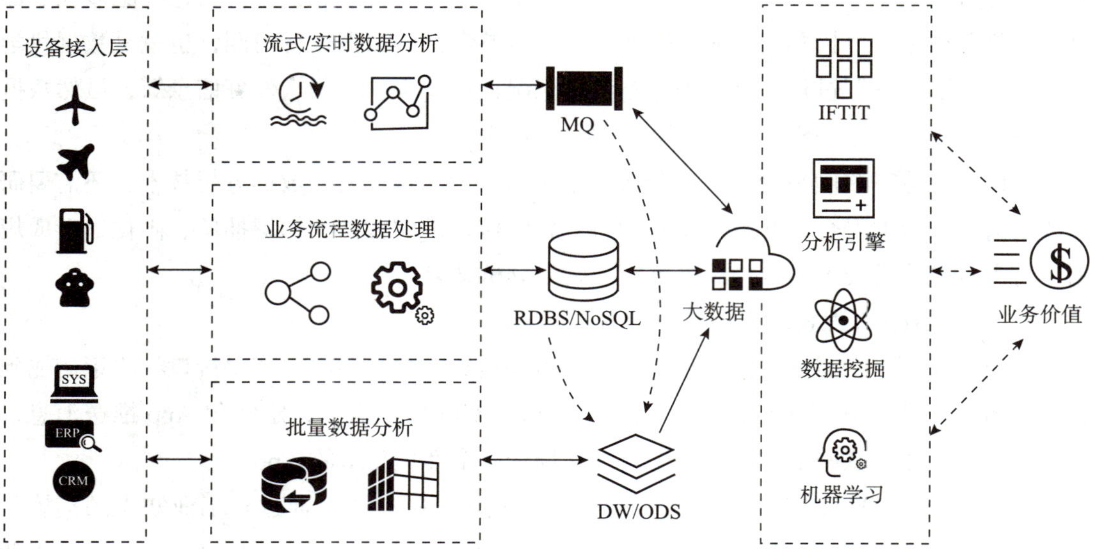


图 6-9　普奥 ProudThink 大数据分析平台

### 2. 资源管理优化

工业互联网平台不仅可以感知设备级、车间级的数据，同时能将跨部门、跨层级的生产要素之间的信息关联互通，对生产过程的描述也不局限于加工过程，而是从更深的层次、更细的粒度、更全面的角度对生产制造的全过程进行描述，能从更全面的角度对资源配置进行优化。此外，用户的需求也能更直接地反馈到生产端，为更快适应的柔性制造提供配置方案。

工业互联网平台能更全面准确地描述生产要素在加工过程中的状态，尤其是资源利用情况，如能耗、空间占用、运输成本等。受益于生产要素信息的全面互联，工业互联网平台能统筹考虑多方面要素，给出更接近于全局最优的资源配置方案。例如，福特汽车公司基于施耐德电气的 EcoStruxure 平台，收集福特公司在美国国内设施的电力数据并由云管理系统进行分析、管理，降低能耗 30%，并节省了 2% 的能源开支。

工业互联网平台能感知生产要素在制造系统中流转的影响，面对新模式生产场景和个性化生产需求，能给出快速响应的柔性制造配置方案，从而满足定制化的产品要求。

### 3. 市场决策优化

工业互联网平台将供应商、制造商、销售商及消费者联系起来，市场行为本质上是由需求驱动，商业行为与制造过程有着密不可分的复杂耦合关系。通过对历史消费数据进行分析，可以预测市场需求，同时，通过对短期市场行为的分析，可以预知可能发生的风险，做好风险管控。

工业互联网平台能感知到产品全生命周期信息，从中分析出原材料 - 制造 - 销售 - 使用中各个要素之间的复杂耦合关系，通过对历史信息的分析，对未来需要的产品种类及产能进行预测。

工业互联网平台的优势在于全局信息感知。对于全局信息的实时掌握，能用来预测未来市场可能发生的风险，进而快速对生产制造进行调整，对资源配置进行优化，从而合理地规避风险。

## 智造案例

### 阿里云工业互联网平台

阿里云工业互联网平台将互联网技术、云技术进行重新封装，降低用户在生成工业物联网应用时的学习成本，提高开发效率，使工业用户可以快速地在平台上完成包括设备资产管理、远程运维、生产管理等一系列工业互联网应用的开发，并一键发布应用到互联网环境中，实现一站式的应用开发与发布。在阿里云工业互联网平台中，用户可以从定义一个产品的物模型开始，实现对设备的数字化抽象，将机器设备、工业现场各种管理系统抽象为由属性、事件和服务三个要素组成的数字化描述，并在设备管理平台中将描述实例化为具体的设备或系统，并管理来自这些设备 / 系统的数据。在成功完成现场设备 / 系统的接入后，用户可以继续利用平台所提供的组态编辑功能，将收集的数据进行可视化展示，深入计算，同时利用平台提供的规则引擎和脚本编写能力，设计出符合现场控制、管理需求的工业互联网应用。

2019 年 8 月 27 日，在广州举办的 2019 中国工业互联网大会上，阿里云宣布将通过旗下飞龙工业互联网平台（以下简称飞龙平台），对广州注塑产业进行深度赋能。从原料供应商、注塑加工、精益制造、仓储管理、人员培训技术咨询到金融服务，阿里云旨在打造整个产业集群的一站式解决方案，阿里巴巴集团副总裁、阿里云智能 IOT 事业部总裁库伟在大会上表示，阿里云通过工业互联网平台联合二业领域各优秀服务商、打通信息孤岛、实现集成。从线上订单交易、制造过程管理、制造供应链协同、人与工艺的提升全链路打通，为企业提供一站式解决方案。库伟表示，玩具产业 90% 以上都属于注塑行业，在汕头玩具产业，阿里云飞龙平台协同优秀服务商，让汕头玩具集群的诸多企业收获了明显的效果，通过飞龙平台，企业的生产效率、库存量、直通率、制造成本都有显著的改善。

据介绍，阿里云飞龙平台融合了阿里巴巴集团领先的技术能力，集合阿里巴巴的淘宝天天特卖、天猫精灵、钉钉等生态能力，通过云计算、智联网、人工智能等前沿技术构建工业企业的数字化基础平台，帮助工业企业在云端构建自身的供、研、产、销全链路的工业数据服务平台，优化企业制造流程，帮助企业实现数字化转型。

阿里云飞龙平台是基于开源环境的工业操作系统，平台定位服务开发者和工业企业，通过飞龙平台，开发者可实现工业 App 与工业 SaaS 的快速开发、集成、托管、分发、交易和运营全生命周期运维，为工业企业和行业 / 区域运营商提供工业互联网解决数字化解决方案。

### 6.3.5 工业互联网平台的构建方式

工业互联网平台是一个能全面感知工业系统所有环节生产要素信息，对信息进行融合、传输、存储，基于海量工业数据进行分析，获得最优决策并推送给用户和智能设备的计算平台。工业互联网平台通常采用云计算技术构建。与常用的云计算平台类似，工业互联网平台构造使用的主要技术包括虚拟化技术、分布式数据存储技术、编程模式、大规模数据管理、分布式资源管理、信息安全、平台管理等。

具备自感知能力的生产要素和信息传输网络构成了工业互联网平台的硬件基础。工业互联网需要摆脱传统的离散式、人工录入数据的形式，而需要让设备具备智能，全面地自我感知自身状态，并通过互联网实现各生产要素的互联互通，由“点”到“面”地全面认识工业系统。

工业互联网平台通常通过搭建 IaaS 或 PaaS 方式提供软件基础，利用各类开源 PaaS、大数据分析、人工智能等技术，搭建平台框架。用户基于工业互联网平台，针对各种新模式的生产场景和个性化需求，开发定制化的工业分析软件。

## 6.4 云制造

云制造是在云计算、大数据和人工智能技术支持下的制造业转型和升级的重要方式，可以帮助制造企业实现数字化转型、智能化提升和产业协同，提高其竞争力和可持续发展能力。

### 6.4.1 云制造的内涵

云制造是为降低制造资源的浪费，利用大数据资源，通过工业互联网，利用云计算技术、平台技术、感知技术以及通信技术等实现制造资源的高度共享。建立共享制造资源的公共服务平台，将巨大的社会制造资源池连接在一起，提供各种制造服务，实现制造资源与服务的开放协作、社会资源高度共享。企业用户无须再投入高昂的成本购买加工设备等资源，可以通过咨询公共平台来租赁制造资源。

在理想情况下，云制造将实现对产品开发、生产、销售、使用等全生命周期的相关资源整合，提供标准、规范、可共享的制造服务模式。这种制造服务模式可以使制造业用户像用水、电、煤气一样便捷地使用各种制造服务。

## 6.4.2　云制造的发展现状

云制造是中国率先提出、众多国家跟踪研究的发展方向之一，是“互联网制造业”，是实施《中国制造 2025》战略规划的一种智能制造模式和手段。目前云制造处于起步阶段，我国云制造围绕提高制造企业市场竞争力的目标，突出应用需求牵引云制造系统建设，突出新一代信息技术、大数据技术、感知技术和产品专业技术的深度融合，突出工业化、信息化、城镇化同步发展的途径，形成了从大批量自动化生产线向定制化的规模生产发展，从生产型向生产服务型转变。

作为一种服务化、网络化、智能化的制造新模式，云制造提供强大的资源汇聚和按需服务能力，能够通过工业互联网将各类资源接入云端，在云中形成全面共享的虚拟资源池。进而使制造业用户便捷地使用各种制造服务。

通过云制造平台可以智能地找到最符合需求的服务提供商，甚至在云中动态组建一条协作服务链或定制一个虚拟企业，为用户提供专业化、个性化服务。云制造可以随时为有产品创意却缺乏制造资源的客户服务，同样也可以为手握订单却能力不足的企业或个人提供服务，云制造平台不仅支持工序资源优化配置，而且能够在云端对产品全生命周期业务进行统筹管理。例如，可以租用云端设计软件在网上协作完成创新设计，也可以通过云平台远程控制 3D 打印机等制造加工设备，还可以在云平台中建立虚拟工厂和虚拟车间，完成更复杂的制造任务等。

## 6.4.3　云制造的基础技术

云制造技术融合了制造网格、物联网和云计算等学科领域的技术，被认为是一种面向服务的新型制造模式。将制造设备、制造软件及制造能力集成在一个可配置可共享的资源池中，通过网络来实现高效可靠的有偿服务，其运行模式脱颖于云计算。云制造较为完整的技术体系包括总体技术、云制造资源感知与接入技术、云制造资源与云制造能力的虚拟化和服务化技术、虚拟化云制造资源服务环境的构建与管理技术、虚拟化云制造服务环境运行技术、虚拟化评估技术、云制造可信与安全制造服务技术等。下面对相关技术中的主要技术进行详细介绍。

### 1. 分布式企业服务总线集成技术

企业知识平台采用分布式企业服务总线集成模式可以很好地解决云制造的难题，实现海量异构数据的集成处理与分析过程，满足不同系统与应用之间的信息交互与共享。分布式企业服务总线集成技术整体结构，如图 6-10 所示。企业服务总线构架中的资源服务是高度分散的，通过高度分布的方式进行协同工作，并且架构中的资源服务能够彼此独立地进行伸缩。当管理者或用户提出服务需求时，可将单个事件驱动的服务快速插入到企业服务总线的主干中，进而增强整个企业服务总线的灵活调度与分布集成特性。在分布式企业服务总线集成技术中，服务端点提供了物理目的地和连接信息（TCP/IP 主机名和端口号），可靠的消息传送协议保障了服务器之间异步通信的安全性。服务总线中的服务均具备专属地址，当服务需要更新或替换时，只需要找到该地址下的服务就可以进行更新、替换等操作。由于这些服务是并存于企业总线中的，故在不关闭企业服务总线整体服务的前提下便可以进行相应服务的操作，进而有效保障企业服务总线的持续性和整体性。

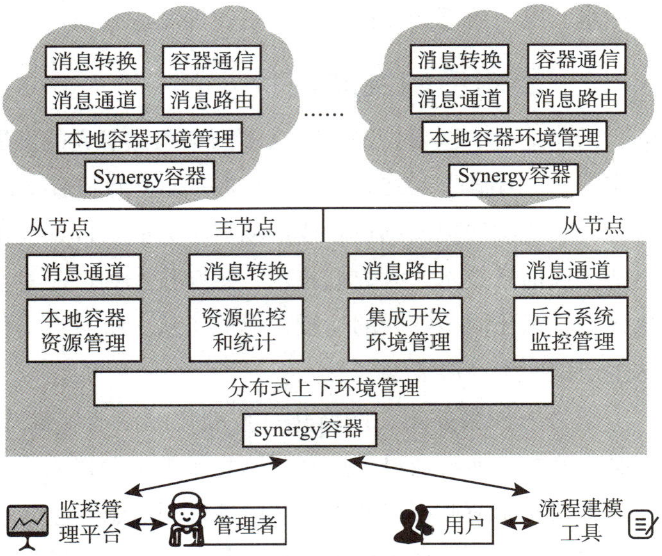


图 6-10　分布式企业服务总线集成技术整体结构

### 2. 知识资源虚拟化技术

知识资源虚拟化技术是支撑和构建云制造知识资源池的核心技术，虚拟化技术是指计算元件在虚拟的基础上运行，并在一定程度上扩大硬件容量，简化软件的重新配置过程，实现软件应用与底层硬件之间隔离操作，进而将大量的资源进行整合，形成一种虚拟的聚合模型。通过虚拟化实现知识资源到虚拟资源的映射，进而弱化软硬件设备、数据、网络等不同层面的资源的物理依赖，由服务提供者对云制造资源进行统一描述，然后加入到资源池，在资源服务平台进行注册，进而供服务使用者进行资源查询和使用。

### 3. 海量数据管理技术

海量数据管理技术主要承担服务系统中资源的高效分析与处理工作。当前计算系统中主流的数据管理技术包括 Google 的 BT 数据管理技术和 Hadoop 团队开发的数据管理模块 HBase。BT 是一种结构化数据的分布式存储系统，它将所有数据均作为对象来处理，形成巨大的表格，分布式存储大规模的结构化数据。本质上它是一个稀疏的多维度的有序映射表，支持行关键字、列关键字、时间戳三个维度的索引。允许客户端动态控制数据的表现形式、存储格式和存储位置等信息，以满足应用程序需求。

## 6.4.4　云制造体系结构

云制造体系分为三个层次：制造资源层、平台公共服务层和应用层。

### 1. 制造资源层

在云制造的运行中，制造资源层负责将分散的制造资源集成到整个平台上，为广泛的制造提供资源接入支持。这些资源的分布在地域和种类上都很散乱且没有统一的管理标准。

为便于对资源进行规范化管理，可以将本层分为物理资源层和虚拟资源层。

（1）物理资源层

物理资源层为产品整个生命周期提供物理资源和实际制造能力。物理资源主要包括各种制造设备、服务器、计算机设备、原始物料、仿真软件、分析工具、数据、标准；实际制造能力包括产品的设计能力、产品的测试能力、生产管理能力。物理资源层是整个云制造的最底层。

为使物理资源层的分散资源通过云端技术实现动态全面的集成互联，所以需要提供一个虚拟资源层，采用描述手段使资源规范地接入云平台。

（2）虚拟资源层

虚拟资源层主要负责制造资源的标识、制造资源的虚拟化、将制造资源封装成云服务。制造资源的标识技术主要涉及 RFID、无线传感网络、物联网、聚类分析及相关适配技术。

制造资源的虚拟化，对于制造的硬件资源，通常是映射为独立于系统的虚拟机，同时用虚拟机监控器和管理器与下层设备进行通信、协调并分配。对于虚拟化的资源，使用资源描述协议和服务描述语言将其封装成制造云服务。其中涉及多种语言，例如，（simple html ontology extension，SHOE）和（DARPA agent markup language，DAML）。虚拟资源层要对种类繁多的描述模型进行封装和管理，将其以服务的形式供给制造资源的需求者。

### 2. 平台公共服务层

平台公共服务层是整个云制造的核心，主要包括服务组件层、核心业务层和应用接口层。

（1）服务组件层

平台的服务组件层以组件的形式对服务进行管理，所有服务都被视为一个组件，这些组件不仅包括简单的服务节点，有时也是多个服务聚集而成的符合某种业务逻辑的组合服务。这种服务提供了统一的管理方式和调用接口，通过对服务的组件化管理，实现云制造服务的动态部署和更灵活的组织形式。本层为制造资源层提供服务的组件化注册，为平台提供与各云服务的接口。

（2）核心业务层

核心业务层为平台提供综合性的支持和管理，面向云制造的任务需求生成相应的解决方案，完成任务管理、需求匹配以及服务的推荐优选。对云制造资源的提供者提供服务的测试、发布和管理。对云制造资源的使用者，提供云制造任务的管理、需求匹配以及服务推荐。对云制造平台的运营者，提供平台运行管理支持和一系列基础管理功能，包括用户管理、数据管理、知识管理、安全管理、结算管理和监管调度等。

（3）应用接口层

应用接口层是云制造系统面向各种客户端应用提供的中间转换接口，为各种基于云制造系统的应用提供一种标准接入方式。云制造是一个开放性的平台，这种平台需要标准的应用接口的支持，以保证不同地域、不同企业、不同工程领域用户能够正确地接入云制造系统，开展云制造活动。

#### 3. 应用层

应用层为制造资源的使用者提供各种操作的界面，包括客户端和计算机终端工具。本层可以提供复杂系统的建模工具、通用的仿真终端、新产品开发包。用户也可以利用平台服务自定义和构建新的制造应用。

### 6.4.5 云制造应用方向

#### 1. 针对大型集团企业的研发设计能力服务平台

针对大型集团企业，利用网格技术等先进信息技术，整合集团企业内部现有的计算资源、软件资源和数据资源，建立面向复杂产品研发设计能力服务平台，为集团内部各下属企业提供技术能力、软件应用和数据服务，支持多学科优化、性能分析、虚拟验证等产品研制活动，极大促进产品创新设计能力。这类服务平台主要是面向集团内部下属企业的。

#### 2. 区域性加工资源共享服务平台

我国已经成为当今世界上拥有制造加工资源最丰富的国家。针对制造资源分散和利用率不高的问题，利用信息技术、虚拟化技术、物联网以及 RFID 等先进技术，建立面向区域的加工资源共享与服务平台，实现区域内加工制造资源的高效共享与优化配置，促进区域制造业发展。

#### 3. 制造服务化支持平台

制造服务化支持平台也是将来云制造可以重点发展的方向之一。针对服务成为制造企业价值主要来源的发展趋势，可以建立制造服务化支持平台，支持制造企业从单一的产品供应商向整体解决方案提供商及系统集成商转变，提供在线监测、远程诊断、维护和大修等服务，促进制造企业走向产业价值链高端。这类平台主要针对大型设备使用企业。

#### 4. 制造更可以服务于量大面广的中小企业的公共服务平台

针对中小企业信息化建设资金、人才缺乏的现状，可以建立面向中小企业的公共服务平台，为其提供产品设计、工艺、制造、采购和营销业务服务，提供信息化知识、产品、解决方案、应用案例等资源，促进中小企业发展。

#### 5. 建立物流拉动的现代制造服务平台

针对我国制造业物流成本高等现状，利用 RFID、网络、物流优化等技术，研究整机制造企业、零部件制造企业和物流企业的多方协作模式和第三方服务模式，建立物流拉动的现代制造服务平台，为制造业整机制造企业、零部件制造企业和物流企业协作提供服务，促进制造业发展。

## 6.4.6 云制造的角色与运行模式

传统的制造模式主要包括两类用户：资源或能力的提供者和使用者。而在云制造模式（图 6-11）下，云制造平台既不属于资源或能力的提供者，也不属于使用者，它是为双方交易提供服务的第三方，它对需求和运营进行管理，所以云制造中要包含云制造平台的运营方。

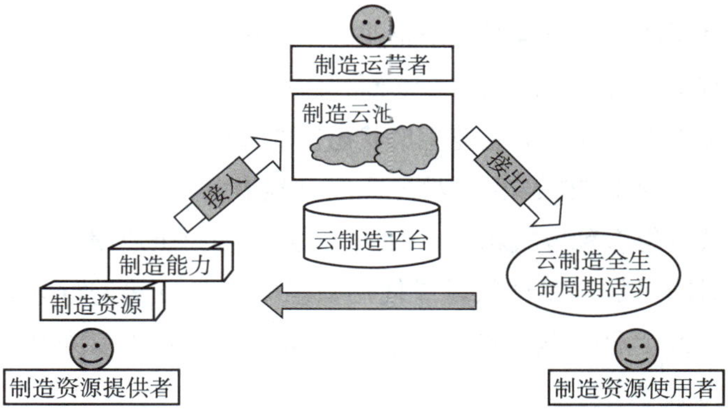


图 6-11 云制造模式

### 1. 云制造平台的功能和服务

云制造平台负责提供各类制造资源或制造能力的服务化接口和工具，通过平台保证云服务的部署和管理、资源的供需匹配以及服务的组合优化，同时为使用者提供云制造客户端。制造资源提供者通过对产品全生命周期过程中制造资源及制造能力的感知和接入，以服务的形式将企业剩余和空闲的制造资源和制造能力提供给第三方——云制造平台运营方。云制造平台运营方根据用户的服务需求，在云端化、云制造的管理技术的支持下，为用户提供动态的按需使用的应用服务。云制造资源的请求方提出制造资源的需求，并通过云制造平台按需购买或租用平台提供的各种制造资源，降低企业资源购置成本，提高企业竞争力。

### 2. 云制造模式在大型集团企业中的应用

大型集团企业产品研制过程错综复杂，涉及多个技术领域和部门，其产品研发的设计、分析、仿真、测试等分散在不同单位，利用率低；设计手册、经验参数、仿真模型等为集团公司的各个研究院所用，设计协作困难；生产加工的工艺装备、手册、规范分布在各个生产车间，信息难以共享；分析测试软件、测试数据和经验知识把控在不同测试人员手里，测试经验交互困难；产品知识、客户情报、维护知识掌握在维护或销售人员手里，无法实现产品全生命周期不同阶段的共享；集团统计数据屏蔽在集团高层的手中，集团集中管控困难。云制造运行模式恰恰可以将分散的集团企业各单位的制造资源进行集中管理和按需分配，如图 6-11 所示。在云制造的服务环境中建立统一高效的数据处理中心、软件服务中心、资源调度中心，以便进行资源配置和管理，是改变我国制造企业发展困局的有效措施。

动态知识资源和云用户需求复杂多变，如何对海量数据进行处理和储存，如何统一获取这些分布式多源多领域知识，如何实现跨领域知识动态管理与集成，以及制造全生命周期活动中知识服务的按需共享、优化配置和调节，是进行知识服务的基础和难点。因此需要建立分布式多领域知识表示、知识获取、知识调度、知识匹配等技术，并建立相应的模型和知识平台。

以建湖 5D 智造谷为例，5D 智造谷大数据云服务中心利用 WIS 车间管理系统和

iSESOL 云平台使整个区域的生产加工能力成为一个虚拟工厂，使企业和企业之间变为多方共赢的合作关系。谷内每台 i5 智能机床都连接到 WIS 车间管理系统上，在 WIS 车间管理系统中可以查询每个企业的工厂概况、订单管理、设备监控、工时统计等信息，也可以查询每台设备的状态、诊断、成本统计、机床运行数据统计等信息。企业主可以通过手机 APP 客户端，对企业生产状态实时查询。

建湖 5D 智造谷对行业内已经有一定影响力的企业实行把设备按时间长度和按加工数量等多种方式租赁，iSESOL 云平台为企业服务，服务收益可以根据服务项目不同按照时间、加工零件数量或使用数量等计量方法进行分享。建湖 SD 智造谷对小微企业，除了大企业所享受的服务外，iSESOL 云平台可以为其提供长期稳定的加工订单，降低创业门槛。

### 3. 云制造平台的未来发展

随着云制造平台的使用和数据的积累，在云中会逐渐形成一条协作服务链，即为每个用户定制一个虚拟企业，为每个用户提供专业化的个性化服务。云制造平台可以为有需求、有想法但没有实现能力的人提供量身定做的制造流程。大数据越丰富，制造业的深层次规律就会被云制造平台所总结，而经过云制造平台优选出的制造流程就会越符合用户的需求，甚至超越用户的预想。

## 智造案例

### 创世纪——智能制造服务业公司积极培育和发展的业务

广东创世纪智能装备集团股份有限公司的前身为广东劲胜智能集团股份有限公司，公司以高端智能装备业务为核心，致力于以产品品质推动人们生活品质的升级，给世界工业带来高效、绿色、创新的加工应用和服务体验，努力创建国内外一流的机床品牌。

公司集高端智能装备的研发、生产、销售、服务于一体，数控机床产品品种齐全，涵盖钻攻机、立式加工中心、卧式加工中心、龙门加工中心、数控车床、雕铣机、玻璃精雕机、高光机、激光切割机等系列精密加工设备，广泛应用于 SG 产业链、3C 消费电子领域、机械制造、医疗器械、新能源汽车、汽车零部件、工程机械等领域的核心部件加工。

公司拥有深圳、苏州、宜宾、东莞 4 个现代化生产基地，厂房面积达 300 000 余平方米，员工约 2 000 人，月产出 2 000 多台机器。公司秉承“高速度·高精度·高效率·高性价比”的市场定位，通过技术创新和规模化生产，提供高性价比的产品，让客户能以更低的成本享受科技创新带来的成果，持续为客户创造更大价值。

公司销售和服务网络遍及全国各地，设有专业售后服务中心，并在北京、上海、天津、广东、江苏、浙江、福建、安徽、山东、湖北、湖南、四川、广西等地设有分公司和办事处。目前的核心竞争优势如下。

（1）数控机床床身铸件技术

通过精心设计机床铸件结构，使机床长期保持精密的几何精度、运动精度和定位精度。通过有限元分析和模态分析的方法，多次优化认证，设计出高刚性和抗震性能优越的机床结构。采用对称、热平衡设计方法，改善机床结构热变形，使得机床加工精度更高。

（2）系统智能化控制技术

通过机床系统智能化设计，可以实现高速高精度控制，如系统预读 30 个程序段来自动计算路径，较大的预读可保证计算的准确性；系统根据程序的加工路径，自动计算程序运行时的加减速时间；通过计算加工路径间的角度，在加工的拐角处，实行最佳速度控制，在角度加工之前系统会根据角度的大小、加工的速度，自动计算最佳的加工速度保证转角加工的精确性；加工时，当所加工的线段单节角度很小，并且在没有实行最佳转角减速的情况下，系统自动选择使用向量精密插补功能生成的路径更平滑；使用前馈控制功能，可以减少控制系统时延造成的加工误差，提高加工精度。

（3）智能刀具寿命管理技术

在机械零件加工过程中，对刀具进行寿命管理非常重要。三菱与 FANUC 宏程序开发了数控机床刀具寿命管理功能的方法，内容涉及刀具切削用时的自动统计、显示与报警，以及报警和相关数据的自动清除。利用刀具寿命管理功能来把握诸如使用次数和使用时间的刀具使用状态，使得设定值在到达使用状态后更换为备用刀具，由此可事先预防钻头的破损等故障。

（4）ATC 换刀速度提升技术

公司在传统自动换刀装置的基础上提高动作速度或采用动作速度更快的机构和驱动元件，根据高速工具机的结构特点设计刀库和换刀装置的形式和位置。

## 本章小结

本章主要介绍了互联网智能制造服务相关的内容。通过本章的学习，帮助读者了解互联网智能制造服务的概念、技术、应用以及未来发展方向，为实践中智能制造服务的推广和应用提供理论支持和实践指导。

## 思考练习

1. 智能制造服务包括哪些内容?
2. 简述工业互联网的层次结构。
3. 简述工业互联网平台的应用场景。
4. 简述云制造的应用方向。

# 第 7 章　下一代智能制造

## 本章导读

在人工智能、5G、大数据、云计算、物联网等技术的持续进步以及新基建推动数字化转型的大背景下，下一代智能制造将迎来机器人与人之间关系的重要转变，即由协作迈向共融。云机器人将依托云端强大的计算能力，实现感知智能层级的提升，数字工程师将承担更多专业领域的工作任务，并与人保持紧密的交流与协作。同时，商业智能将在更广泛的领域得到应用，为企业和社会的发展注入新动力。

## 学习目标

### ◎知识目标

1. 了解人机共融的概念与应用。
2. 掌握云机器人的关键技术。
3. 掌握数字工程师的概念及关键技术。
4. 了解商业智能功能和特点，并掌握其关键技术。

### ◎能力目标

1. 能够理解人机共融在智能制造中的作用，具备设计、部署和优化人机协作系统的能力。
2. 具备熟练操作和管理云机器人的能力，提升自动化水平和生产效率。
3. 掌握数字工程师所需的技能和工具，能够运用数字化技术对产品和生产过程进行仿真、优化与改进。

4. 具备商业智能分析和应用的能力，能够从制造业数据中发现商业机会、提出有效策略并加以实施。

◎素质目标

1. 培养学生具备跨学科整合能力，能够将技术、人文、商业等多方面因素融合运用于智能制造领域。

2. 培养学生具备创新意识和创造力，能够主动探索智能制造领域的新理念、新技术和新方法，并将其应用于实践中。

## 本章任务

到企业实地调研或查阅网上资料，了解国内外智能制造相关企业人机共融、数字工程师、云机器人等方面的信息，并完成调研报告，报告可以是图片、微视频及文字等形式。

## 思维导图

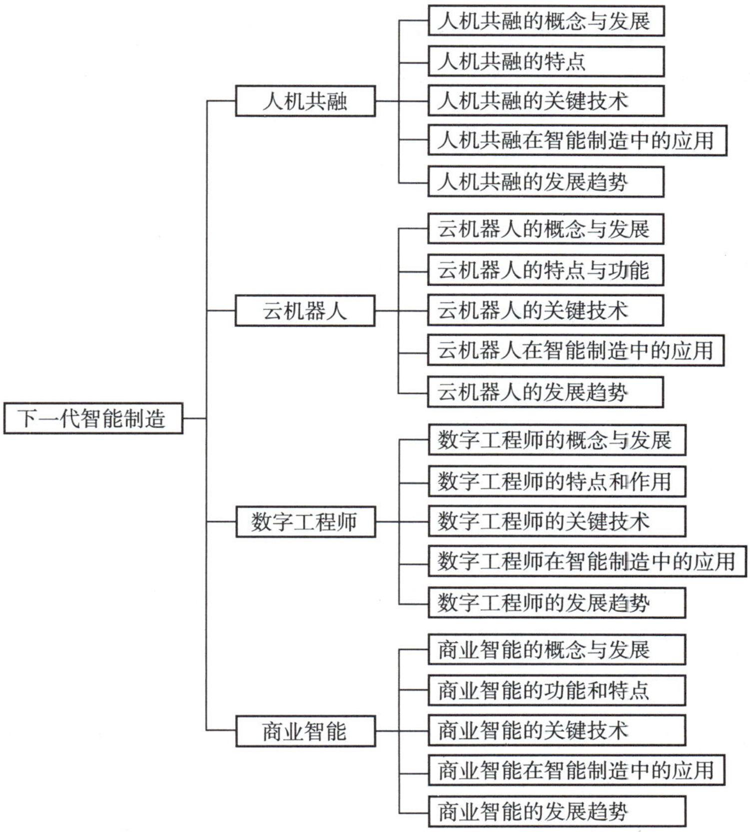

# 7.1 人机共融

人机共融是指人类和机器之间相互协作、交互和整合，以实现更高效、更智能的工作和生活方式。人机共融的概念涉及到人工智能、机器学习、自然语言处理、机器人技术等领域的应用，旨在打破人与机器之间的壁垒，让它们能够协同工作、相互学习，共同完成任务和解决问题。

人机共融

## 7.1.1 人机共融的概念与发展

### 1. 人机共融的概念

人机关系将由协作转向共融。

人机协作诞生后，随着人工智能的发展，人机不再只是单纯的协作关系，可以是共融关系。1996 年，美国西北大学的两位教授 J.Edward Colgate 和 Michael Peshkin 首次提出了协作机器人的概念，即机器人通过建立虚拟曲面来约束和指导人的操作，与人协作。2009 年，Universal Robots 公司推出了首款协作机器人，人机协作得到了应用。协作机器人在与人协作过程中会有一定的精度、速度和协调性，但不会拥有人的学习、思维和推理能力。人工智能的发展，使机器人拥有了较强的感知能力、数据处理能力和自我学习能力，于是人与机器人产生了一种新的关系——共融关系。

知识链接

人机共融：在同一自然空间内，充分利用人和机器人的差异性与互补性，通过人机个体间的融合、人机群体间的融合、人机融合后的共同演进，实现人机共融共生、人机紧密协调，自主完成感知与计算。实现人机共融后，机器人与人的感知过程、思维方式和决策方法将会紧密耦合。

### 2. 人机共融的发展现状

人机共融的发展还属于起步阶段。虽然在人机共融中应用较好的外骨骼机器人可以协助残疾人行走、帮助患者康复、助力工人搬运，但大多数机器人受材料、加工、驱动、控制、能源、计算速度的限制，在柔韧性、轻量化程度、力度与精度、续航能力、灵敏度上未达到理想要求。例如，机器人运动时，为了避免刚性冲击和提高能量利用率，在关节处需添加柔性材料，起到缓冲和储能的效果，但目前很少见到能同时满足线性度高、行程长、刚度适中、可拉伸又可压缩的材料。虽然增材制造得到了一定发展，用拓扑优化技术设计出的金属零部件有着质量轻、强度高的特点，但加工成本高，精度很难保证。

在机器人领域应用最广的是电机驱动和液压驱动，电机驱动精度高、调速方便，但出力小，往往需要外接减速器进行扭矩放大；液压驱动出力大，但系统成本高、可靠性差，并且还有可能出现漏油现象，污染环境。

目前，锂电池是机器人的主要动力源，但它的续航能力不能满足一些机器人的需求，需要反复充电。例如，具有代表性的 ASIMO 双足机器人，电池只能满足 0.5 h 左右的行走。氢氧燃料电池续航能力强，但生产成本高，安全性无法保证。近几年在人工智能算法和计算机硬件性能上都有所提高，但在某些特定的环境对机器人进行控制时，一些动作需较长时间计算，影响机器人的灵敏度。因此，大多数机器人不能与人进行全方位、多层次的交互，离人机共融还有一段距离。

#### 3. 人机共融的内涵和方向

人机共融是人与机器人关系的一种抽象概念，它有以下四个方面的内涵。

（1）人机智能融合，人与机器人在感知、思考、决策上有着不同层面的互补。

（2）人机协调，人与机器人能够顺畅交流，协调动作。

（3）人机合作，人与机器人可以分工明确，高效地完成同一任务。

（4）人机共进，人与机器人相处后，彼此间的认知更加深刻。

### 7.1.2　人机共融的特点

人机共融具有三个特点：人机个体间的融合；人机群体间的融合；人机融合后的共同演进。

#### 1. 人机个体间的融合

机器人具有数据储存、搜索、计算、排序等技术思维的优点，人具有联想、推理、规划、总结等发散性思维的优点。在复杂的工况条件下，将人的不断自我规划能力与机器人的计算能力相结合，进行人机协作，充分利用二者的优势，实现更强的感知与计算。

在工业界，人提供应用场景、设计需求、评价指标，机器人进行产品设计，最后共同完成产品制造；在服务行业，机器人提供研究、文娱和新闻资料，人对信息进行提炼、处理和反馈；在特殊环境中，机器人做到相对自主，与人协作，进行装配工作。

#### 2. 人机群体间的融合

机器人与机器人之间需要了解，人对机器人群体需要了解，机器人对人群体需要了解，人机共融也要体现群体智能，群体之间相互感知、共同认识和进行博弈，实现群体间的互联互通互融。

机器人与机器人进行通信和感知，各自分工明确，形成集群机器人，提高工作效率；人与机器人群体交互，时刻掌握其发展动态，更好地协作；机器人通过大数据分析了解团队成员的思维方式和行为习惯，促进机器人与成员间的配合。

### 3. 人机融合后的共同演进

随着人工智能的不断发展，不希望机器人的智能超过人类，否则无法保证人类的安全。人机共融的目标是：人与机器人可以相互理解、相互感知、相互帮助，实现人机共同演进。

机器人可以将人的知识不断输入，自主学习，变得更加智能与高效；机器人也可以与机器人之间信息共享，相互博弈，不断进化。人应主动了解机器人，通过机器人的反馈，提升人的认知能力。

## 7.1.3 人机共融的关键技术

人机共融的三大关键技术是：传感器技术，人工智能技术和人机交互技术。

### 1. 传感器技术

传感器是支撑机器人获取信息的重要手段，不同类型的传感器在机器人上应用的越常见，机器人获取信息也就越丰富。这些信息可能有嵌入的、绝对的、相对的、静态的和动态的。降低传感器的生产成本、提高传感器的测量精度和减小传感器的体积大小是市场的发展趋势，传感器在机器人本体的应用也会更加全面。传感技术是智能制造的重要组成部分，能推动人机共融的发展。

（1）以双足机器人为例

机器人的部分关节用电机作为驱动元件，通过谐波减速器减速输出，精准的位置控制需要角度位移传感器测量电机和谐波减速器的转动角度；动力学分析是机器人稳定、快速行走必不可少的环节，通过六轴力矩传感器测量脚踝处的力和力矩来推算脚底压力中心点的位置，从而判断机器人是否稳定并对其进行步态控制；激光雷达是机器人的眼睛，具有测量精度高、测量距离远、稳定且对周围环境适应性强的特点，用其感知外界环境可为机器人的路径规划提供依据；碰撞检测传感器可以让机器人与外界进行交互时理解环境，判断是否继续运动，保证机器人与人的安全。

（2）以智能穿戴为例

六轴惯性传感器通过测量设备的加速度和方向来判断人的运动状态，达到记录步数的目的，从而计算出运动消耗的卡路里，为人的运动提供数据，实现智能穿戴最基本的功能；光学心率传感器应用于智能手环中，由于血液是红色的，吸收绿光，反射红光，心脏跳动瞬间吸收的绿光多，心跳间隙吸收的绿光少，当电容灯光射向皮肤时，反射回来的光被光敏传感器接收，从而依据血液的吸光率来测算人的心率；环境光传感器是智能手表的标配，它可以感知周围光线情况，并告知处理芯片自动调节显示器背光亮度，降低产品的功耗，提高其续航能力；智能手表中的 MEMS 麦克风可以消除外界噪声，识别人的语音，有助于人与智能手表间的通信。

### 2. 人工智能技术

人工智能技术主要表现为以下几点。

（1）深度学习——利用多层神经网络，对大数据进行分析处理，模仿人脑机制对数据进行解释。

（2）强化学习——在未知的情况下，以“试错”的方式进行自主学习。

（3）对抗神经网络——两个人工智能系统以对抗的形式创造逼真的声音和图像，使得机器拥有创造力和想象力，并减少对数据的依赖。

人工智能是机器人的大脑，也是人机共融的核心，目前，人工智能中的深度学习与强化学习得到了很好的应用。

在人脸识别中，由于光线、姿态、表情和年龄等因素引起的类内变化和由个体的不同产生的类间变化是非线性的，且十分复杂，用传统的方法很难解决，通过深度学习可以尽可能保留类间变化，去除类内变化。在语音识别中，由于深度学习能够从大量的数据中自动提取所需要的特征，而不像高斯混合模型需要人工提取特征，这样就大大降低了语音识别的错误率。深度学习应用于无人驾驶，进行物体识别时，可以提高物体识别的准确率；进行可行域检测，做场景理解时，能够精准检测可行驶区域的边界；进行行驶路径检测，做路径规划时，能解决没有车辆线和车辆线模糊的情况。同时，深度学习也应用在文字识别、医疗、金融等领域。

**智造案例**

**强化学习应用的成功案例**

谷歌 DeepMind 人工智能团队成功掌握了高难度的 Atari 游戏，激发了人们对强化学习的热情。AlphaGo 击败了世界围棋冠军，为强化学习的研究树立了一座里程碑。DeepStack 作为世界第一个在“一对一无限注德州扑克”上击败了职业扑克玩家的 AI（artificial intelligence）和 Libratus 作为在双人无限注德扑克击败人类顶级选手的 AI，其背后的强化学习技术同样具有里程碑意义。强化学习也应用于产品和服务，如 AutoML 尝试降低 AI 门槛，Google Cloud AutoML 提供神经网络架构、设备摆放和数据增强的自动化服务，亚马逊推出了实体强化学习测试平台——AWS DeepRacer。同时，强化学习在机器人、教育培训、医疗健康等领域也得到了应用。

### 3. 人机交互技术

人机交互技术主要体现在以下四个方面。

（1）面向自然动作的感知技术，如对人的手势和手指触摸的二维感知，以及深度摄像头对人体动作的三维感知。

（2）基于语音识别的对话交互，通过智能软件助手与机器进行语音沟通。

（3）面向穿戴的新型终端，通过智能穿戴测量人的心跳、记录人的运动情况，感受虚拟现实。

（4）脑机接口技术，它可以直接从人的大脑提取特定的人脑神经信号，来控制计算机或者机器人等外部设备，该技术才刚刚起步。

人机交互的发展是实现人机共融的必经之路。例如，Kinect 导入了即时动态捕捉、影像辨识、麦克风输入、语音辨识、社群互动等功能，它的发布正式将人机交互的方式从二维图形交互延伸到三维手势交互，让游戏摆脱了键盘、鼠标和手柄的约束。用户可以用动作和语音在游戏中开车、与其他用户互动、通过互联网与 Xbox 用户分享图片和信息。

百度 AI 平台中的手势识别能识别多种常见手势，可应用于智能家电、家用机器人、可穿戴、儿童教具等硬件设备；Siri 软件是苹果牌手机、平板和智能音箱等产品的语音助手，利用如图 7-1 所示技术，可以执行读短信、介绍餐厅、询问天气、语音设置闹钟等命令，也能自我学习，主观回答“生命的意义是什么”“能给我的生活提点建议吗”等问题；宝马 X5 iDrive 7.0 构建了触控、旋钮、视觉、语音、手势为一体的“五维人机交互”，可以用七种手势控制电话接听、音量增减、视角切换等自定义功能，其智能化程度高，用户体验效果好。智能穿戴测量人的心电图、手机的指纹解锁、虚拟现实等一系列的人机交互方式也都应用于生活中。

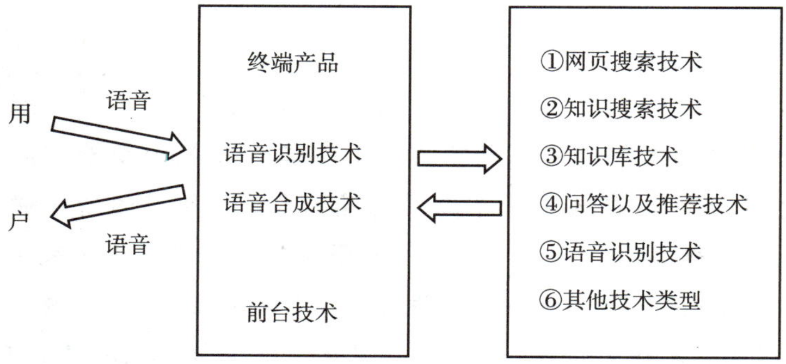


**图 7-1 Siri 的语音助手功能**

## 7.1.4 人机共融在智能制造中的应用

### 1. 人机共融在工业生产中的应用

图 7-2 的 ABB YuMi 机器人与人协同作业使风险处于可接受的安全水平，它适用于小配件装配，比如对手机和平板的操作，甚至穿针引线。图 7-3 的 FANUC CRX-10iA 机器人具有高安全性、高可靠性、便捷实用的特点，可以对小型部件的搬运、装配等应用需求为用户提供精准、灵活、安全的人机协作解决方案。

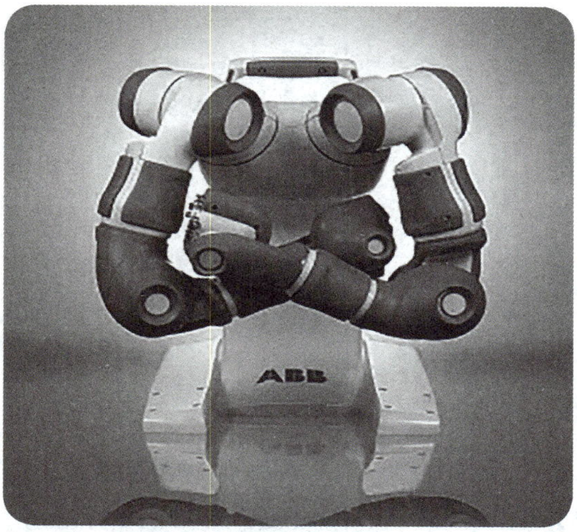


图 7-2　ABB YuMi 机器人

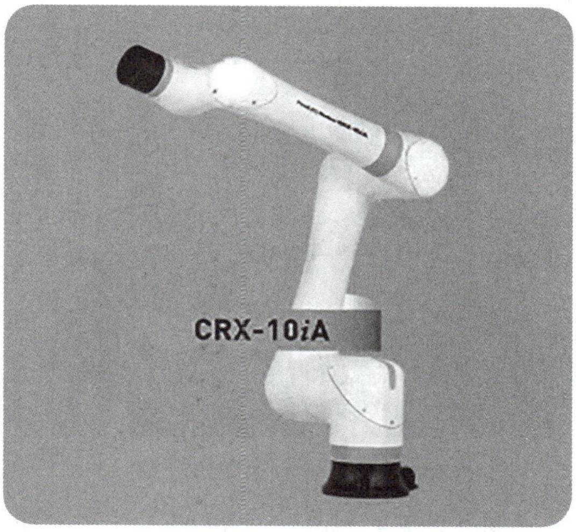


图 7-3　FANUC CRX-10iA 机器人

图 7-4 的 KUKA LBR ii 机器人拥有七个自由度，适用于涂抹、喷漆、粘接、安装、卸码垛、包装、搬运等。图 7-5 的 Boston Dynamic Handle 是一款先进的搬运轮式机器人，有着精准的视觉感知能力、高效的深度学习能力以及强大的灵敏度与平衡性，可以进行物流搬运，是一款真正意义融入生活的工业机器人。

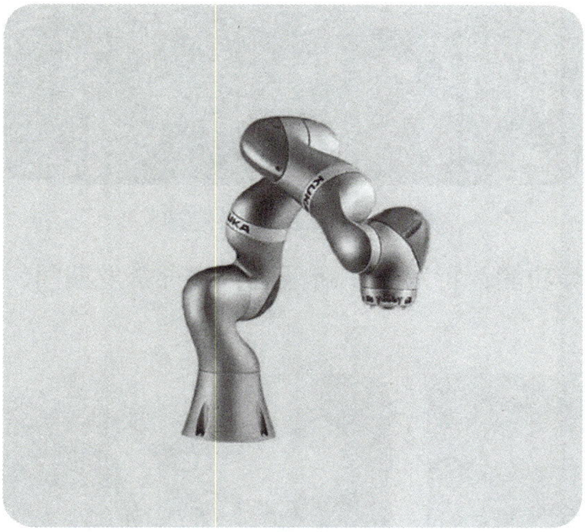

图 7-4　KUKA LBR ii 机器人

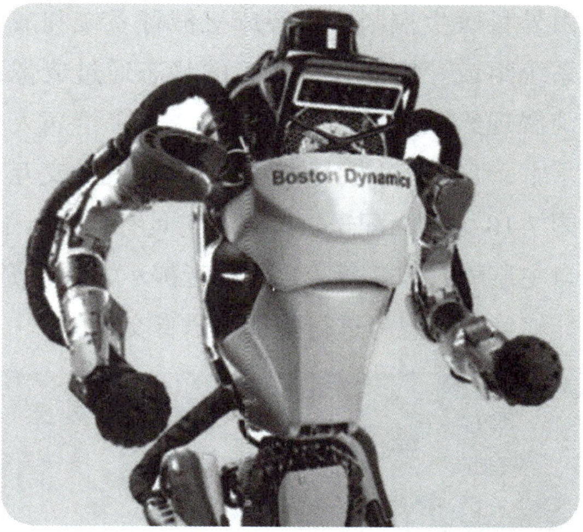

图 7-5　Boston Dynamic Handle 机器人

### 2. 人机共融在航天航空中的应用

图 7-6 为俄罗斯推出的 F-850 太空机器人，它用坚固的材料打造，可防止太空振动。飞船飞行时，该机器人坐在指挥官的位置，掌握并报道飞船的运行情况和动力情况，还可以完成步行、掌握方向盘、开门和使用灭火器等动作。图 7-7 为德国计划用于月球的 iStuct Demonstrator 猿猴机器人，该机器人能站立、会爬行，行走和攀爬方式与猿猴相似，并且可以在极端温度和真空环境下进行探索。

图 7-6　F-850 太空机器人

图 7-7　iStuct Demonstrator 猿猴机器人

图 7-8 为 Lemur 太空机器人，能够协助宇航员在太空中检修和建设较大的建筑物。

### 3. 人机共融在医疗健康中的应用

图 7-8　Lemur 太空机器人

图 7-9 为达·芬奇 Xi 机器人，其设计理念是通过使用微创的方法，实施复杂的外科手术，它是目前最先进的微创外科技术平台，由外科医生控制台、旁床机械臂系统和成像系统组成。机器人将病人的状态通过成像系统展现给医生，医生操控机器人来给病人做手术，形成了机器人与医生和病人间的交互。图 7-10 为物品配送机器人，它具有自主行走、自主避障、防跌落、自主语音提示、自主充电等功能，特别是在新型冠状病毒暴发期间，能够给感染患者进行配送和语音交互。

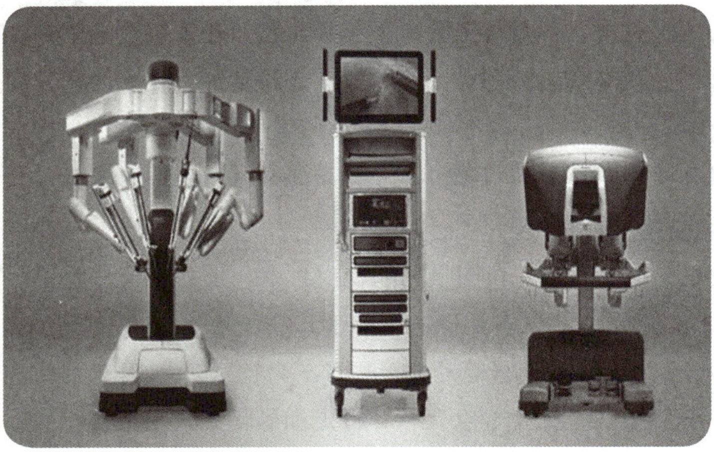

图 7-9　达·芬奇 Xi 机器人

图 7-10　物品配送机器人

图 7-11 为并联机器人，它能够利用智能视觉系统，对杂乱无章的药品进行识别、定位、动态跟随和抓取，然后将来料分拣至规则的料盒中。图 7-12 为 Guardian XO 外骨骼机器人，该机器人拥有 24 个自由度，具有承重大、功率低、续航能力强的优点，能很好地协助人行走和搬运。

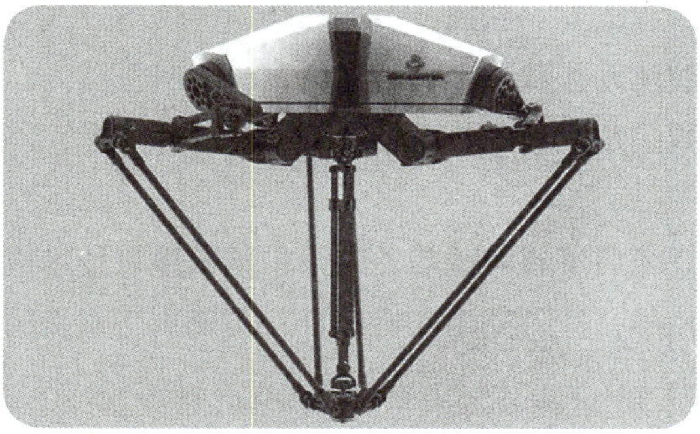

图 7-11　并联机器人

图 7-12　Guardian XO 外骨骼机器人

人机共融能够激发中小企业的创造力与活力，生产出个性化和智能化的产品；能够提升大型企业的生产效率，保证产品的产量和质量；能够积极推动智能制造，加快我国实现工业 4.0 的步伐。

## 7.1.5　人机共融的发展趋势

### 1.　人机共融面对的挑战

目前，人机共融面对以下三大挑战。

（1）智能感知

机器人需要通过自带的传感器获取外部信息，并对数据进行存储、分析、推理、判断，任何一个环节出问题，机器人都无法作出正确的决策。

（2）安全交互

由于出现机器人故障、人操作失误和其他设备故障在所难免，并且人和机器人在同一个自然空间内频繁接触。为了保护人的安全，对机器人设计、控制和传感等技术提出了较高的要求。

（3）数据处理

大多数人机共融数据都可放到互联网上共享，但由于应用场景、机器人本体、人机交互方式存在差异，如何处理好这些数据将是一个难题。

### 2.　发展趋势

未来，人机共融会朝着以下三个方向发展。

（1）人机共融日常化

首先，穿戴式设备会更加集成化、便携化以及智能化，人人都可以将小机器人随身携带，进行语音、动作以及视觉上的互动；其次，随着科技的发展，各种传感器和相关硬件生产成本会降低，从而降低智能机器人的生产成本，智能机器人则更容易走进日常生活；最后，社会对智能机器人的市场需求会促进生产、教育、医疗和娱乐的发展。

（2）人机共融自然化

首先，人会淡化与机器人交互的目的感，与其交互是一种本能反应，类似于和朋友聊天、与好伙伴搭档工作；其次，人不需要使用编程语言、遥控、手柄和触摸屏幕等方式与机器人交互，也不需要看机器人手册，直接用肢体动作和语音即可将信息输入给机器人；最后，机器人对人的感知不断更新迭代，对人的认知也会不断加深，与人交互更自然。

（3）人机共融无障碍化

目前谈到的人机共融都包含机器人对人先学习后了解的过程，未来，脑机接口技术成熟后，机器可以不用学习，直接获取人的大脑信号，达到高度人机融合，实现真正意义的无障碍化。

## 7.2 云机器人

与传统机器人相比，云机器人将带来技术、社会、工业各个层面发生颠覆性的变化，包括新的价值链、新的技术、新的体系结构、新的体验和新的商业模式等。

### 7.2.1 云机器人的概念与发展

#### 1. 传统工业机器人的需求与挑战

传统工业机器人在面对复杂生产环境时需要解决以下需求。

（1）大量数据存储与处理。

（2）高计算能力。

（3）强学习能力。

传统机器人借助机载电脑，具备一定的计算和数据存储能力，达到计算智能层级。能根据编写的程序完成特定任务，借助于人类发出的命令，完成精确指令和任务，在没有对应程序支持的情况下，机器人通常无法对外界突发扰动作出合理反应。传统机器人在执行即时定位和地图构建、物品抓取、定位导航等复杂任务时，大量数据的获取和处理会给机器人本身带来巨大的储存和计算压力，即使能够完成任务，实时性也并不理想。

#### 2. 云机器人的特点与应用

云机器人借助于5G网络、云计算与人工智能技术，达到了感知智能层级。其基本特征是由云上的“大脑”进行控制。位于云端数据中心具有强大存储能力和运算能力的“大脑”，利用人工智能算法和其他先进的软件技术，通过5G通信网络来控制本地机器人，使云机器人能全面感知环境、相互学习、共享知识，不仅能够降低成本，还会帮助机器人提高自学能力、适应能力，推动其更快更大规模普及。云机器人的这些能力提高了其对复杂环境的适应性，云机器人也必将成为机器人未来的发展趋势。

云机器人是机器人借助云计算而发展起来的一种新兴技术，整体处于初级发展阶段，但很多国家和地区已对云机器人开展相关研究并取得了一定成果。

### 3. 国内外云机器人的研究与发展

2010 年，美国卡耐基梅隆大学的 James Kuffner 教授首次将机器人与云计算相结合，提出了“云机器人”的概念。当时云机器人作为机器人学术领域的新概念，其意义在于利用互联网与云计算，采集大量云机器人运行数据，进行存储与分析，使云机器人能够快速学习与分享知识，提高智能化水平。同年，新加坡的 ASORO 实验室研究了在 Hadoop 平台中运行 Fast Slam 算法的框架 Davichi，结合机器人操作系统（ROS）作为机器人生态系统的消息传递框架，将平台作为机器人的“大脑”，利用云计算为服务机器人提供可扩展性和并行性，可视为云机器人服务平台的雏形。

2011-2014 年，欧洲开展了 RoboEarth 项目，RoboEarth 已经发展成为一个基于云的数据库，各种机器人可以在其中分享信息、相互学习。2013 年，美国加州伯克利大学将机器人与云端谷歌目标识别引擎结合，完成机器人抓取任务。2014 年，美国康奈尔大学研制出了一款“机器人大脑”RoboBrain，使机器人能够学习解决从未遇到的问题。RoboBrain 是机器人的“云大脑”，大量机器人通过高速无线网络技术链接这个“大脑”。RoboBrain 可以向面临未知情况“迷茫”的机器人提供可以识别的命令和建议。

2012 年，南开大学开始研究云计算与机器人系统的结合，历时多年研制出以家庭服务机器人“小南”为硬件平台的云架构家庭服务机器人系统，中国云机器人的发展也在逐步加快进程。

2017 年，中国企业达闼科技发布全球智能机器人云平台，并与中国移动、软银、华为无线应用场景实验室共同发布了《GTI 5G 和云化机器人白皮书》，分析了 5G 网络带给云机器人的巨大价值与商业机会。研究发展云机器人也得到了国家层面的支持，《“智能机器人”重点专项 2017 年度项目申报指南》中就明确提出要构建云机器人服务平台。

2018 年，亚马逊向公众提供了一个 ROS 云机器人开发平台——AWS Robo Maker，能够协助用户轻松完成开发、测试和部署机器人应用程序的工作。

2020 年，5G 网络建设全面铺开的大背景下，未来云机器人在中国将会得到飞跃式发展。

## 7.2.2　云机器人的特点与功能

随着面对的任务与环境日益复杂化，机器人不仅仅局限于机械执行预置程序的自动化装置，用户希望机器人能具备一定的自主能力。这往往意味着机器人需要运行更为复杂的算法，保存更为庞大的数据，以及接踵而至更高的能耗、更大的体积和昂贵的价格。如何在各种客观限制条件下提高机器人的自主行为能力，解决资源受限与能力提升之间的矛盾，是机器人研究者和实践者当前所面临的重要挑战之一。

云机器人依靠云端计算机集群的强大运算和存储能力，能够给机器人提供具有感知智能的“大脑”。将机器人与云计算相结合，可以增强单个机器人的能力，执行复杂功能任务和服务，同时，使得分布在世界各地、具有不同能力的机器人通过开展合作、共享信息资源，完成更大、更复杂的任务。这将广泛扩展机器人的应用领域，加速和简化机器人系统的开发过程，有效降低机器人的制造和使用成本。这对于家庭机器人、工业机器人和医疗机器人的大规模应用，具有极其深远的意义。比如，在云端可以建立机器人的“大脑”，包含增强学习、深度学习、视觉识别和语音识别、移动机器人未知环境导航（如街道点云数据 3D 重构、SLAM、路线导航）、大规模多机器人协作、复杂任务规划等功能。

云机器人在云端管理与多机器人协作，自主运行能力，数据共享与分析方面有极大优势。

### 1. 云端管理与多机器人协作

在工厂或仓库中使用大量工业机器人时，需要机器人具有多种拓展功能。为保障整个现场各设备的协同运行，需要利用统一的软件平台进行管理，需要与各种自动化设备通信，例如传送带、行吊、机床和扫描仪等。

采用本地方式管理机器人和自动化设备可能需要更多的服务器，而云端技术能够提供更强大的处理能力而不需要在本地部署成本高昂的服务器。在云端面对海量机器人，都能实现数据的处理和调度管理。在工厂生产线上，机器人将与许多自动化设备进行协同工作，那么信息交互和共享将变得极为重要。不同的机器人与云端软件进行通信，云端“大脑”对环境信息进行分析，能更好地将任务分配给正确类型的机器人，系统实时掌握每一个机器人的工作状态，指定距离最近的机器人去执行任务。管理者不需要到现场进行监控，通过云端就可以在远方进行操作和管理，提升了工作效率。

### 2. 自主运行的能力

传统的机器人都是由管理者进行示教后，根据程序完成指定的任务。但传统机器人在面对具有高数据密度的场景，如语音视觉识别、环境感知与运动规划时，由于搭载的处理器性能较低，无法有效应对复杂任务。因此，在工作过程中可能会遇到障碍而停机，甚至发生事故，破坏生产计划。

结合云端计算能力，机器人将可以在拥有智能和自主性的同时有效降低机器人功耗与硬件要求，使云机器人更轻、更小、更便宜。以机器人的导航能力为例，移动机器人在仓库、物流中心和工厂生产线之间运输货物时，可以避开人员、叉车和其他设备。通过安装在机器人上的激光雷达，可以对周围环境进行扫描，并将大量数据推送到云端进行处理和构建地图，规划线路，然后向下传输给本地机器人进行导航。同时这些地图和信息可以传输给其他机器人，实现多机器人之间的协作，提高货物的搬运效率。

3. 数据共享和分析

大数据分析是云计算赋予机器人的额外能力，机器人在执行任务过程中会收集大量的运行数据，包括环境信息、机器的状态和生产需求等，这些数据经过整理和分析，可以得出最佳的决策方案。

机器人每天可能产生几十 GB 的数据，这些数据需要在云端进行存储和管理，机器人产生的数据存放在云端将非常有价值。因为，通过历史数据的分析，系统可以预先判断下一步会发生什么，并作出相应地响应处理。

从存储到分析，再到任务的下发，对于机器人整个过程的控制有着巨大的意义。此外，云端可以实现人工智能的服务，包括语音指令，可以进一步拉近人与机器的距离，实现更加便利地控制。

云端的数据服务可以连接到每一个机器人和自动化设备，数据共享令机器之间更有默契。系统可以掌握机器设备的状态，给每个机器人下达不同的任务指令，让机器之间互相协作，高效地完成生产任务。

总的来说，云端技术将让机器人效率更高、性能更好，人与机器之间的交互会更轻松。

## 7.2.3　云机器人的关键技术

云机器人不同于传统的机器人，其通过网络连接到云端的控制核心，获取人工智能、大数据和超高计算能力的支持，从而降低机器人本身的成本和功耗。与传统机器人相比，具有感知与互联能力的 5G 通信技术、能进行庞大记忆与计算的云计算技术，以及能够自主控制、识别、学习的人工智能技术是云机器人的关键技术。

1. 5G 通信技术

云机器人的架构来源于人类多层级控制结构，人类大脑发出指令，通过脊髓传导至肢体肌肉，驱动骨骼进行运动，平均信息延迟在 100 ms 以上。5G 通信技术作为下一代移动通信技术（图 7-13），具有灵活、可移动、高带宽、低时延和高可靠的特点。其峰值速度将超过 10 GB/s，端对端的延迟将低于 1 ms，并允许每平方千米超过 100 万台机器人终端设备进行网络连接和处理要求。

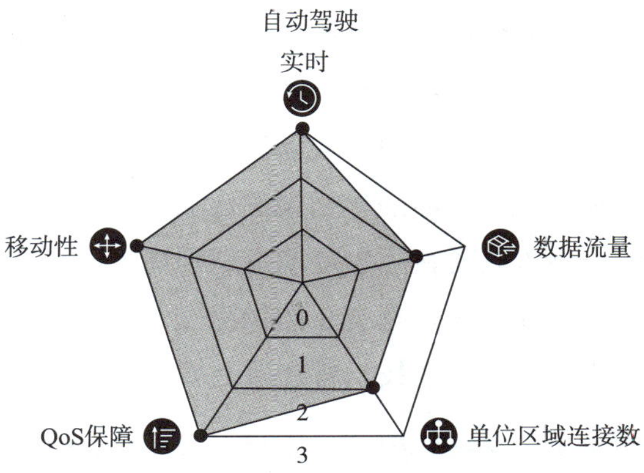


图 7-13　5G 应用场景

eMBB（增强移动宽带）、mMTC（大规模物联网业务）和 URLLC（超可靠且超低的时延业务）是 5G 网络的三大主要应用场景。以上三大应用场景使 5G 通信网络成为云机器人理想的数据通道，是云机器人实用化的关键。5G 网络强大的网络性能能够从容应对机器人对带宽和时延的挑战，而 5G 网络切片和 MEC 能够为机器人应用提供端到端定制化的支持。

未来 5G 网络将成为一个无所不在的虚拟化基础设施，可以通过云端的超强处理和监控能力，将大量的云机器人整合在一起，从而深度渗透进工业、商业、家庭的每个角落，全方位改变社会的面貌。5G 技术将不断为机器人赋能，使其具备真正的认知和行动能力。

#### 2. 云计算技术

云计算是一种计算模型，可以随时随地按需访问共享的、可配置的计算资源池（如网络、服务器、存储、应用程序和服务），只需最少的管理工作就可以快速配置和分发。云计算将硬件资源虚拟化、动态地扩展，并在 Internet 上作为服务提供，它还允许提供者为用户提供几乎无限资源的访问。它汇集了所有技术（Web 服务、虚拟化、面向服务的架构、网格计算等）和用于提供 IT 功能（软件、平台、硬件）的可扩展、弹性的业务模型作为服务请求。云计算为高性能算法的部署提供了物质基础。

2007 年，谷歌在其内部网络数据规模十分强大的基础上，提出了一整套基于分布式、并行集群方式的云计算架构。随着网络的快速发展，使得所有主要的行业参与者都积极提供云解决方案，特别是 Amazon EC2、Microsoft Azure、谷歌应用程序和 IBM blue cloud。例如，浪潮、阿里、腾讯和华为等企业也开始提供相应的云计算服务。

#### 3. 人工智能技术

基于云计算的超强运算能力和 5G 的强大通信能力，使得人工智能技术在机器人上的应用成为可能。机器学习，尤其是深度学习，可以更广泛地应用于各个领域，云机器人将比传统机器人更有能力、更加智能。

通过 5G 通信网络和云计算平台可实现多台机器人联网，逐步应用蚁群算法（ACO）、免疫算法（IA）等多种智能算法，使机器人不断进行学习，以适应生产环境的多样性，组成高度和谐的复杂生产系统，一体化生产解决方案将成为可能。人工智能的算法和数据在人工介入下，将得到不断自我增强和优化，实现人机协同的增益模式。机器人本身甚至还可以通过自我学习，成为活跃的移动大数据收集器，用以储存信息，并将数据上传到服务器端，从而不断强化云端的数据库，方便其他机器人使用学习。人工智能技术还可以使得云机器人具备在陌生环境下识别周围环境和事物并实现自主运行的能力。

目前计算机视觉、图像识别等技术已相对成熟，随着深度学习算法和物联网的发展及应用，云端智能技术将在所有智能机器人的应用领域不断提升。

### 7.2.4 云机器人的应用和发展趋势

#### 1. 云机器人在智能制造中的应用

云机器人作为智能工厂中的感知与执行层，直接关系智能制造的高效、高品质、低能耗和安全性。云机器人在智能制造中有如下应用。

（1）通过敏捷物联网网管与周边各种自动化设备以及其他机器人互联协同。

（2）通过 IOT 平台以及多种传感器完成数据收集，上传云端平台。

（3）在后台云计算的支持下，适应复杂环境，支持复杂行为，完成作业任务的敏捷切换与管控。

（4）借助云平台的大数据分析功能，实现智能维护与故障预诊断功能，同时具备进化功能。

目前云机器人已经开始逐步应用于智能工厂，尤其是汽车制造领域。如宝马公司基于微软的 Azure 云计算服务研发的物联网平台，目前连接了 3 000 多台机器、云机器人和自动传输系统。云机器人通过云计算平台与各类设备深度协同，提高工厂生产效率与品质。世界最大的汽车制造商大众汽车（Volkswagen）也表示，它将利用亚马逊网络服务（AWS）的计算机和 IOT 技术采集与分析大量云机器人数据，来高效管理其制造工厂中的各类机器人，甚至优化整个产品供应链。

### 2. 云机器人在智能制造中的发展趋势

通过关键技术的不断迭代，提升云机器人的智能化、信息化水平，使云机器人接近认知智能层级，不断增强机器人的拟人化和交互沟通能力，学会推理决策，最终实现人机共融。扩大应用范围是未来重要的发展趋势。总体来看，在第四次工业革命浪潮的推动下，人机共融将成为新一代机器人的发力点，也是世界机器人领域研发创新的主要方向。

一方面，云机器人必须具备内部进化能力，而单一的计算平台是不可能实现的，其需要机器人在云端的计算平台之间交互。云机器人上传采集的环境信息，由云端“大脑”进行存储和分析，借助新一代移动通信网络和云计算技术，实现机器人间的相互学习与知识共享。另一方面，云机器人还要具备外部进化的交互。在智能制造中，需要机器助人、工厂要人、智能学人。人同时操控多个机器人协同工作，可以提高效率、增加灵活性。人与机器人协调互动，不仅能提高机器人的工作效率和质量，还能增强机器人的自学习功能提升认知能力，逐步实现人机共融。云机器人的大规模应用，最终会实现人与机器人的关系从“主仆关系”到“伙伴关系”的转换。

## 7.3　数字工程师

数字工程师能在新一代智能制造的信息系统中发挥自身独特优势，具有强大的感知、计算分析与推理能力，同时具有学习提升、自主决策、产生知识的能力。

数字工程师是人机协作时代的一个典型产物，是能够自我学习成长的具有灵敏情感反应的人类工作伙伴。

数字工程师是大数据时代的新型智能系统，其内涵随着人工智能技术的进步不断丰富。智能制造的快速发展离不开对领域知识的获取和利用。数字工程师为制造系统的新一代智能化发展提供重要的知识支撑，将会在智能制造领域发挥重要作用。

## 7.3.1 数字工程师的概念

### 1. 传统制造系统的局限性

传统制造系统包含人和物理系统两大部分，完全通过人对物理系统（即机器）的操作和控制来完成各种工作或任务。传统制造系统中，信息感知、分析决策、操作控制以及认知学习等多方面的任务都依赖于人的能力，对人自身的技能要求较高。从而造成系统的工作效率低下，限制了系统完成复杂工作任务的能力。

### 2. 第一代和第二代智能制造系统

与传统制造系统相比，第一代和第二代智能制造系统发生了本质的变化，其将信息系统作为连接人和物理系统的桥梁。信息系统主要处理制造系统中产生的各种信息，不仅代替人完成大部分的感知、分析、决策任务，将人从部分脑力劳动中解放出来，而且代替人直接操作控制物理系统，将人从体力劳动中解放出来。

### 3. 新一代智能制造系统与数字工程师

新一代智能制造系统进一步完善了信息系统的功能，使信息系统具备了认知和学习的能力，形成新一代“人 - 信息系统 - 物理系统”。信息系统能够代替人完成部分认知和学习等脑力劳动，促使人和信息系统的关系发生了根本性的变化。未来的智能制造系统将会逐步摆脱对人的依赖，其信息系统具有更强的知识获取和知识发现的能力，能够代替人管理整个或者部分制造领域中的知识。人们将这种具有高度自主决策能力的智能化系统称为数字工程师。

**知识链接**

数字工程师：具有知识获取、知识管理、知识分析能力的智能系统，能够处理某些专业领域工程师的工作，并能与人类工程师沟通交流，提供专业咨询等服务。

数字工程师在我国工程技术领域中发挥着日益重要的作用。随着科技的飞速发展，数字工程师的工作范围不断拓宽，涉及计算机辅助设计、计算机辅助制造、人工智能、大数据分析等多个领域。数字工程师要在不断提升专业技能、积累实践经验、提高项目管理能力、增强适应力的同时，关注行业动态，为自己的职业发展奠定坚实基础。在未来的数字时代，数字工程师将发挥越来越重要的作用，为我国的工程技术事业做出更大贡献。

## 7.3.2　数字工程师的特点

数字工程师是具有较高知识操作能力的智能系统，属于新一代人工智能时代的产物。其应用于智能制造中，能增强企业对市场的反应速度，提高企业的生产效率。智能制造领域的数字工程师应具有以下三个方面的特点。

### 1. 知识获取

数字工程师能够从外部获取专业知识，扩充自己的知识库。例如，传统的数字化设计过程需要工程人员利用计算机辅助设计（CAD）、计算机辅助工程（CAE）、计算机辅助工艺规划（CAPP）、计算机辅助制造（CAM）等工程软件完成产品的设计。数字工程师可以将制造、检测、装配、工艺、管理、成本核算等专家经验数字化，并扩充到自己的知识库，为人类工程师提供技术咨询、知识管理等服务。另外，数字工程师还能利用网络技术和信息技术，将不同平台、不同区域的知识集成，利用大数据、云平台实现知识同步或异步共享，为人类工程师的设计、创新等提供全面的知识体系支撑，提升团队的创造力与企业的竞争力。

### 2. 知识管理

制造系统每时每刻都会产生大量的数据和知识经验，这些知识可能是无序的、重复的、模糊的。数字工程师利用人工智能的原理、方法和技术，设计、构造和维护自身的知识库系统，能够过滤、筛选各种重复的信息，得到最能反映事物本质及自然规律的知识，并以人类工程师可认知、计算机可理解的方式描述事物之间的规律，重新组织相关数据以实现无序知识有序化、隐性知识显性化、泛化知识本体化，使自身知识库向着表达清晰化、数据组织有序化、内容存储本体化的方向发展。数字工程师强大的知识管理能力为自身的知识存储和知识更新提供了有利条件，也为人类工程师使用相关知识提供了方便。

### 3. 知识分析

海量的制造数据背后蕴涵着广泛的制造规律，这些规律往往能反映问题的本质。数字工程师不仅能够获取数据、管理数据，更重要的是能从原始数据中提炼出有效的、新颖的、潜在的有用知识，挖掘数据背后隐藏的规律和关联关系。其主要内容包括知识的分类和聚类、知识的关联规则分析、知识的顺序发现、知识的辨别以及时间序列分析等。数字工程师对数据的分析过程体现了自身的智能化程度，决定了它不仅能够为人类提供简单的查询、存储等服务，更重要的是能和人类工程师深入交流、提供决策咨询，甚至在某些专业领域完全可以取代人类工程师完成工作。

数字工程师在智能制造中的作用，取决于对知识的挖掘利用程度。

## 7.3.3　数字工程师的关键技术

数字工程师能够快速获得有关制造的海量数据，高效组织管理数据的重构和更新，深入分析数据之间的内在联系以及潜在规律，是一个众多先进技术的超级组合。其涉及大数据、物联网、云计算等一系列促进信息化走向智能化的新一代人工智能技术。

### 1. 大数据分析技术

大数据分析技术主要指能够处理多样化海量规模数据的技术，利用云平台等超强计算资源挖掘数据的内在联系。企业的每个运行时刻都在产生数据，包括财务、资产、人事、供应商信息等经营性数据，产品研发、生产制造、售后服务等生产性数据，设备诊断系统、车间监控系统、资源消耗等生产环境数据。对这些数据的有效利用是提高企业智能化的重要前提，大数据分析技术已在制造业中得到有效利用。

**智造案例**

**大数据分析技术应用案例**

北京汽车股份有限公司株洲分公司二工厂构建了自身的企业云平台，以终端数据为输入，以中央数据库为数据存储中心，并以IT技术为处理单元。该平台设计了车身精度大数据系统、焊接参数监控系统、涂装智能管理系统、设备运行管理系统以及过程质量监控系统等多个关于大数据分析的系统，为整个企业实现智能制造提供了重要保障。

三一重工收集了20万台设备的工况数据、位置数据以及业务系统数据，建立了设备远程控制、设备故障预测以及库存与供应链管理系统。自主研发了大数据储存与分析平台，可将来自数万台用户设备的运行数据实时传到后台完成分析和优化，能够实现对设备的远程监测和控制。在保证成本较低的情况下，完成海量设备数据的连接和分析，实现对用户设备的全生命周期闭环反馈。

广东中设智控科技股份有限公司通过融合生产及设备管理技术、数据智能采集等技术构建了工业大数据分析平台。通过分析各个企业的生产信息、设备运行及维护等工业数据，能为各个企业提供定制化的产品服务。并且注重对全产业链、全生命周期等综合性数据的进一步挖掘，以便能为客户提供以产品为核心的个性化生产服务。

数字工程师正常工作时，离不开数据的收集处理，大数据分析技术在其中扮演重要角色。对如此庞大且非结构化的工业数据做深度分析，是一件非常有挑战性的工作。机器学习技术是处理大数据的最好方法，能够从海量的数据中深入挖掘数据之间的内在联系，探索数据之间的隐藏模式。以深度学习为代表的新一代机器学习技术，已在处理图像、视频、工业数据等方面表现出强大优势。不断发展的强化学习、迁移学习、集成学习等技术也在大数据分析中扮演重要角色。

### 2. 物联网技术

物联网是一个基于互联网、传统电信网的信息承载体，它将各种信息传感设备与互联网结合起来而形成一个巨大的互联互通的网络。在制造领域，利用移动通信、智能分析等技术，物联网将具有感知、监控能力的各类传感器融入到工业生产过程的各个环节，大幅提高制造效率，改善产品质量，降低产品成本和资源消耗，为新一代智能制造提供了坚实基础。

焊接车间通常属于离散型制造车间，面临产品批次多、数量少，设备不成线等多种问题，是智能制造过程中面临的主要困难。工业物联网是实现焊接车间信息智能化的重要技术，主要涉及生产调度、产品质量等管理信息，工艺准备、人员设备调度等生产调度信息。

用户的需求正变得多样性以及高品质，用户的个性化需求迫使全球工业面临新的转型。海尔较早提出了自己的网络化战略，建立了以用户为中心的互联工厂。不但能够准确识别用户的需求，而且能高效使用现有生产资源。其互联工厂实现了由传统大规模制造到大规模定制的转变，实现了高精度前提下的高效率生产。互联工厂实际上是一个贯穿整个企业流程的生态系统，构建了企业与用户交互的网络虚拟空间，实现了与用户的零距离交流，增强了用户的个人体验。

工业物联网具有实时性、自动化、安全性和信息互通互联性等特点。数字工程师必须依赖网络技术和信息处理技术，构建广泛的工业互联互通，从多维度捕获制造系统数据，为知识管理和知识分析提供信息来源，为人类工程师提供更加丰富的咨询服务和更加深入的专业交流，为在某些领域完成人类员工工作提供坚实的知识支撑。

## 7.3.4　数字工程师在智能制造中的应用和发展趋势

### 1. 数字工程师在智能制造中的应用

数字工程师是新一代的智能系统，是智能制造发展的有力助推器，它拥有超精准的记忆能力和超强的信息处理能力，能够高效率、低失误率地处理海量数据和复杂问题。在企业应用中，数字工程师的一切决策建议和沟通交流均基于数据知识，不存在任何偏见，而且具有更宽广的视野、更深厚的知识储备。

然而，并不是所有的企业都能引入数字工程师。只有智能自动化程度较高的企业，才有条件考虑雇佣“数字工程师”这种智能系统。对于制造业来讲，制造企业需要进入新一代智能制造阶段，完成自身的数字化、网络化和智能化进程，这是制造行业引入数字工程师的前提条件。

数字工程师应用前提是企业的数字化、网络化、智能化等。虽然数字工程师在制造领域的应用还面临着很多困难，但是已有企业迈出了第一步。半导体巨头英飞凌科技在德国“工业 4.0”的实践中，使用协作机器人代替传统工业机器人，通过多样的人机界面，实现了人和机器的顺畅沟通，极大提高了员工的工作效率。生产工艺的智能控制缩短了产品的生产周期，优化算法的使用提高了公司的生产效率。当前，英飞凌科技已经具有了80%的自动化程度，而且高度的自动化也降低了对能源的消耗。

值得注意的是，在一些数据完善、规则清晰的其他企业已经开始使用这种智能系统了，它们称之为“数字员工”。目前比较有代表性的已经上班的数字员工是 Sarah、IBM 沃森、Cora。

拓展阅读

### 数字员工

Sarah 是梅赛德斯奔驰公司的一名销售代表。她会为客户计算性价比，挑选最满足客户需求的选装套件；她还可以根据客户的财务状况，帮助客户确定是买车还是租车，并量身定制租赁方案。IBM 沃森提供的肿瘤诊断准确率已经超过最好的医生。沃森能够根据患者情况查找相关文献，筛选信息，只需要大概 15 min 时间就能提出一份针对患者的深度分析报告，而同样内容的报告人类需要大约两个月时间。Cora 是苏格兰皇家银行的一位数字银行家。她能准确识别出客户的脸，叫得出客户的名字，并且知道客户的个性和喜好以及上次的谈话内容。

### 2. 数字工程师在智能制造中的趋势

调查发现，汽车、银行、保险、零售、物流等行业的高管对数字工程师这种高级的智能系统认可度较高，他们能够看到新型智能系统在效率、创新和洞察方面带来的积极价值。随着新一代智能制造的快速发展，普通的人类员工已经不能满足制造业的要求。可以想象，在不久的将来，新型智能系统的代表数字工程师，也会在制造行业中扮演重要角色。

（1）数字工程师可以提高制造业对知识的利用能力

数字工程师的应用，将使制造系统具备认知和学习的能力，具备生成知识和运用知识的能力，从根本上加快工业知识产生的速度，提高利用知识的效率，将人从体力和脑力劳动中极大地解放出来，为人提供更广阔的创新空间。

（2）数字工程师可以促进制造业生产方式的改变

在数字工程师的帮助下，智能制造产品具有高度智能化、宜人化的特点，生产制造过程呈现高质、柔性、高效、绿色等特征，产业模式向服务型制造业与生产型服务业转变，形成协同优化和高度集成的新型制造大系统。制造业创新力得到全面释放，价值链发生革命性变化，极大提升制造业的市场竞争力。

## 7.4 商业智能

企业在多年的信息化建设中，利用企业资源计划（ERP）、客户关系管理（CRM）和供应链管理（SCM）等独立的系统积累了庞杂的内部数据。由于部门间业务的区别，数据之间容易产生孤岛，难以共享。另外，企业的数据不再仅限于内部事务性数据，也逐步融入了供应链上下游数据以及外部竞争数据。而智能分析并充分利用这些数据，将其转化为有价值的信息，对企业实现智能化转型起着关键作用。

传统企业信息系统在实际应用中面临以下难题：数据孤岛、数据的多源性和数据的智能分析。

由此，具有自动高效的数据整合、分析和展示功能的商业智能系统应运而生。商业智能系统可以运行于整个企业之中，不再受部门限制，整合企业内部数据资源的同时，能够融入供应链上下游与外部竞争市场的数据，采样人工智能技术等技术对数据进行智能分析。商业智能可以将历史数据与最新数据进行综合分析和信息展现，为企业管理者制定决策提供强有力的保障，助力企业实现智能化建设。

## 7.4.1　商业智能的概念与发展

### 1. 商业智能的基本概念

商业智能（BI），又称商业智慧或商务智能，利用现代的数据仓库技术、联机分析处理技术、人工智能技术和数据可视化展示技术进行数据分析和呈现，完成从数据到信息的转化，其目标是为决策提供支持。

商业智能的核心是完成数据到信息的转化，为决策提供支撑。这里的数据指的是记录、识别和描述事物的符号，具有客观性、具体性、未加工性和粗糙性。当数据量较少时，可以通过简单的报表进行整理和决策。但是，随着数据量的快速扩张，决策者难以在有限的时间内从大量的数据中提炼出的关键信息。信息强调与所解决问题的相关性，是对数据进行收集、整理和分析后的产物，而数据不一定都能用于解决问题。

从技术的角度，商业智能的执行过程是：企业决策人员以企业数据库为基础，通过利用联机分析处理和人工智能技术以及决策相关的专业知识，从数据中提取有价值的信息，然后根据信息作出决策。从应用的角度，商业智能可以协助用户对商业数据进行处理和分析，如客户分类、潜在用户发掘、演化趋势预测等，并依此帮助管理者作出决策。从数据的角度，商业智能将内部事务性数据、供应链上下游数据以及外部竞争数据通过抽取、转换和加载后转移到数据库中，然后通过聚集、切片、分类和人工智能技术等，将数据库中的数据转化为有价值的信息，为决策提供支撑。

### 2. 商业智能的发展历程

商业智能随着数据分析与智能化技术的发展也在不断革新。在商业智能的初期阶段，企业根据自身业务特点上线类似于 ERP 的商业智能应用系统。在此阶段，商业智能软件处理的业务较为单一，市场主要被 SAP、Oracle、IBM 等老牌巨头占领，其中用户群体主要集中于大型企业，且相对封闭。随着信息化基础建设的不断完善和可视化技术产品的出现，商业智能进入了可视化阶段。在此阶段，国内外商业智能软件行业快速发展，可视化的商业智能产品大量涌入市场，企业中初期的商业智能软件逐步下线。随后，人工智能技术的发展为商业智能进入智能化决策阶段提供了强有力的支持，其中商业智能整合企业外部数据的能力和对非结构化数据的处理能力有较大的提高。如今，云服务技术的快速发展，使得云端部署商业智能系统的方式成为现实，也因此吸引了更多中小企业用户应用商业智能。

随着企业信息化建设水平的提高，企业的 IT 部门正逐渐走出幕后，承担更多责任。同时，IT 部门的不断崛起也促使商业智能的价值得到了更多的展现。在企业中，商业智能从传统的业务监测阶段进入到业务洞察阶段，为企业提供重大、相关的业绩改善信息。在企业内部，随着入门级商业智能软件工具的推广应用，商业智能的应用层面从高层向下扩散，越来越多的业务管理层和业务执行层等中间层开始使用商业智能。因此，商业智能的未来发展潜力巨大。

#### 3. 商业智能在我国的发展趋势

自 2012 年以来，我国商业智能软件行业保持着快速发展的态势。在 2018 年，商业智能软件行业的市场规模同比增长 25.8%。这一增长率约是我国软件业增速的两倍和我国 GDP 增速的 4 倍。根据互联网数据中心（IDC）发布的《2019 年上半年我国商业智能软件市场跟踪报告》显示，2019 年上半年我国商业智能软件市场规模为 2.1 亿美元，同比增长 24.6%。IDC 预测，我国商业智能软件市场规模到 2023 年将达到 16.5 亿美元，未来 5 年整体市场年复合增长率为 32%。从整体来看，我国商业智能软件行业的市场规模依然很小，但在未来我国商业智能软件行业的发展潜力巨大。

### 7.4.2 商业智能的功能和特点

商业智能为企业管理人员提供了新的信息获取渠道，这使他们能够以更直观的方式去了解和掌握数据，进而帮助他们更迅速地作出有效决策。例如，商业智能平台统计的收益信息有利于企业分析营收增长的原因，帮助企业进一步发掘新的销售机会，增加收益率；商业智能通过分析生产数据和销售数据，提高企业对库存的控制能力和生产率；商业智能通过提高企业的业务响应速度，帮助企业快速应对市场变化。下面对商业智能的功能进行具体介绍。

#### 1. 数据整合

在企业中，各个部门因业务的不同，积累的业务数据会有所差异，这导致企业系统内部产生数据孤岛，无法对数据充分利用。在此情况下，企业可以通过商业智能将不同部门的数据进行整合并统一管理。数据整合是商业智能实现的基础，主要用来将数据提取、转化并存储到信息仓库中。中间需要将不同来源的数据进行结构转化，使其统一，并消除重复数据。整合的数据一般从日常工作中获取，因此自动高效的数据整合程序有助于商业智能系统的运行。在数据整合功能上，相比操作信息系统，商业智能具有不同的目标。商业智能数据整合的目标是为长期决策提供信息支撑，而操作信息系统是为了处理日常业务。构建完善的数据整合功能是商业智能支撑决策的基础。

### 2. 数据分析

对于整合的数据要进行组织和管理，并根据相关性进行存放，再根据各种分析需求建立相应的数学模型，进行数据提取和分析，最后将分析结果清晰地展示给决策者。另外，通过对业务分布和发展的数据进行挖掘，可以为企业战略和企业发展等提供重要信息，保障企业的经营效益并帮助企业拓展市场。

### 3. 辅助决策

企业管理者从数据中发掘商业知识并应对市场变化迅速做出决策的能力是企业保持竞争优势的关键条件。企业的数据不再仅仅来源于内部业务，已经扩展到供应链的上下游以及外部的竞争市场。

商业智能通过对企业内外部数据进行搜集、整理和汇总分析，能够为企业提供全面的分析报告，如产品质量评估、销售效果评估、客户满意度评估和市场趋势预测等，使企业管理者掌握行业现状和动态，提高管理者的决策效率和准确率，从而帮助管理者为企业制定有效的生产管理方案和销售策略。

### 4. 协助管理

随着企业对商业智能功能需求的提高，商业智能逐渐从技术驱动转化为业务驱动。同时，商业智能的结构体系不断与企业管理理念和管理方法相融合，帮助企业提高业务管理能力。商业智能也可以预估和跟踪管理营销人员对产品的期望，提高企业的绩效管理能力以及综合竞争能力。

### 5. 客户智能

商业智能利用企业的客户数据，优化企业的客户关系，加深企业市场营销人员对业务的理解，帮助员工正确认识影响市场的各种因素。客户智能与客户、服务、销售和市场数据相关，其支撑范围包括定价、促销、客户服务资源分配等。

### 6. 运作智能

商业智能可以利用企业的财务、运营、生产和人力资源等数据，帮助企业进行制定预算、投资、成本控制、库存控制和人事变动等。

随着市场竞争环境的不断加剧，企业在了解商业智能后，对商业智能的需求不断提高。商业智能要迅速适应市场变化，实时支持决策。同时要能够与企业已有的系统或未来建设的系统无缝集成，减少额外的投资。这些需求促进商业智能不断发展，使商业智能具备以下特点。

（1）敏捷性，针对企业的业务变化，如业务战略的更新，商业智能需要及时为方案制定和管理决策提供相应的信息。

（2）可扩展性，企业在自身发展过程中，可能会增加新的部门或者子公司，商业智能系统要能够随之进行线性扩展。

（3）可靠性，对于应用商业智能的企业，整个商业智能系统是企业运作的核心，商业智能系统需实现全天候运作。

（4）开放性，在企业增加新的应用程序、门户网站和安全系统时，商业智能系统要能够开发接口，与之集成。

（5）可管理性，IT 人员要能够对商业智能系统进行高效管理，使系统保持有效的运行。

### 7.4.3 商业智能的关键技术

商业智能集成了数据仓库、联机分析处理和人工智能等技术，将企业的各种数据及时转化成企业决策者所需的信息，并将其进行可视化展示。商业智能的关键是从庞杂的内外部数据中清理出有用的数据，然后经过抽取、转换和加载，将数据存储到企业的数据仓库中，基于此，采用查询、联机分析处理、人工智能等工具对数据库中的数据进行处理和挖掘；最后将得到的信息以可视化的方式展现给决策者，为决策过程提供支撑。商业智能的系统结构，如图 7-14 所示。

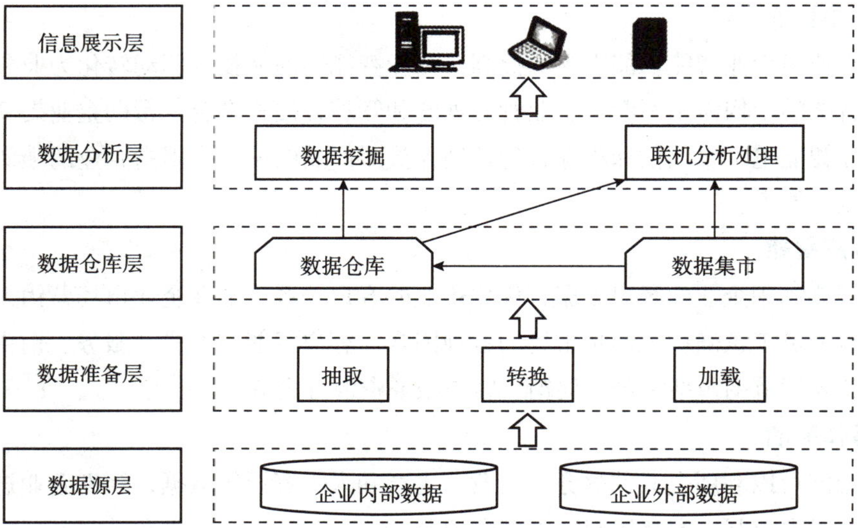


图 7-14 商业智能的系统结构

（1）数据源层

商业智能的源数据存储在数据源层。这一层对来自各个渠道的原始数据，不经过任何处理地进行保存，直接展现数据的原始情况。

（2）数据准备层

商业智能的原始数据在数据准备层进行清洗和加工。通过抽取、转换和加载工具对无效和问题数据进行处理，确保非结构数据在未来的使用中具有统一的格式。

（3）数据仓库层

供商业智能进行分析挖掘的数据存储在数据仓库层。这些数据是经过抽取、转换和加载后的有效数据，是商业智能分析的基础。企业可以在数据仓库中查看格式规范的同构数据。

（4）数据分析层

商业智能的核心技术体现在数据分析层。在这一层，商业智能利用联机分析技术和人工智能技术将数据仓库中的数据进行分析和挖掘，提炼出有效的信息。

（5）信息展示层

商业智能通过可视化工具如电脑系统界面、网站或者手机 App 等将数据分析的结果清晰直观地展现给企业决策者，为方案制定提供信息基础，为方案选择提供决策依据。信息展示层是商业智能体现实用性的关键。

构建商业智能系统所需的关键技术分为三大类：数据集成、数据分析和信息展示。

### 1. 数据集成

数据集成是对源数据进行提取、整合、清洗和转换，并将其加载到数据仓库进行运营的过程。对于数据集成，可以细分为数据获取和数据仓库两个领域。数据获取方法即是对源数据的抽取、转换和加载，也称 ETL。数据抽取分为全量抽取和增量抽取。全量抽取不考虑源数据是否已被抽取过，类似于数据迁移和复制。增量抽取只需抽取源数据新增或被修改过的数据。相比全量抽取，增量抽取在 ETL 中应用更为广泛。在增量抽取中，准确高效地捕获变化的数据是技术关键。抽取过程需要准确地将业务系统中变化的数据进行周期性的捕获，同时不能给现有业务系统的运行造成较大负荷。

增量抽取中常用的捕获方法有触发器、时间戳、全表比对和日志对比。触发器当源数据表发生插入、修改和删除等变化时会被触动，然后将变化的数据存入到一个临时表中。抽取过程只需对临时表进行抽取，抽取过程性能较高，但是由于需要在业务表中建立触发器，会对业务系统有所影响。时间戳方法在源数据表上增加时间戳字段，通过比较系统时间和时间戳字段来识别变化的数据，识别过程效率较高。但是有些数据库不支持时间戳字段自动更新，需要手工更新时间戳字段。另外，该方法无法捕获时间戳以前数据的删除操作，因此，捕获数据的准确性会受到限制。典型的全表比对方法通过 MD5 校验码识别变化的数据。首先为源数据表建立一个结构类似的 MD5 临时表，来记录用源数据表中主键和字段的所有数据计算出的 MD5 校验码。数据抽取过程可以通过对比 MD5 校验码，识别数据的新增、删除和修改等操作。该方法对业务系统的侵入性较小，但是 MD5 的方式是全表对比，性能较差。另外，日志对比方法是通过对数据库自身日志进行分析来识别数据的变化，如 Oracle 的改变数据捕获技术。该技术可以利用日志在源数据表进行插入、更新和删除等操作的同时提取数据，然后将变化的数据存入到变化表中用于捕获。

从数据源中抽取的数据不一定完全满足目的库的要求，例如，数据格式的不一致、数据输入错误以及数据不完整等，因此有必要对抽取出的数据进行加工转换。转换过程可以在 ETL 引擎中进行，也可以在抽取过程中利用数据库的自身功能来实现。在 ETL 引擎中，常用的数据转换组件有数据清洗、数据替换、数据合并、数据拆分等。ETL 过程的最后一步一般是将转换和加工后的数据加载到目的库中。加载数据的合适方法根据数据量决定。当目的库是关系数据库时，通常有两种装载方式：直接 SQL 语句进行装载和批量装载。ETL 是一个极为复杂的过程，在软件市场上有较多开源的 ETL 工具和商品化的 ETL 工具，可以帮助企业在构建商业智能系统时实现适合自身数据特点的数据获取功能。

存入数据仓库中的数据一般是不可修改的，这些数据反映企业较长时间内的历史数据内容。即从数据的进入到删除的整个生命周期中，数据仓库的数据是不变的。数据仓库的数据一般保存 5～10 年。随着时间不断变化，会有新的数据不断进入，旧的数据不断被删除。根据粒度，数据仓库可以分为企业级数据仓库、数据集市和数据运营店。根据类型，数据仓库可以分为企业数据仓库、挖掘型数据仓库和探索型数据仓库。

### 2. 数据分析

数据分析是对数据库中的数据进行描述性分析和预测性分析，从而发现其中有价值的信息。描述性分析使用统计工具、联机分析技术等对数据仓库或者数据集市中的数据进行聚合和钻取，来实现数据的多维描述。常用到的描述性统计指标有平均值、标准差、中位数、百位数、同比和环比等。统计方法有主成分分析、因子分析和方差分析等。预测性分析使用人工智能相关技术，如机器学习、深度学习、计算机视觉、知识工程、群体智能等，从数据仓库中大量的、有噪声的、模糊的数据之间发掘出新颖的、有预测性的信息。在数据分析过程中，首先要深入业务，理解数据分析的背景和前提，并明确分析目的，避免分析的盲目性。也可以把分析目的分解为若干个不同的分析要点，针对各个要点制订相应的分析计划。商业智能利用人工智能相关技术有助于为决策者提供隐含在数据中事先不为人知但又有潜在应用价值的信息。

### 3. 信息展示

数据分析的结果需要用信息展示技术呈现给决策者。报表查询是最早的商业智能信息展示技术，使用者可以利用这些工具查看一些简单的报告。可视化技术是用视觉上更有吸引力的方式去显示信息，以便人们能够更快更准确地理解数据。尤其是对数据挖掘的结果进行展示时，需要各种形象化的图、曲线等来进行可视化展示。常用的数据图包括饼图、柱状图、条形图、折线图、散点图等。也可以对图形进一步美化加工，形成金字塔图、漏斗图等。可视化工具一般要具有清晰、简洁和可定制的界面。同时，可视化的信息能够嵌入到其他应用程序中，这有助于使用者进行跨平台信息共享。另外，数据可视化工具要具有较强的人机交互性，支持使用者进行参数设定等。在企业应用中，直观和完善的可视化技术已经成为不可或缺的工具。

商业智能为决策提供了数据集成、数据分析和信息展示的全套方案。

### 7.4.4　商业智能的应用和发展趋势

#### 1. 商业智能在智能制造中的应用

企业管理者通过决策来对设施资源进行分配和利用，进而有效地实现经营活动目的。企业向智能制造发展的过程中，管理者的决策方式从经验决策到科学决策再向智能决策演化。在智能制造中，智能决策的能力是决定企业智能制造水平的关键。商业智能可以通过提供系统高效的决策信息，全方位辅助企业管理者优化决策，提升企业智能决策水平，提高企业经营管理能力，进而推动企业智能制造的建设和发展。

爱玛电动车与 SAP 合作构建公司的商业智能系统，其中包含企业经营分析、销售预测与需求管理、供应链管理和生产管理四大功能。商业智能系统可以帮助爱玛电动车实现安全可靠的自助式分析，在云端轻松获取准确的业务洞察，运用自然语言揭示关键因素影响因素，模拟假设场景，从而帮助公司管理者实现更快更稳健的决策，助力爱玛电动车为客户提供更好的服务，让公司获得源源不断的发展动力。

西门子通过与埃森哲合作来运营公司的商业智能部门。该部门负责开发西门子的商业智能基础架构，打造新型敏捷的工作方式，基于人工智能开发全新的数据分析服务，利用机器人流程自动化创建业务解决方案和服务，助力西门子加快数字化转型。

安利股份上线商业智能系统后，通过对系统的分析、预警、预测功能，提高了集团的管理和决策水平。另外，商业智能可以帮助企业揭示业务流程中存在的缺陷，使企业在市场竞争中处于更有利的地位，如丰田汽车通过商业智能系统分析公司内部数据和外部竞争数据，发现了公司对运货商双倍付费的问题。

#### 2. 商业智能在智能制造中的特点

商业智能在智能制造中具有以下应用特点。

（1）商业智能从智能制造中获得庞大的数据支撑

数字化的智能制造过程，通过将种类繁多的工业传感器布置于生产与流通的各个部分，产生大量工业数据。工业传感器是获得多维工业数据的感官。除了设备状态数据外，还可以收集工作环境（如温度、湿度）、原材料的良率、辅料的使用情况等相关数据。所以，商业智能系统可以从产线运行、检测、运输、仓储等过程中获得源源不断的数据流。这些数据可以成为商业智能数据分析的基础。另外，供应链各个环节之间也会产生大量数据。商业智能系统可以在智能制造中充分利用被打通的供应链数据流。大量的数据也可以进一步优化商业智能中的数据分析算法，如机器学习提高趋势预测的准确度，使商业智能发挥更高的数据分析能力，为决策者提供更加准确的信息。

（2）商业智能在智能制造中具有快速的响应能力

在网络化的智能制造系统中，工业互联网将传感器采集到的工业数据低延迟、低丢包率地传输至云端，实现低延迟工业级信息传输功能。商业智能可以与云端数据相连接，对云端上传的数据进行实时分析。所以， 商业智能在智能制造中，可以通过工业互联网实现数据产生后的快速分析利用，敏捷地为决策者提供信息支撑。

（3）商业智能在智能制造中可以为管理者提供多样化的决策信息

智能制造能够打通设备、数据采集、企业信息系统、云平台、供应链等不同层的信息壁垒，实现从车间到决策层的纵向互联。在智能制造中，商业智能可以利用不同层次的信息为不同角色的管理者提供相应的决策信息。在车间层次，商业智能利用设备的监测数据，可以对设备状态进行趋势预测，帮助车间管理者对设备进行维护，如根据刀具的磨损数据，预测刀具的状态变化趋势，来确定何时准备备用刀具和更换刀具。

对于中层管理者，商业智能可以汇总并分析各个车间的生产数据，如产能、次品率等，帮助管理者对新的制造任务进行合理分配。另外，商业智能通过分析市场数据，帮助高层管理者制订新的战略计划。随着人工智能技术的快速发展，如机器学习、深度学习、知识工程等，商业智能为决策者提供的信息不再单一。商业智能可以利用更具智能化的数据分析能力帮助决策者获得更加全面、直观、深入的信息。

### 3. 商业智能在智能制造中的趋势

伴随大数据和人工智能技术的快速发展和商业化应用，商业智能将不断加强与这些技术的融合，更加智能地提供决策支持信息，提高企业的智能决策水平。融合新技术、加深对业务场景的理解、提高自身的落地效果是商业智能的重要发展方向。

商业智能未来仍要不断提高业务场景的理解能力、大数据的处理效率以及数据解读的智能化水平。

由于现实世界不断有新模式和新业务场景出现，商业智能需要在技术人员和业务人员的辅助下，补充相关领域知识，建立相应的分析模型。在商业智能的企业内部实践中，对具体业务问题的理解很大程度上影响了数据分析技术所提供信息的有效性。所以，加深对业务的理解程度是推进商业智能技术落地的关键。

数字化和信息化推动社会快速发展，各个行业都积累了海量的数据资源。在这些数据中，大部分是格式和标准不一的非结构化数据，如何有效利用这些数据资源为企业决策提供更高价值的信息成为了商业智能技术发展的关键点。通过融合更加高效的大数据相关技术，商业智能可以提高数据准备层的数据处理效率和数据分析层的数据解读能力。

人工智能技术与应用不断突破，如卷积神经网络、长短期记忆网络、图神经网络等机器学习和深度学习算法已经与自然语言处理、计算机视觉等技术相结合，提升了技术整体的应用效果；知识工程为大数据赋予语义和知识，使数据产生智慧，实现数据到知识再到智能应用的转化，可以为用户提供问题答案、为决策提供支持、改善客户体验等；群体智能通过融入分散的、去中心化的、自组织的集体智能行为，使解决问题和做决策的能力超越大多数单独个体，如进化算法、集群机器人等；5G 网络设施的发展将加速人工智能技术的落地，带动制造业的全面智能升级，让智能无处不在。商业智能与不断强大的人工智能技术相融合，在趋势预测、规律性分析等功能上将具有更加智能的表现。

## 本章小结

本章介绍了下一代智能制造的发展趋势和关键技术。通过本章的学习，帮助读者了解下一代智能制造的发展方向和关键技术，这将有助于读者把握未来智能制造的发展趋势，为我国智能制造产业的发展和实践提供有益的指导和借鉴。

## 思考练习

1. 简述人机共融的关键技术。
2. 简述云机器人在智能制造中的应用。
3. 列出商业智能的系统结构。

# 参考文献


[1] 孙巍伟．智能制造概论 [M]．北京：化学工业出版社，2023．

[2] 王爱民．面向智能制造的人工智能发展与应用态势分析 [J]．人工智能，2023．

[3] 王凯学．轴承加工企业制造执行系统研究与开发 [D]．沈阳：沈阳工业大学，2022．

[4] 李田．数控雕铣轨迹规划算法与 CAM 软件的研发 [D]．厦门：厦门理工学院，2022．

[5] 景天一．基于区块链的边缘计算服务迁移安全机制研究 [D]．南京：南京邮电大学，2022．

[6] 张雅文．基于边缘计算的高效节能任务迁移研究 [D]．南京：南京邮电大学，2022．

[7] 尹文泽．装配示教和引导的增强现实技术研究与实现 [D]．成都：电子科技大学，2022．

[8] 郭子军．增强现实技术在虚拟拆装训练系统的应用研究 [D]．太原：中北大学，2022．